GOLDMANN
Lesen erleben

Martin Wehrle

BIN ICH HIER DER
DEPP?

Wie Sie dem Arbeitswahn
nicht länger zur Verfügung stehen

GOLDMANN

Alle Ratschläge in diesem Buch wurden vom Autor und vom Verlag sorgfältig erwogen und geprüft. Eine Garantie kann dennoch nicht übernommen werden. Eine Haftung des Autors beziehungsweise des Verlags und seiner Beauftragten für Personen-, Sach- und Vermögensschäden ist daher ausgeschlossen.

Der Verlag weist ausdrücklich darauf hin, dass im Text enthaltene externe Links vom Verlag nur bis zum Zeitpunkt der Buchveröffentlichung eingesehen werden konnten. Auf spätere Veränderungen hat der Verlag keinerlei Einfluss. Eine Haftung des Verlags für externe Links ist daher ausgeschlossen.

Verlagsgruppe Random House FSC® N001967

Dieses Buch ist auch als E-Book erhältlich.

1. Auflage
Vollständige Taschenbuchausgabe Oktober 2016
Wilhelm Goldmann Verlag, München,
in der Verlagsgruppe Random House GmbH
Copyright © 2013 Wilhelm Goldmann Verlag, München,
in der Verlagsgruppe Random House GmbH,
Neumarkter Straße 28, 81673 München
Umschlag: Uno Werbeagentur, München, unter Verwendung eines Entwurfs
von Eisele Grafik-Design
Umschlagmotiv: © Dirk Meissner
Illustrationen: © Dirk Meissner
Redaktion: Birthe Katt
Satz: Buch-Werkstatt GmbH, Bad Aibling
Druck und Bindung: GGP Media GmbH, Pößneck
MZ · Herstellung: IH
Printed in Germany
ISBN 978-3-442-17612-0
www.goldmann-verlag.de

Besuchen Sie den Goldmann Verlag im Netz

Inhalt

Vorwort

Willkommen im Hamsterrad!

»Depp gesucht!« – das wäre mal eine ehrliche Stellenausschreibung. Der ideale Mitarbeiter hat kein Leben mehr, nur noch ein Berufsleben. Abend wird es für ihn, aber nicht Feierabend. Wenn das Firmenhandy klingelt, ist der Sex vorbei, der Urlaub gestorben. Er arbeitet durch, statt durchzuatmen.

Zwölf-Stunden-Tage laufen unter »Einsatzfreude«. Jede Mail schreit nach sofortiger Antwort, auch nach Feierabend. Wer nicht schnell genug protestiert, wird von seinem Chef als Facebook-Freund zwangsadoptiert und bis ins private Fotoalbum verfolgt. Früher gab es Sklavenketten; heute gibt es kabellose Computer.

Muss es uns beunruhigen, dass Arbeitnehmer in Deutschland pro Jahr drei Milliarden Überstunden leisten, die Hälfte davon unbezahlt?[1] Dass jeder dritte Vorgesetzte von seinen Mitarbeitern erwartet, bei Krankheit weiterzuarbeiten?[2] Dass jeder vierte Arbeitnehmer keine Zeit mehr für seine Pausen hat?[3] Ja, es muss!

Abteilungen gleichen Lazaretten, hausgemachtes Mobbing lichtet die Reihen, und der Burn-out, die neue Volkskrankheit, spaziert von Büro zu Büro. Jede dritte Frühverrentung hat psychische Gründe. Im Schnitt sind diese »Rentner« 48 Jahre alt![4]

Aber wenn ein Mensch von der Arbeit zerrieben wird, liegt es nicht an der Arbeit, sondern am Menschen! Die Firmen erklären ihn dreist zur »Burn-out-Persönlichkeit«. Er wird aussortiert und absasserviert, Abfall der Produktion.

Millionen Mitarbeiter fühlen sich verschaukelt und fragen sich: »Bin ich hier der Depp?« In diesem Buch räume ich ein, dass die deutschen Firmen das Rad neu erfunden haben, wenn auch nur: das Hamsterrad! Wie es funktioniert, wodurch es sich beschleunigt und warum sein Drehen die Manager durchdrehen und die Mitarbeiter verzweifeln lässt – das bekommen Sie an zahlreichen Beispielen demonstriert.

Ich erkläre, warum Unternehmen, die schnell sein wollen, jeden Termin vergeigen (der Flughafen Berlin-Brandenburg ist nur ein Beispiel von vielen); warum die modernen Medien nicht nur das Tempo der Kommunikation, sondern vor allem deren Scheitern beschleunigen; und warum Mitarbeiter zu Gegenarbeitern werden, wenn Chefs sie mit der Terminpeitsche drangsalieren und mit Motivationsphrasen vollpumpen.

Zahlreiche Mitarbeiter erzählen ihre »Deppen-Erlebnisse«. Da sind die Mitarbeiter eines Mittelständlers, deren Überstunden sich über Nacht in Luft auflösen. Da ist die Beraterin, die von ihrem Chef abends wie von einem Geiselnehmer im Büro festgehalten wird. Oder die Filialleiterin, die nach mehreren Einbrüchen angewiesen wird, im kühlen Lagerraum zu übernachten – als hätte sie zur Firma ein eheähnliches Verhältnis zu pflegen.

Da ich Hunderte von Mitarbeitern aus Hunderten von Firmen berate, aber nahezu alle mit den gleichen Problemen ringen, weiß ich genau: Fehlerhaft sind nicht die einzelnen Menschen, die mit Überforderung, Dauerstress und Burn-out kämpfen – fehlerhaft ist das System, das sie jeden Tag zu diesem Kampf zwingt!

Der erste Teil dieses Buches, »Ich arbeite in einem Hamsterrad«, entlarvt eine Arbeitswelt, die nach dem Frühkapitalismus überwunden schien; eine Welt, in der die Rendite von Firmen über der Gesundheit von Menschen steht; eine Welt, in der Mitarbeiter ausgenutzt, ausgelaugt und aussortiert werden.

Der zweite Teil des Buches, »Ich stehe nicht mehr zur Verfügung!«, weist Wege aus diesem Hamsterrad. Mit einem Test können Sie prüfen, ob Sie ausgenutzt werden und wie hoch Ihre Burn-out-Gefahr ist. Zugleich bekommen Sie Anregungen, wie Sie effektiver »Nein« sagen, Ihr Privatleben abgrenzen und vom Dauerstress-Highway in ein gesundes und erfülltes Berufsleben abbiegen.

Nie wieder Depp sein, auch dafür bietet die moderne Arbeitswelt viele Chancen. Packen Sie's an! Damit Firmen, die Deppen suchen, keine mehr finden.

Herzlichst
Ihr
Martin Wehrle

PS. Schreiben Sie mir gerne, ob Ihre Firma ein Hamsterrad ist und was Sie dort erleben. Sie erreichen mich über meine Homepage www.karriereberater-akademie.de

Teil 1

Ich arbeite
in einem Hamsterrad

Vom Tod eines Freundes:

Warum der Feierabend starb

In diesem Kapitel erfahren Sie unter anderem …

- warum immer mehr Firmen sich als Paradies ausgeben, aber die Hölle sind,
- wie das Märchen der Globalisierung benutzt wird, um Mitarbeiter zu verheizen,
- wie ein Chef einen Nordkap-Urlauber aufspürte und zurück in die Firma beorderte
- und wodurch Helmut Kohl zum Vorbild einer irren Arbeitssekte wurde.

Das höllische Arbeitsparadies

Eine süße Melodie erklingt aus den deutschen Firmen, eine Melodie wie die des Rattenfängers von Hameln. Die Firmen flöten von einer modernen Arbeitswelt, in der jeder Mitarbeiter sein eigener Herr ist. Die große Freiheit soll an den Arbeitsplätzen ausgebrochen, die Selbstbestimmung eingekehrt, das Zeitalter der Schufterei beendet sein. Stellenausschreibungen, Broschüren und Vorstandsreden verheißen dem Mitarbeiter hinterm Firmentor ein gelobtes Arbeitsland, ein Paradies.

Die Hierarchien? Flach wie das Wattenmeer! Die Stechuhren? Auf dem Weg ins Museum! Der Chef? Dein Freund und Helfer! So manches Firmengebäude verwandelt sich zur Sofa-Landschaft, die Tischtennisplatte im Konferenzraum lädt ein zum Rundlauf, und wer aus der Obstschale auf dem Flur einen Apfel greift, darf das auf Kosten der Firma tun, statt dafür aus dem Paradies vertrieben zu werden; die Firmen-Götter sind gnädig.

Kein Telefonkabel, lieber Mitarbeiter, kettet Sie mehr an Ihren Schreibtisch, Sie sind frei wie der Wind. Ihre Arbeit ist geschrumpft auf Taschenformat, sie lässt sich bequem per Handy tragen. Und, bitte sehr: Picken Sie sich aus dem Arbeitsmodell-Baukasten einen Arbeitsort Ihrer Wahl, ob Heimbüro oder Südseestrand. Teilen Sie Ihren Job (Job-Sharing) oder schlafen Sie morgens bis 10 Uhr aus (flexible Arbeitszeit) — völlig in Ordnung! Kein Chef sitzt Ihnen mehr im Nacken, Sie verantworten Ihre Ergebnisse selbst.

Die Arbeitswelt ein Paradies und der Mitarbeiter ein dankbarer Bewohner: So hätten sie es gern, die Rattenfänger!

Doch wer der süßen Melodie hinters Firmentor folgt, stolpert in eine Arbeitshölle, wie sie die Welt seit dem Frühkapitalismus nicht mehr gesehen hat. Die Firmen flöten: »Du bist selbst für deinen Erfolg verantwortlich«, gemeint ist: »Der Misserfolg kostet dich den Kopf!« Die Firmen flöten: »Du kannst deine Arbeit frei einteilen«, gemeint ist: »Mach bloß nicht Feierabend, bevor alles fertig ist.« Die Firmen flöten: »Du kannst alles bei uns erreichen«, gemeint ist: »Wenn du auf der Strecke bleibst, liegt es nur an dir!«

Hinterm Firmentor wohnt das Elend. Mitarbeiter ächzen unter Arbeitslasten. Sie schuften, bis der Arzt kommt, und der Arzt kommt oft: Die Burn-out-Kliniken quellen über, sie sind zu den Seelen-Klär-anlagen einer zum Himmel stinkenden Arbeitswelt geworden. Zwischen 2005 und 2011 haben sich die Krankheitstage wegen Burn-out verelffacht, auf 2,7 Millionen.[5] Berufsleben statt Leben, Überstunden statt Feierabend, Dauerstress statt Entspannung: Millionen Mitarbeiter strampeln in diesem Hamsterrad. Das Hobby ist nur noch Erinnerung, die beste Freundin eine Adresse im Notizbuch und die Ehe womöglich ein Fall für den Scheidungsanwalt.

Frei ist sie tatsächlich, die moderne Arbeitswelt, aber nur frei von Berechenbarkeit: Wer jahrzehntelang beste Arbeit leistet, kann über Nacht für die Rendite rausgekegelt werden; frei von Gerechtigkeit ist sie: Die Reallöhne der Mitarbeiter sind zwischen 2000 und 2012 um 1,8 Prozent gesunken[6], während die Unternehmensgewinne durch die Decke schießen[7]; und frei ist sie von einer Abgrenzung zum Privatleben: Der Feierabend ist kein Schlusspfiff mehr, nur noch Auftakt zur Verlängerung; Mitarbeiter stehen rund um die Uhr zur Verfügung, Freizeit verkommt zur Rufbereitschaft.

Gesunde Menschen gehen rein in die Firmen, und kranke kommen raus. Die Fließbänder der schönen neuen Arbeitswelt produzieren Volksleiden wie Bluthochdruck, ADHS und Burn-out. Allein 2011 musste die AOK für die Behandlung psychischer Erkrankungen 9,5 Milliarden Euro in die Hand nehmen, eine Milliarde mehr als im Vorjahr.[8]

Der Mitarbeiter ist Gehetzter und Verletzter, Sklave und Einpeitscher zugleich. Beschossen mit Mails, bombardiert mit Projekten, behelligt von Anrufen, überfordert von Zielen – so rotiert er um die eigene Achse.

Das Drehbuch der seelischen Überforderung wird von Managern geschrieben: Wie sollen Mitarbeiter die Qualität ihrer Arbeit erhöhen, wenn zugleich immer weniger Zeit dafür bleibt? Wie sollen sie größere Arbeitsmengen bewältigen, wenn zugleich immer mehr Planstellen ausradiert werden? Und wie sollen sie loyale Diener ihrer Firma sein, wenn diese Firma sich ihrer nur bedient, sie als Zeitarbeiter hinhält, als Überstunden-Sklaven ausbeutet, mit Hungerlöhnen abspeist?

Arbeit ist heutzutage das, was niemals fertig wird. Schon gar nicht vor Feierabend. Fertig sind nur die Arbeitnehmer. Mit ihren Nerven.

 Hamsterrad-Regel: Die Firma verspricht viel, wenn der Tag lang ist, aber wahr macht sie nur eines: *dass* der Tag lang ist.

Eine Schwalbe macht noch keinen Burn-out

Firmen funktionieren in etwa so: Einer schafft Geld ran, man nennt ihn Mitarbeiter, und einer sackt Geld ein, man nennt ihn Unternehmer. Entsprechend begehrt sind Arbeitnehmer, sie werden als »Humankapital« gepriesen, als »Mitunternehmer« umschmeichelt, als »High Potentials« umworben. Im Krieg der Moderne wird nicht mehr um Lebensraum, sondern um die besten Mitarbeiter gekämpft (»War for Talents«).

Dass die Betonung bei »Humankapital« nicht auf »human« liegt, wird spätestens deutlich, wenn ein Mitarbeiter erkrankt. Zwar bekommt man für den Herzinfarkt noch immer einen Tapferkeitsorden, sofern man ihn sich durch eifrigen Arbeitseinsatz verdient hat und den Laptop mit auf die Intensivstation nimmt. Aber Krankheiten, die den Geist betreffen, gelten als Geistererscheinung.

»Burn-out« – dieses Wort hat unter Vorgesetzten eine ähnliche Bedeutung wie »Schwalbe« unter Fußballschiedsrichtern. Das stelle ich immer wieder im Austausch mit Managern fest. Neulich sprach mich nach einem Vortrag der Leiter eines Logistikunternehmens an und fragte, ob Überlastung durch Arbeit nicht doch die große Ausnahme sei.

Ich fragte zurück: »Erzählen Sie mal von Ihrer Firma – gibt es dort Burn-out-Fälle?«

»Wenn es einen gäbe, der unter der Arbeit zusammenbrechen müsste, dann doch ich! Aber Sie sehen ja: Es geht mir gut! Darum kann ich mir nicht vorstellen, dass sich in meiner Firma irgendjemand kaputtarbeitet.«

»Niemand leistet Überstunden bei Ihnen?«

»Ich kann den Leuten doch nicht vorschreiben, wann sie Feierabend machen! Wenn einer länger als acht Stunden arbeiten will, dann steht ihm das frei.«

Ich versuchte es mit Ironie: »Kann es sein, dass auffällig viele Mitarbeiter ›wollen‹?«

»Klar«, antwortete er ernst, »die Motivation ist hoch. Wer bei uns was werden will, der hängt sich rein.«

»Und Ihnen kam wirklich noch kein Burn-out-Fall zu Ohren?«

Er verzog sein Gesicht. »Natürlich gibt es Leute, die sich mit einem Burn-out krankschreiben lassen.«

»Sie halten diese Mitarbeiter für Simulanten?«

Seine Hände machten eine wegwerfende Bewegung. »Kann man nicht jedes psychische Wehwehchen zum Burn-out aufbauschen? Es gibt doch immer ein paar Schlauberger, die sich Urlaub auf Krankenschein gönnen. Der Burn-out ist ja noch nicht mal als Krankheit anerkannt.«

»Die Ärzte nehmen ihn sehr ernst: Er läuft unter Depression. Und die geht manchmal tödlich aus!«

»Na sehen Sie! Für psychische Probleme, die jemand mit sich selber hat, können Sie doch nicht mich als Chef verantwortlich machen.«

Zweierlei ist typisch: Erstens wird die Schuld auf die Mitarbeiter verlagert. Wenn ein Mensch an der Arbeit zerbricht, hat das nicht mit der Arbeit zu tun, nur mit dem Menschen. Und zweitens stilisieren sich gestresste Chefs – gerade solche, die selbst kurz vorm Burn-out stehen – gern zum lebenden Burn-out-Gegenbeweis. Ganz nach dem Motto: Alles halb so schlimm, siehe mich!

Die Führungskräfte halten es mit dem scharfzüngigen Kritiker Karl Kraus: »Eine der verbreitetsten Krankheiten ist die Diagnose.« Das befreit sie von der moralischen Pflicht, den Druck zu mindern und ihre Mitarbeiter zu schützen.

Solche Gespräche führen dazu, dass ich Fakten auf den Tisch lege: Warum leisten die Deutschen so viele Arbeitsstunden wie seit 20 Jahren nicht mehr?[9] Warum antworten acht von zehn Mitarbeitern laut einer Bitkom-Umfrage auf dienstliche Mails sogar im Urlaub und in der Freizeit?[10] Und welche Erklärung gibt es dafür, dass sich die Zahl der psychischen Erkrankungen seit 1994 um 120 Prozent erhöht hat?[11] Wie der Wasserdampf einen Teekessel zum Pfeifen bringt, so treibt der Arbeitsdruck die Mitarbeiter über ihre natürliche Leistungsgrenze hinaus – und hinein in Krankheiten!

Angesichts solcher Argumente zucken Unternehmer mit den Achseln und berufen sich auf eine höhere Macht. Woran liegt es, dass die Billiglöhne Deutschland erobern? An der Globalisierung! Woran liegt es, dass der moderne Mitarbeiter für zwei arbeiten muss, auch wenn ihm nur halbe Sicherheit geboten wird, etwa durch einen befristeten Vertrag, wie ihn bereits jeder dritte Hochschulabsolvent in Kauf nehmen muss?[12] An der Globalisierung! Und woran liegt es tatsächlich, dass Chefs immer eine Ausrede haben, wenn sie Mitarbeiter ausbeuten? An der Globalisierung!

Das Globalisierungs-Gejammer der Firmen ist das größte Märchen seit »Hänsel und Gretel«, nur dass diesmal keine Hexe in den Ofen geschoben wird, sondern Mitarbeiter verheizt werden. Immer länger, immer härter, immer billiger sollen sie arbeiten. Das verlangen nicht die Chefs, die guten – das »verlangt« die Globalisierung, die böse!

Doch während sich die Mitarbeiter im Hamsterrad kaputtstrampeln, mit Niedriglöhnen durchschlagen und um ihre Jobs zittern, steigt in der Chefetage eine rauschende Globalisierungs-Party: Die Firmen machen so viel Geld wie nie zuvor, die Umsätze prasseln von allen Kontinenten in die Kasse. Der Anteil der deutschen Unternehmen an der weltweiten Industrieproduktion ist im letzten Jahrzehnt von 7,6 auf 8,1 Prozent geklettert, der Anteil an den weltweiten Exporten von 12,1 auf 14,3 Prozent.[13]

Den Segen der Globalisierung, die höchsten Gewinne aller Zeiten, schaufeln die Firmen in die eigene Tasche. Den Fluch der Globalisierung, die gestiegene Arbeitslast, überlassen sie großzügig ihren Mitarbeitern – sprich jenen Restbeständen, die den Rotstift überlebt und jetzt für ihre geschassten Kollegen mitzuarbeiten haben.

So süß die Flöte des Rattenfängers auch klingt: Was sie spielt, ist nicht die Wahrheit. Und wer ihr folgt, läuft in sein Verderben – nur dass der Berg, in den er geführt wird, diesmal ein Arbeitsberg ist.

 Hamsterrad-Regel: Wenn die Axt einen Baum fällt, ist der Baum nicht hart genug! Wenn die Arbeit einen Mitarbeiter fällt, ist der Mitarbeiter nicht belastbar genug!

Deppen-Erlebnisse

Wie ich nach Feierabend auf den Kopf fiel

Der Unfall passierte, weil ich todmüde war: Statt auf den Stuhl, den ich hinter mir wähnte, setzte ich mich auf den Hosenboden. Das wäre lustig gewesen, doch mein Kopf schlug krachend auf den Boden des Büros. Direkt danach musste ich mich übergeben. Gehirnerschütterung! Eigentlich ein Arbeitsunfall, das Blöde war nur: Jetzt, um 20.30 Uhr, hätte ich schon längst nicht mehr in der Firma sein dürfen. Und ich war auch nicht mehr da, wenigstens nicht offiziell: Da unser Betriebsrat streng darauf achtete, dass niemand länger als zehn Stunden am Tag arbeitete, hatte unser Chef folgende Praxis eingeführt: Wir stempelten uns nach der regulären Arbeitszeit aus – um direkt wieder an unseren Arbeitsplatz zu eilen, als abwesende Anwesende. Diese Praxis war immer dann üblich, wenn der Arbeitsdruck hoch war. Und das traf auf zwei von drei Monaten zu, Tendenz steigend.

Doch wie sollte ich einen Arbeitsunfall geltend machen, obwohl ich laut Stempelkarte gar nicht mehr in der Firma war? Mein Chef redete mit Engelszungen auf mich ein, ich sollte den Unfallort nach Hause verlegen, sonst bekäme er Ärger mit dem Betriebsrat. Ich ließ mich breitschlagen.

Meine Frau war außer sich, dass der Unfall ausgerechnet dorthin verlegt wurde, wo ich mich unter der Woche nie vor den »Tagesthemen« hatte blicken lassen: in unsere Wohnung. Außerdem fragte sie: »Und was ist, wenn deine Krankenkasse herausbekommt, dass es in Wirklichkeit ein Arbeitsunfall war? Dann bleibst du am Ende auf den Behandlungskosten sitzen!«

Wochenlang war ich von der Arbeit nicht pünktlich nach Hause gekommen. Aber nun, da ich mit meiner Gehirnerschütterung zehn Tage krankgeschrieben war, kam die Arbeit pünktlich zu mir ins Haus, per Mail: Mein Chef bat mich, auch während der Krankheit »mal einen Blick« auf diverse Vorgänge zu werden. Dieser »Blick« hat im Durchschnitt über acht Stunden gedauert.

Am Ende wusste ich gar nicht, wovon mein Schädel brummte – ob von der Arbeit oder davon, dass ich auf den Kopf gefallen war. Aber wo lag eigentlich der Unterschied?

Peer Anderson[14], Analyst

Wie ich im Lager meiner Firma übernachten musste

Die Einbrecher kamen in der Nacht zum Freitag und räumten das Warenlager unseres Fachgeschäftes aus. Es war schon der zweite Einbruch in den letzten sechs Monaten. Der Bereichschef nahm mich zur Seite: »Frau Nester, es macht sich nicht gut, dass Ihre Filiale immer wieder durch Einbrüche auffällt!«

»Das klingt ja wie ein Vorwurf! Aber was kann ich dafür? Wir beachten alle Sicherheitsvorschriften.«

»Sie müssen sich etwas einfallen lassen, um die Einbrecher besser abzuschrecken.«

»Ich hatte Ihnen ja schon vorgeschlagen, einen Wachdienst anzuheuern.«

»Zu teuer.«

»Und eine bessere Alarmanlage?«

»Das bringt nichts. Die waren ja immer schon weg, wenn die Polizei kam.«

Dann rückte er mit der Sprache raus, womit er die Einbrecher abschrecken wollte: mit mir! Er bat mich, »gelegentlich« im Lager zu übernachten, vor allem von Freitag auf Samstag; er würde mir dort auch ein Bett und einen Fernseher aufstellen lassen.

Mich überkam Panik. »Ich bin eine schmächtige Frau! Was soll ich allein gegen Einbrecher ausrichten?«

»Die laufen davon, wenn sie jemanden im Lager brüllen hören. Und außerdem haben Sie ja eine Waffe bei sich.«

»Ich soll eine Pistole ...?«

Er schüttelte den Kopf. »Ihr Handy!«

Aber hatte er nicht gerade noch gesagt, die Polizei komme immer zu spät?

Mein Mann und ich hatten gerade gebaut, ich war auf mein Gehalt angewiesen. Der Chef bequatschte mich so lange, bis ich nachgab. An Freitagen bedeutete das: Statt um 21 Uhr nach Hause zu fahren, wie sonst, blieb ich in der Firma. Und am nächsten Morgen um 7 Uhr, wenn die Arbeit wieder losging, war ich schon da.

Mein Mann war so besorgt um mich, dass er die meisten Nächte mit mir in der Filiale verbrachte. Das Lager war ein gruseliger Schlafplatz. Dauernd knisterte und knackte es. Wir schreckten hoch aus dem Schlaf wie Kinder aus Alpträumen, denn wir rechneten ja jede Sekunde mit einem Einbruch.

Die Einbrecher sind nie mehr gekommen. Eingebrochen ist dafür meine Gesundheit. Nach acht Monaten war ich psychisch am Ende, weil mir jeder Abstand zur Arbeit abhandengekommen war. Auch unter der Woche hatte ich immer öfter in der Firma übernachtet, weil ich zu müde für den Heimweg gewesen war.

Mein Arzt zog mich aus dem Verkehr und verschrieb mir eine Kur. Die Firma hat mir nicht mal einen Blumenstrauß geschickt.

Sylvia Nester, Filialleiterin

Ein Anruf am Nordkap

Wenn in der Antike ein Sklave bestraft wurde, ließ man ihn auspeitschen, bis das Blut floss. Heute foltern Chefs ihre Mitarbeiter mit einem feineren Instrument: dem Vorwurf. Der schlimmste aller Vorwürfe lautet: »Sie machen Dienst nach Vorschrift!« Zwar könnte man meinen, Handeln »nach Vorschrift« sei etwas Korrektes, gar die Erfüllung eines Vertrages, aber so ist das nicht. Solche Mitarbeiter werden von Chefs gern als »Beamte« bezeichnet – womit nicht »treuer Diener des Firmenstaates«, sondern »elender Faulpelz« gemeint ist.

Vielleicht heißen »Arbeitnehmer« so, weil sie Nehmer-Qualität brauchen: So wie gute Boxer viele Schläge einstecken und abfedern müssen, so soll der heutige Mitarbeiter immer neue Arbeitshiebe verkraften, ohne dabei k.o. zu gehen. Auf die Uhr darf er nur morgens schauen, um pünktlich im Büro zu sein – doch keinesfalls abends, um pünktlich zu gehen.

»Pünktlich« kommt von »Punkt«. Der Punkt hinter der Arbeit, der sie beendet bis zum nächsten Morgen, bis nach dem Wochenende, bis nach dem Urlaub: Die Firmen wollen ihn ausradieren. 24 Stunden am Tag brodelt ihr Arbeits-Vulkan, er sprüht Aufträge, Nachfragen, Projekte. Und seine Lava wälzt sich gnadenlos ins Privatleben der Mitarbeiter, sie dringt durch alle Ritzen, verbrennt ihre Freizeit, verschmort ihre Hobbys, drängt ihre Familien ins Hinterland zurück.

Selbst ein ruhender Arbeits-Vulkan ist kein beruhigender Anblick:

Jederzeit kann er ausbrechen! Das kündigen die Seismographen der Mitarbeiter an, die stets mitzuführen sind: Laptop, Handy, Blackberry. Diese Statussymbole von einst zeugen nur noch vom Status der ständigen Verfügbarkeit: Stand-by. Jeder Arbeitnehmer ein Detektiv Rockford – Anruf genügt!

Dass die Aschewolke des Arbeits-Vulkans sogar die Urlaubssonne verfinstern kann, musste Jan Becker erfahren, Produktmanager eines Unternehmens in Schleswig-Holstein. Er war mit seiner Frau und seiner fünfjährigen Tochter im Wohnmobil ans Nordkap gefahren, um Abstand zu gewinnen; in den letzten Monaten hatte er oft zwölf Stunden am Tag geschuftet. Sein Diensthandy hatte er zu Hause gelassen, den Laptop auch. Die Arbeit sollte ihn nicht einholen. Nicht hier, wo das Summen der Mücken wie eine süße Melodie der Ewigkeit durch die Mittsommernacht vibrierte. Nicht hier, wo die sprudelnden Flüsse seine Sorgen davonschwemmten, wenn er lange genug in ihr klares Wasser schaute, und ihre Lebendigkeit auf ihn übertrugen.

Doch dann zog die Vulkanwolke auf: Seine Frau nahm ein Handygespräch an, schaute wie bei einer Todesnachricht – und reichte den Anruf an ihn weiter. Es war sein Chef:

»Entschuldigen Sie, Herr Becker – wir haben hier einen Notfall in der Firma.«

Jan Becker holte tief Luft: »Woher, bitte schön, haben Sie die Nummer meiner Frau?«

»Ich habe die letzten sechs Nummern in Ihrem Telefon-Display angewählt. Mit der letzten hatte ich Erfolg.«

»Sie haben wahllos die Nummern durchgewählt?«

»Ich wusste, dass Sie Ihr Handy nicht dabeihaben. Die Nummer Ihrer Frau kannte ich nicht. Was hätte ich tun sollen?«

Jan Becker dachte: Zum Beispiel, meinen Urlaub respektieren! Doch er biss sich auf die Zunge und fragte, um welchen »Notfall« es sich handele.

»Ein Kollege ist erkrankt. Sie müssen seine Präsentation übernehmen.«

»Aber Sie erwarten doch nicht von mir, dass ich erst eine Woche ans Nordkap fahre – und dann eine Woche wieder zurück, ohne am Urlaubsziel zu bleiben!«

»Nein, das sollen Sie nicht«, sagte der Chef.

Jan Becker wollte schon durchatmen, da fügte sein Vorgesetzter hinzu: »Die Präsentation ist übermorgen – Sie müssen nach Hause *fliegen*. Natürlich auf Kosten der Firma.«

Was juckt es die Firma, ob ein Mitarbeiter im Urlaub ist! Was juckt es sie, ob er seine Frau und seine Tochter alleine in einem Wohnmobil Tausende von Kilometern nach Hause fahren lassen muss! Völlig egal, ob die Freizeit des Mitarbeiters zerschlagen und seine Ehe gefährdet wird – Hauptsache, er steht Gewehr bei Fuß, sobald die Arbeit ruft.

Am meisten ärgerte es Jan Becker, dass man die Präsentation locker um zehn Tage hätte verschieben können. »Aber das kann ich dem Kunden nicht zumuten«, erklärte der Chef. Nach außen, gegenüber dem Kunden, war er höchst feinfühlig. Aber wie sprang er mit seinem Mitarbeiter um? Wer auf der Gehaltsliste steht, ist der Depp.

Eine Umfrage der Technischen Universität München ergab: Neun von zehn Führungskräften fühlen sich in ihrer Freizeit gestresst, weil sie ständig über ihr Smartphone erreichbar sind. 84 Prozent schalten das Gerät nicht einmal im Urlaub ab.[15] Unter Mitarbeitern dürfte die Quote ähnlich hoch sein.

Dass der moderne Mensch sein Leben um die Arbeit baut, wie man einst die Dörfer um den Schlossberg baute, ist für Firmen selbstverständlich geworden. Ob ein Paar Kinder bekommt, hängt nicht zuletzt davon ab, ob die Firma einen sicheren Arbeitsplatz bietet – oder nur wacklige Zeitarbeit. Ob ein Mensch am Ort seiner Wahl lebt, hängt davon ab, ob ihn sein Arbeitgeber dort leben lässt – oder ans andere Ende der Welt kommandiert. Und ob einer um 22 Uhr das Bett mit seiner Liebsten teilt oder das Büro mit den nervenden Kollegen, ob er zärtliche Küsse tauscht oder hässliche Mails, hängt davon ab, ob »Feierabend« in seiner Firma noch bekannt oder schon ein Fremdwort ist.

Immer mehr Mitarbeiter begreifen: Anstelle der Arbeitskraft, die sie verkaufen wollten, haben die Firmen ihr ganzes Leben genommen. Ihnen geht auf, dass die Stechuhr nicht ihr Feind war, weil sie ein Unterschreiten der Arbeitszeit verhinderte, sondern auch ihr Freund, weil sie einem Überschreiten vorbeugte. Und sie durchschauen die modernen Medien als modernen Fluch: Der digitale Arm des Chefs kann sie überall greifen, ob im Schlafzimmer, auf dem Tennisplatz oder am Nordkap.

Der Arbeits-Vulkan brodelt, zischt, stößt Asche aus. Das Privatleben wird immer unsichtbarer. Wir leben in Zeiten des abnehmenden Lichts.

 Hamsterrad-Regel: Im Urlaub darf der Mitarbeiter tun, was ihm wirklich am Herzen liegt: Seine Arbeit fortsetzen!

Der Propaganda-Minister empfiehlt ...

Die Fernsehzuschauer wussten nicht, wer heimlich Regie führte, als ihnen die ARD-Vorabendserie »Marienhof« folgende Szene präsentierte: ein Disput zwischen dem Drogerie-Besitzer Thorsten Fechner und seiner Verkäuferin Jenny Deile. Der Chef fordert seine Mitarbeiterin auf, sie solle »heute Abend ein, zwei Stündchen dranhängen«, aus aktuellem Anlass: »Durch einen Konkurs ist mir ein sehr günstiger Posten Damenwäsche zugegangen, der sofort gelistet werden muss.«

Die Verkäuferin wehrt ab: »Ein, zwei Stündchen! Herr Fechner, ich habe Kinder zu Hause!«

Der Chef empfiehlt, Frau Deiles Freund solle früher nach Hause kommen und sich um die Kinder kümmern. Die Mitarbeiterin weist das zurück. Herr Fechner holt tief Luft und redet ihr ins Gewissen: »Schade, Frau Deile! Wenn Sie immer nur Dienst nach Vorschrift schieben, dann werden Sie es nie weit bringen! Und das ausgerechnet jetzt, wo ich mir überlege, Sie von der Zeitarbeitsfirma in eine Festanstellung zu übernehmen!«

Diese Worte bringen die Erleuchtung: Das Gesicht von Frau Deile hellt sich auf. Im Ton einer Bekehrten trällert sie: »Das freut mich ja auch, Herr Fechner, aber ob es heute Abend schon geht? Ich werde es versuchen!«

Mindestens vier Botschaften blieben beim Fernsehzuschauer hängen:

1. Der Wille einer Mitarbeiterin gilt nur so lange, bis der Chef etwas anderes will.
2. Das Listen von Damenwäsche ist wichtiger als die Erziehung von Kindern.
3. Überstunden sind die normalste Sache der Welt – wer sie verweigert, kann seine Karriere knicken.
4. Zeitarbeiterinnen müssen ihrem Chef die Füße küssen, wenn er nur das Wort »Festanstellung« in den Mund nimmt (und es womöglich am nächsten Morgen wieder vergessen hat).

Erst wenn der Rubel der Firma rollt, die letzte Unterhose gelistet, der Mond aufgegangen und der Chef zufrieden ist – erst dann darf die Mutter nach Hause gehen. Und sich um Nebensächlichkeiten, sprich ihre Kinder, kümmern.

Aber wie gelang diesem Raubtier-Kapitalismus, dieser billigen

Überstunden-Propaganda der Sprung ins Fernsehprogramm? Die Initiative Soziale Marktwirtschaft hatte nachgeholfen – mit 58 670 Euro.[16] So viel Geld ließ es sich die Arbeitgeber-Initiative kosten, ihre ideologische Schleichwerbung in die Drehbücher zu schmuggeln, darunter auch Loblieder auf die Zeitarbeit. Das Ziel dieser Vorabend-Propaganda liegt auf der Hand: Die gesellschaftlichen Maßstäbe sollen verschoben und die Rechte der Arbeitnehmer ausgehöhlt werden.

»Es gibt große Worte, die so leer sind, dass man ganze Völker darin gefangen halten kann«, schrieb der polnische Autor Stanislaw Jerzy Lec – das gilt auch für Völker zweibeiniger Arbeitsbienen! Hier kamen diese Worte nach dem Prinzip des Werbespots zum Einsatz. Am Anfang steht das Problem: Frau Deile ist trotzig und will die Überstunden verweigern – ein Berg schmutziger Wäsche, der gereinigt werden will. Und dann wird die Lösung präsentiert – hier kein Waschmittel, sondern eine Gehirnwäsche durch den Chef. Er manipuliert seine Mitarbeiterin, indem er ihr erst Angst einjagt und dann Hoffnung macht. Und diese Gehirnwäsche reinigt die Bedenken – typisch Werbung! – »weißer als weiß«; die Mitarbeiterin lehnt Überstunden nicht mehr ab, sondern verspricht: »Ich werde es versuchen!«

Als die Schleichwerbung aufgeflogen war, gab sich die Arbeitgeber-Initiative nicht sonderlich zerknirscht: Die Themenauswahl sei »selbst bei kritischer Betrachtung ideologiefrei« gewesen und habe außerdem »auch dem Bildungsauftrag des öffentlich-rechtlichen Rundfunks« entsprochen.[17] Wenn das stimmt, muss das Listen von Damenwäsche demnächst neben Goethes »Faust« in den Lehrplänen stehen – oder besser anstelle, damit niemand mehr nach des Pudels (oder der Schleichwerbung) Kern fragt!

Nicht nur im Fernsehen, sondern auch im Alltag senden Chefdarsteller mit Vorliebe die Botschaft: Wer noch Arbeit hat, soll so froh darüber sein, dass er nicht auf die Uhr und erst recht nicht auf seine vertraglichen Rechte schaut. Als wäre es unanständig, Überstunden abzulehnen, und nicht, sie ohne Grundlage zu fordern.

Pünktlich Feierabend machen heißt heutzutage: sich verdächtig machen! Im Mitarbeitergespräch sagt der Chef mit drohendem Unterton: »Mir fällt auf, dass Sie immer pünktlich Feierabend machen – warum eigentlich?« Eine vernünftige Antwort wäre: »Weil wir es exakt so im Vertrag vereinbart haben! Wenn die Firma will, dass ich jeden Tag zehn Stunden arbeite, und nicht acht, dann muss sie mit mir auch einen Vertrag über zehn Stunden abschließen. Und dann muss sie mir auch zehn Stunden bezahlen.«

Warum hat Frau Deile eigentlich nicht so geantwortet? Weil die Mitarbeiter mal wieder die Deppen sind – und keine 58 670 Euro für Schleichwerbung in der Tasche haben!

 Hamsterrad-Regel: Im Laufe eines Arbeitstages werden Firmen immer großzügiger: Jene Pünktlichkeit, die sie beim Arbeitsstart noch fordern, wird Mitarbeitern zum Feierabend erlassen.

Mit Helmut Kohl im Freizeitpark

Helmut Kohl, der ewige Kanzler, hatte von der Arbeitsmoral seines Volkes keine hohe Meinung: Er bezeichnete Deutschland 1993 als kollektiven »Freizeitpark«.[18] Das klang, als machten die Mitarbeiter pausenlos Urlaub, in der Firma und außerhalb.

Die visionäre Kraft dieses Kanzlerwortes wurde von Managern erst später erkannt. Mit dem Internet-Boom zur Jahrtausendwende hat eine neue Ära der Arbeit begonnen: Immer mehr Firmen machen tatsächlich auf Freizeitpark, inspiriert von US-Arbeitgebern wie dem Suchmaschinen-Giganten Google. Sie schleppen Tischtennis-platten herbei, richten Fitnessstudios ein, verteilen Kicker über die Flure. So viele Gemälde hängen an den Wänden, dass kein Mensch mehr ins Museum muss. Der Nachwuchs wird im firmeneigenen Kindergarten versorgt, das reparaturbedürftige Auto direkt vom Firmengelände abgeholt, der Lebensmittel-Einkauf auf Wunsch erledigt. Und wenn es irgendwo zwickt oder drückt, springt sofort der Betriebsarzt herbei.

Das Firmengebäude gleicht einem Verwöhn-Tempel: Ein Masseur knetet Verspannungen weg. Sanfte Musik flutet die Aufenthaltsräume. Sessel laden zum Dösen ein, Flipperautomaten zum Spielen, exotische Leinwände zum Träumen. Überall stehen Schalen mit Obst und Karaffen mit frisch gepressten Säften. Das Gebäude riecht nach Kaffee, nach Plätzchen, nach Freizeit – aber nicht nach Arbeit.

Die Firma als persönlicher Diener ihrer Mitarbeiter: als Kuschel-ecke, als Gratisrestaurant, als Freizeitpark.

Mit dieser Tarnung verfolgen Unternehmen einen knallharten Zweck: So bequem soll es sein in ihren heiligen Hallen, so heimelig und so luxuriös, dass der Mitarbeiter gar nicht mehr nach Hause will! Denn was hat ihm im Vergleich dazu seine Zwei-Zimmer-Wohnung zu bieten, mal abgesehen von einer unausgeräumten Spülmaschine, einem überquellenden Briefkasten und einer schon mehrfach angemahnten Einkommenssteuererklärung?

Sogar Familienväter und -mütter ziehen es oft vor, die Arbeitsbesprechung mit den Kollegen um 20.00 Uhr im Fitnessraum fortzusetzen, statt sich zu Hause nerven zu lassen vom Kindergeschrei, vom Rasenmäher des Nachbarn und von den ewig selben Vorwürfen des Partners: »Warum kommst du erst jetzt heim? Ist dir die Arbeit wichtiger als ich?«

Der moderne Arbeitsplatz ist ein Fliegenfänger: Mit seinem süßen Duft lockt er die Mitarbeiter an – und dann bleiben sie kleben. Gerne 60, 70 Stunden pro Woche. Die Angestellten lassen sich auf einen psychologischen Vertrag mit der Firma ein, aber sie lesen nur die Vorderseite: »Arbeit ist bei uns wie Freizeit.« Auf der Rückseite übersehen sie den Umkehrschluss: »Freizeit ist bei uns wie Arbeit«!

Wenn die Grenze zwischen Freizeit und Arbeit, zwischen Kollegen und Familie verwischt, dann ist der Mitarbeiter seiner Arbeit so schutzlos ausgeliefert wie ein Soldat dem *Friendly Fire:* Vor Angriffen des Gegners geht man in Deckung. Doch mit Attacken aus den eigenen Reihen rechnet man nicht und wird voll getroffen.

Die Rechnung der Firmen ist einfach: Wenn der Mitarbeiter jeden Tag zwei Gläser Saft trinkt und zwei Äpfel isst, kostet das schlappe zwei Euro. Wenn er jedoch zwei unentgeltliche Arbeitsstunden im Gegenzug spendiert, kann das locker 120 Euro bringen – ein gutes Geschäft! Und auch das Fitnessstudio rechnet sich schnell, wenn der Mitarbeiter am Samstag oder während seines Urlaubs nicht nur *dort* vorbeischaut (45 Minuten), sondern gleichzeitig im Büro (mindestens 90 Minuten).

Die Firma gaukelt eine Ersatzfamilie vor, unter anderem durch Chefs, die sich von jedem duzen lassen, auch von der Putzkolonne. Doch merkwürdigerweise dritten alle Gespräche, ob im Massagesessel oder im Fitnessstudio, immer zum selben Thema: zur Arbeit. Wie ist der Stand des Projektes? Wer kennt einen Kontaktmann bei diesem Zulieferer? Wie ließe sich diese Präsentation noch aufhübschen?

Schnell beugen sich die Köpfe wieder über einen Laptop, schnell werden neue Mails abgefeuert, Lieferanten angerufen, Strategien entwickelt, Tagungen gebucht, Meetings für 19.30 Uhr anberaumt. Die vermeintliche Freizeit ist nur ein Anlauf für den nächsten Sprung in die Arbeit.

Und der Chef spielt lediglich so lange Kumpel, bis die erste Abmahnung wieder an die wahren Machtverhältnisse erinnert. Und wie verträgt es sich eigentlich, dass die Bosse im Freizeitpark den Teamgeist beschwören und die Gleichheit predigen, während sie selbst in den schönsten Büros residieren, die dicksten Dienstwagen fahren und sich über die größte Zahl auf dem Gehaltszettel freuen?

Wen solche Zweifel beschleichen, der bekommt Probleme. Denn im Freizeitpark entstehen oft Arbeits-Sekten, mit dem Chef als Guru. Wer Mitglied sein will, muss ums goldene Firmen-Kalb tanzen. Wehe dem, der seine Freunde außerhalb der Firma sucht, pünktlich Feierabend macht oder einsam durch Wälder joggt, statt sich von Laufband zu Ergometer über den Stand des Projektes auszutauschen!

Ein solcher Judas wird mit der Höchststrafe belegt: Er fliegt aus der Sekte. Und spätestens im Kündigungsschreiben hat er seinen Chef als Duzfreund verloren: »Leider müssen wir uns von *Ihnen* trennen!«

Am Ende wird der Ausgestoßene mit dem Philosophen Karl Popper erkennen: »Der Versuch, den Himmel auf Erden zu verwirklichen, produzierte stets die Hölle.« Das gilt erst recht für vorgetäuschte Himmel!

 Hamsterrad-Regel: Wer seine Freizeit in der Firma verbringt, bringt es im Leben zu mehr. Zum Beispiel zu: Herzinfarkt, Hörsturz, Burn-out.

Deppen-Erlebnisse

Wie mein Chef ein Überstunden-Rennen veranstaltete

Mein Chef war mit seiner Versicherungsfiliale verheiratet. Egal wie früh man kam, er war schon da. Egal wie spät man ging, er blieb länger. Wer sich von ihm verabschieden wollte, wurde meist noch für einen

»kurzen Gefallen« eingespannt. »Kurz« hieß: nicht unter einer Stunde. Überstunden sah er gerne, denn sie wurden nicht bezahlt.

Bei einer Teamrunde verblüffte er uns mit einem Vorschlag: Er wollte eine »Ü-Prämie« einführen, eine Prämie für Überstunden. Der fleißigste Mitarbeiter sollte am Jahresende belohnt werden. Alle waren aufgefordert, ihre Überstunden zu erfassen und sie ihm am Monatsende mitzuteilen. »Damit Sie Ihre Chance auf die Prämie wahren«, sagte er. Als hätte es sich bei den Überstunden-Zetteln um Lottoscheine gehandelt – und nicht um ein raffiniertes Instrument der Kontrolle!

Natürlich erzeugte das Druck: Wer bislang keine Überstunden gemacht hatte, kniete sich rein, nur um am Monatsende keine »Nullnummer« abliefern zu müssen. Und die ohnehin Überstunden-Geilen spielten bei Feierabend das Spiel: Wer sich zuerst (nach Hause) bewegt, hat verloren!

Am Ende des ersten Monats hing im Gemeinschaftraum ein Zettel aus, auf dem alle 35 Mitarbeiter unserer Filiale gelistet waren. Ganz oben, an der Tabellenspitze, standen die Kandidaten mit den meisten Überstunden. Und ganz unten, im Tabellenkeller, fanden sich alle, die ihre reguläre Arbeitszeit nicht mindestens um eine zweistellige Stundenzahl übertroffen hatten.

Die einen schämten sich. Die anderen waren stolz. Ein regelrechter Wettkampf begann: Jeder wollte ein paar Tabellenplätze gutmachen! Am Ende des Jahres hatte der strebsamste Kollege 700 Überstunden gesammelt. Dafür bekam er bei einer feierlichen Zeremonie die »Ü-Prämie« ausgehändigt: 1500 Euro. Der Chef tat großzügig. Dabei entsprach die Prämie nur einem (Über-)Stundenlohn von gut zwei Euro – etwa ein Sechzehntel dessen, was der Mitarbeiter regulär hätte verdienen müssen!

Und alle anderen, auch ich, hatten ihre Überstunden der Firma spendiert! Anstelle von zusätzlichem Geld bekamen wir nur den Hinweis:

»Im kommenden Jahr können Sie die Ü-Prämie bekommen – strengen Sie sich einfach an!«

Wahrscheinlich stand das »Ü« doch eher für: übertölpelt!

Jörg Eilts, Versicherungskaufmann

Wie die Firma meinen Heiligabend verdarb

Als Assistentin in einem Baukonzern teilte ich nicht das Millionenge-halt meines Chefs, wohl aber seine Arbeitszeiten. Er betonte immer, wie gut ich es hätte, morgens erst ab 9.30 Uhr zu arbeiten, weil auch er dann erst anfing – aber er verlor kein Wort darüber, dass ich oft bis 22 Uhr bleiben musste, weil er dann erst aufhörte. Für ihn war es ganz selbstverständlich, dass ich sprang, wann immer er rief.

Umso mehr freute ich mich, als der Weihnachtsurlaub nahte. Zu Hause hatte ich viel nachzuholen, für das Weihnachtsfest mit der Fa-milie war vor lauter Arbeitsstress nichts vorbereitet. Aber zum 23. De-zember bestand die Hoffnung, dass ich schon am frühen Nachmittag abschwirren konnte.

Doch ich hatte die Rechnung ohne meinen Chef gemacht: »Am 23. Dezember werden meine Kollegen und ich eine Feier für unsere Assis-tentinnen veranstalten – als Dankeschön für Ihren großen Einsatz!« Ich wollte mich schon freuen, da fügte er hinzu: »Wir starten um 21 Uhr, dann sind wir mit der Jahresabschlussbesprechung durch.« Und weil es so schön praktisch war, sollte die Feier nicht in einem Lokal, sondern im Gästesaal der Firma stattfinden: »Sorgen Sie für weih-nachtlichen Glanz!«

Statt mein eigenes Weihnachtsfest zu Hause vorzubereiten, turnte ich also an der Decke des Gästesaals herum, um ihn zu schmücken. Auch das Essen, die Getränke, die Dekoration der Tische und das Rah-menprogramm mussten ich und meine Kolleginnen organisieren – da-bei fand das Fest doch angeblich für uns statt!

Die Feier begann erst um 22.15 Uhr, die Jahresabschlussbesprechung hatte sich nach hinten verschoben. Jeder Manager sprach ein paar Lobessätze auf seine Assistentin, meist Plattheiten von der »rechten Hand«. Jede von uns bekam einen Blumenstrauß überreicht.

Danach wurden wir – angeblich die Gefeierten! – nur noch angesprochen, wenn eine neue Flasche Champagner erwünscht, ein Teller mit Delikatessen leer war oder mal eben eine Zahl aus dem Computer benötigt wurde.

Ich werde es nie vergessen: Es war 3.27 Uhr, als ich und meine Kolleginnen die Firma endlich verließen. Vorher hatten wir den ganzen Schweinestall noch aufgeräumt. Unsere Chefs lagen derweil schon im Bett. Erst um 7 Uhr morgens bin ich eingeschlafen.

Es wurde 16 Uhr, bis ich wieder aufstand, so geschafft war ich. Und das am Heiligabend! Es war zu spät, um noch ein schönes Weihnachtsessen auf die Beine zu stellen.

Am Abend kam der Pizzaservice.

Tania Niedermann, Assistentin

Der Chef-Hamster:

Wenn Führung durchdreht

In diesem Kapitel erfahren Sie unter anderem ...

- warum Chefs ihre Arbeitszeit, nicht aber ihr Gehalt mit Ihnen teilen wollen,
- mit welchen Tricks (Über-)Stundendiebe ihre Mitarbeiter bestehlen,
- warum von zehn Terminzusagen des Managements mindestens elf platzen
- und wie ein Chef im Großraumbüro zum Geiselnehmer wurde.

Der Oberheld

»Oberheld« – so nannten die Mitarbeiter eines Halbleiter-Herstellers ihren Chef. Egal welche Zumutung er ihnen aufs Auge drückte, sein Leitspruch lautete: »Ich verlange nichts von Ihnen, was ich nicht auch von mir selbst verlange!« Er, der Oberheld, saß jeden Tag so lang am Schreibtisch, dass das Licht aus seinem Büro noch um Mitternacht wie ein Fixstern leuchtete. Er, der Oberheld, retournierte nächtliche Mails aus Übersee so schnell wie Aufschläge beim Tischtennis. Er, der Oberheld, verschob seinen Sommerurlaub so lang, bis der erste Schnee ihm Anlass gab, auch den Winterurlaub zu verschieben.

Und für den unwahrscheinlichen Fall, dass er doch mal ein paar Urlaubstage nahm, hatte er selbst Störungen bestellt: Seine Assistentin war angewiesen, Alarm zu schlagen, sobald »etwas hakt«. Sogar für Probleme, die nur Problemchen waren, sauste er mit Blaulicht zur Arbeit zurück. Sein Leben bestand nur aus fünf Buchstaben: FIRMA.

Von seinen Mitarbeitern erwartete er dasselbe. Als ein Außendienstler sich weigerte, seinen Urlaub zu verschieben, meinte er: »Meine Reiserücktritts-Versicherung ist mittlerweile fast so teuer wie die Reisen, so oft habe ich meinen Urlaub schon verschoben.« Als ein kranker Assistent zögerte, von zu Hause zu arbeiten: »Als ich nach meiner Blinddarm-OP aus der Narkose aufwachte, habe ich sofort im Sekretariat angerufen. Die ersten Akten kamen vor dem ersten Blumenstrauß.« Und wenn einer in seiner Freizeit keine Mails abrufen wollte: »Wissen Sie eigentlich, dass mich mein Blackberry sogar schon mal aus der Hochzeitsfeier eines engen Freundes gerissen hat?«

Wie ein Bodybuilder seinen Bizeps, so trug er seine Arbeitsheldentaten vor sich her. Als wäre es keine Dummheit, sondern eine grandiose Leistung, sich als Arbeitsesel vor den Karren einer Firma zu spannen. Und weil *er* ein Esel war, mussten es seine Leute auch sein.

Dass Mitarbeiter herdenweise dem Burn-out entgegenlaufen, hat nicht in erster Linie mit ihrer eigenen Persönlichkeit zu tun, wie immer wieder behauptet wird, sondern mit der Persönlichkeit ihrer Chefs – mit dem, was ihnen vorgelebt und als Unternehmenskultur gepflegt wird. Es gilt beim Führen das IA-Prinzip – der Chef lebt ein Verhalten vor, und seine Mitarbeiter, die Arbeitsesel, sollen sagen: »Ich auch!«

Das Arbeitsgebaren eines Chefs ist wie eine ansteckende Krankheit. Wenn der Boss bis 23 Uhr am Schreibtisch sitzt, ist er ein lebendes Mahnmal, das sich jeder Mitarbeiter vor Augen führen sollte, ehe er sich um 17 Uhr *gegen* den pünktlichen Feierabend entscheidet. Ein Chef, der nachts noch Mails verschickt, sendet die wichtigste Botschaft durch die Sendezeit: »Nimm dir ein Vorbild, Mitarbeiter! Während du dich im Bett wälzt, wälze ich Arbeit!«

Der Chef wirkt wie ein Kontrastmittel: Jeder, der als Mitarbeiter von seinem Verhalten abweicht, fällt unangenehm auf. Die karrieregeilen Streber erkennen dieses Signal. Sie lauern die ganze Nacht vor ihren Smartphones, immer in der Hoffnung, eine 23.45-Uhr-Mail des Chefs in maximal 90 Sekunden zu erwidern.

Gleichzeitig übernehmen sie das Verhalten des Vorgesetzten. Ihre nächtlichen Mails lassen sie wie Streubomben über die Firma regnen, mit großem Verteiler und sofortigem Antwortbedarf. Und natürlich arrangieren sie es, dass sie ihrem Chef um 20.30 Uhr noch im Raucherraum begegnen, Nachtarbeiter unter sich. Dabei beklagen sie die Arbeitsmoral der Kollegen. Der Chef nickt. Zwei Rauchkringel vereinigen sich.

Die hausgemachte Evolution besorgt den Rest: Die Streber werden für ihren Einsatz befördert. Diese positive Verstärkung erhöht ihren Eifer. Und wenn sie nicht gestorben sind, natürlich an Überarbeitung, dürfen sie eines Tages selbst befördern – und ziehen Mitarbeiter ihrer eigenen Bauart vor: Helden der Arbeit.

Dieser Arbeitswahn übt eine Sogwirkung aus: Wer es sich noch erlaubt, im heimischen Bett statt am Schreibtisch zu übernachten, nimmt ein schlechtes Gewissen mit in den Schlaf. Was die Arbeitshelden vorleben, geht mit dem stillschweigenden Appell einher: »Häng dich endlich rein wie wir, du Flasche! Sonst kannst du hier nichts werden, höchstens Entlassungskandidat!«

Eigentlich könnten sich solche Chefs durch Goethe moralisch reinwaschen: »Mit einem Herren steht es gut / der, was er befohlen, selber tut.« Allerdings wollen sie mit den Mitarbeitern nur ihre Pflichten teilen! Ununterbrochen schuften wie ein Chef? Klar doch! Erreichbar sein wie ein Chef? Selbstverständlich! Den Kopf hinhalten, wenn etwas schiefgeht? Aber sicher! Als Letzter aus dem Büro gehen? Sehr erwünscht! In Chefqualität arbeiten? Mindestens!

Anders die süßen Seiten der Führungsposition: Chefgehalt kassieren? Vergiss es! Im Chefbüro residieren? Nicht drin! Chefsekretärin bekommen? Träum weiter! Erster Klasse reisen? Zu teuer! Fünfstelliger Bonus am Jahresende? Ach was! Dienstwagen? Niemals! Parkplatz am Gebäude? Von wegen! Coachings umsonst? Keine Chance!

Es ist ein Spiel mit gezinkten Karten: Die Mitarbeiter sollen die Pflichten ihrer Chefs teilen, aber auf deren Privilegien verzichten. Dass sie nicht angemessen für ihren Einsatz belohnt werden, ist einer der Gründe, warum so viele Mitarbeiter als Motivationsleichen enden. Schlecht belohnte Arbeit steigert sogar das Risiko auf einen Herzinfarkt, wie der Düsseldorfer Medizinsoziologe Johannes Siegrist nachweist.[19]

Chefs sind gleicher als gleich, auch nach Feierabend. Der Vorgesetzte streicht ein saftiges Gehalt ein, er kann es sich leisten, seinen Haushalt von einer Hilfskraft organisieren und seine Kinder von einer Nanny betreuen zu lassen. Derweil müssen seine Mitarbeiter stets an zwei Fronten kämpfen: dem Berufs- und Privatleben.

Die Führungskraft kann es sich erlauben, ihre bessere Hälfte ein ausgeglichenes Dasein zu Hause führen zu lassen. Dagegen rasseln im Haushalt des Mitarbeiters oft zwei Vollzeit-Arbeiter mit solchem Volldampf zusammen, dass der Eheberater nur noch einen Totalschaden attestieren kann. Und wie sich der Arbeitsstress ins Privatleben überträgt, überträgt sich der Privatstress ins Arbeitsleben. Ein Teufelskreis, der krankmachen kann.

Kein Medikament wirkt sich auf die Gesundheit und die Lebenserwartung eines Menschen besser aus als eine leitende Position. Im Schnitt sterben Mitarbeiter 4,4 Jahre früher als ihre Chefs, das belegt der britische Epidemiologe Sir Michael Marmot.[20] Weil sie über ihr Arbeitsleben bestimmen können, statt nur geschubst und damit gestresst zu werden.

Die Führungskraft, die sich kaputtarbeitet und vom frühen Herzinfarkt dahingerafft wird, ist ein lächerlicher Heldenmythos. Tatsächlich scheint oben in der Hierarchie die Sonne – und gestorben wird unten, im Tal der Deppen.

Hamsterrad-Regel: Es ist Mitarbeitern gestattet, dieselbe Verantwortung wie Chefs zu tragen, aber es ist ihnen nicht gestattet, dafür dasselbe Gehalt zu verlangen!

Momo und die Stundendiebe

Angeblich war es ein Computerabsturz, der zu dem Drama führte. Die Mitarbeiter des kleinen Haushaltstechnik-Unternehmens hatten massenweise Überstunden gesammelt, 185 allein mein Klient Peter Heister. Die Auftragsbücher der Firma quollen über, doch die Reihen der Mitarbeiter wurden immer lichter. Offene Stellen ließ die Firma verwaisen, das Sparprogramm aus der letzten Krise lief weiter. Nur mit dem Lasso der Überstunden ließ sich die Tagesarbeit noch einfangen.

Mehrfach hatte der Geschäftsführer versprochen, die Überstunden sollten »bei erster Gelegenheit« ausbezahlt oder mit Freizeit vergolten werden. Peter Heister hatte sich schon ausgerechnet, dass seine Überstunden einem kompletten Jahresurlaub von sechs Wochen entsprachen. Oder eineinhalb Monatsgehältern, plus Überstundenzuschläge.

Doch dann kam die Hiobsbotschaft: Der Computer mit der Zeiterfassung sei abgestürzt. Nach Auskunft der Personalchefin waren die Arbeitszeit-Daten komplett zerstört und nirgendwo gespeichert.

Peter Heister hatte ein »Stundenbuch« geführt und bot diese Aufzeichnung zur Rekonstruktion an. Die Personalchefin wimmelte ihn ab: »Das geht leider nicht. Niemand weiß, ob Ihre Aufzeichnungen richtig sind. Auch würden wir Mitarbeiter benachteiligen, die ihre Stunden nicht selbst erfasst haben.«

Dieselbe Firma, die das Beweismaterial vernichtet hatte, erklärte die Ersatzbeweise für unglaubwürdig. Waren die Daten überhaupt weg? Warum gab es keine Sicherungskopie? Alle anderen Personaldaten waren noch vorhanden.

Der Geschäftsführer ließ die Belegschaft wissen: »Leider können wir nicht rekonstruieren, wer wie viele Überstunden hatte. Deshalb biete ich Ihnen eine Woche unbezahlten Sonderurlaub an. Dieses Angebot gilt auch für alle, die weniger Überstunden hatten.«

Nach Großzügigkeit sollte das klingen – doch es war ein Witz! Die meisten Mitarbeiter hatten 120 oder mehr Überstunden auf dem Konto gehabt. Der »Sonderurlaub« deckte nicht mal ein Drittel dieser Zeit ab! Nur die Führungskräfte, deren Überstunden im Gehalt enthalten waren, konnten sich schadlos aus der Affäre ziehen.

Es kam zu langen Gesprächen zwischen der Geschäftsleitung und zwei ausgewählten Vertretern der Mitarbeiter (da es keinen Betriebsrat gab). Am Ende stand ein Kompromiss: sieben Tage Sonderurlaub für jeden. Die Firma machte ein großes Geschäft, entledigte sich mit einem Schlag ihrer Altlasten.

Was aus dem »Sonderurlaub« wurde, erzählt Peter Heister: »Die viele Arbeit zwang uns weiter zu Überstunden. Ich wäre froh gewesen, wenn ich meinen regulären Urlaub hätte nehmen können. Vom Sonderurlaub ganz zu schweigen!«

Die Zeitdiebe, die grauen Herren aus Michael Endes Roman »Momo«, sind umgezogen: Sie residieren jetzt in der Chefetage. Mit jeder Stunde, die sie einem Mitarbeiter entreißen, erhöhen sie den Profit der Firma. Am meisten Spaß machen ihnen die großen Raubzüge.

Wie ein solcher Coup gelingen kann, hat eine Anwaltskanzlei vorgemacht.[21] Sie hatte einen jungen Juristen eingestellt und ihm die Perspektive auf eine Partnerschaft aufgezeigt. Aber erst müsse er sich bewähren.

Der junge Anwalt hatte verstanden! Er trieb seinen Arbeitsmotor auf Hochtouren, weit über den Feierabend hinaus. Er wälzte Akten, dass es nur so staubte, verfasste einen Schriftsatz nach dem anderen. Und nach Feierabend eilte er zu Fortbildungen, um sich fit für die Partnerschaft zu machen.

Der Arbeitstunnel, durch den er zwei Jahre ging, war lang und finster: 930 Überstunden leistete er, ein Leben fast ohne Freizeit. Diese Dunkelheit schien ihm nur erträglich, weil er am Ende das Licht einer Teilhaberschaft sah.

Doch im Jahr 2008 stellte sich das als optische Täuschung heraus: Die Chefs meinten kühl, eine Partnerschaft sei nicht für ihn drin. Die 930 Überstunden schienen für die Katz.

Der Anwalt fühlte sich mit einem falschen Versprechen gelockt und abgezockt. Er klagte gegen seinen Arbeitgeber. Die Inhaber zogen sich auf eine listige Argumentation zurück: Der Mitarbeiter habe auf eigenes Risiko gehandelt; zu keinem Zeitpunkt sei ihm die Partnerschaft zugesagt worden. Außerdem seien die Überstunden durch eine Klausel im Vertrag abgegolten.

Das Landesarbeitsgericht sah das anders: 30 000 Euro sprach es dem Anwalt zu. Doch das Bundesarbeitsgericht pfiff die Vernunft zurück. Zwar erklärten die Richter die Klausel, nach der die Mehrarbeit durch das Gehalt abgegolten sei, für unwirksam. Andererseits sahen sie das Arbeitsverhältnis des Anwalts jedoch als »Dienst höherer Art«. Seine Jahresvergütung von bis zu 88 000 Euro beinhalte die Überstunden.

Wie bitte? 465 Überstunden pro Jahr – fast drei reguläre Arbeitsmonate! – sollen akzeptabel sein? Dieses Urteil ist eine Steilvorlage für Ausbeuter, die per Gehaltszettel die grenzenlose Herrschaft über das Leben ihrer Mitarbeiter erkaufen wollen. Zur Strafe sollten die Bundesarbeits-Richter, die ebenfalls »Dienst höherer Art« verrichten, genau diese drei Monate an ihre jährliche Arbeitszeit hängen müssen!

Hamsterrad-Regel: Böse Zungen behaupten, dass sich unbezahlte Überstunden nicht lohnen. Das ist definitiv falsch: Die Firmen sparen viel Geld durch sie!

Deppen-Erlebnisse

Wie mein Chef zum Geiselnehmer wurde

Es war »Liefertag«: Wir mussten ein Konzept an einen Kunden schicken. Aber die Zeit war mal wieder so knapp kalkuliert, dass wir um 17.30 Uhr noch lange nicht fertig waren. Da ich um 18 Uhr zur Massage musste, packte ich meine Tasche. Doch mein Chef, der am Kopfende des Großraumbüros saß, raunzte mich an: »Wir müssen erst das Konzept fertig stellen!«

»Aber ich habe um 18 Uhr einen Termin.«

»Und ich habe eine Abgabe. Das geht vor!«

Eine Kollegin schaltete sich ein: »Können wird das Konzept nicht morgen in Ruhe abschließen? Ich wette, der Kunde schaut heute Abend nicht mehr drauf.«

»Ich habe zugesagt, dass wir heute liefern. Und wir werden heute liefern.«

Als er sah, dass sich unter den Kollegen Unruhe ausbreitete, fügte er hinzu: »Keiner verlässt den Raum, ehe wir fertig sind!«

Er führte sich auf wie ein Geiselnehmer. Aber weshalb standen eigentlich Arbeitszeiten in unseren Verträgen? Wer zahlte mir meine Massagestunde, wenn sie ausfiel? Und warum sollten wir dafür büßen, dass *er* unrealistische Zusagen machte?

Ich stand auf und ging in Richtung Ausgang. Er sprang auf und stellte sich mir vor der Tür in den Weg: »Hab ich mich undeutlich ausgedrückt? Keiner geht, bevor das Konzept verschickt ist!«

»Aber ich ...«

»Kein ›Aber‹! Das Projekt muss heute noch raus.«

»Aber ich möchte …«

»Was *Sie möchten,* ist mir egal – hier geht es ums Geschäft!«

Ich spürte, wie mein Puls zu trommeln begann. »Lassen Sie mich jetzt gefälligst mal ausreden! Ich möchte zur Toilette. Verstanden?!«

Der Geiselnehmer ging einen Schritt zur Seite. Zum ersten Mal an diesem Tag wurde in unserem Großraumbüro herzhaft gelacht. Das war auch bitter nötig, denn erst um 21.30 Uhr kamen wir endgültig frei.

Sahra Martens, Consultant

Wie mein Vorgesetzter mich umtaufte

Mein Chef trug den Beinamen »Herr«. Oft passierte es, dass er einen Mitarbeiter beim Meeting so ansprach: »Das ist keine schlechte Idee, Herr …« Und weil ihm der Nachname nicht einfiel, blieb »Herr«, wechselweise auch »Frau«, einfach im Raum stehen. Vielleicht war es zu viel verlangt, die Namen von 25 Mitarbeitern auswendig zu lernen. Vielleicht hätten wir Namensschilder auf den Schreibtischen aufstellen müssen.

Warum er die Namen nach drei Jahren als Chef noch nicht kannte? Die Menschen in seiner Abteilung interessierten ihn nicht die Bohne! Als eine Kollegin nach der Geburt ihres Kindes zurückgekommen war, hatte er sich die unglaublich dämliche Frage erlaubt: »Geht es Ihnen wieder besser?« Offenbar hatte er gedacht, sie wäre länger krank gewesen.

Sein Augenmerk galt den Ergebnissen, den harten Fakten. Und zu diesen Zahlen hatte ich in einem Jahr durch viele wichtige Abschlüsse beigetragen. Deshalb konnte ich mich mit ihm im Gehaltsgespräch auf eine Erhöhung von 350 Euro einigen.

Doch wo blieb das Geld? Am Ende des nächsten Monats stand auf meinem Gehaltszettel nur die alte Summe. Ich ging in sein Büro und fragte nach.

»Doch, das Geld habe ich angewiesen«, sagte er. »Das muss gekommen sein!«

»Ist es aber nicht«, sagte ich.

»Das werde ich überprüfen, Herr …«

»Schmidt«, half ich.

»Schmidt?«, stutzte er.

Es stellte sich heraus: Er hatte meinen Namen mit dem meines Kollegen Schneider verwechselt, der mit Vornamen wie ich Julian hieß. Ihm hatte er die 350 Euro angewiesen. Nun rief er das Geld zurück – was die Motivation des Kollegen nicht gerade erhöhte –, und leitete es auf mein Konto um.

Sollte er mich eines Tages entlassen wollen: Ich bin guter Hoffnung, dass er den Falschen feuert!

Julian Schmidt, Immobilienwirt

Schlaflos im Chefsessel

Der größte Feind eines Managers hält sich in der Nacht versteckt. Dort lauert er auf seine Chance. Zum Angriff schreitet er, wenn sein Opfer sich ins Bett gelegt hat. Dann raubt er dem Manager das Kostbarste: seine Zeit. Der Feind des Managers – ist der Schlaf!

Aber wer ein echter Manager ist, der lässt sich nicht so einfach übermannen, sondern wehrt sich: mit Arbeit bis in die Nacht, mit Dienstreisen rund um den Globus, mit Kannen voller Kaffee und mit Aufputschpillen. Die Supermänner des Managements erkennt man daran, dass sie ihrem Feind ungewöhnlich lange widerstehen. So rühmt sich der Bahn-Chef Rüdiger Grube damit, vier Stunden Schlaf pro Nacht reichten ihm. Ähnliche Sprüche klopfen Top-Manager wie die ehemaligen Karstadt-Quelle Chefs Wolfgang Urban und Thomas Middelhoff.[22]

In einer Spitzenposition muss man mit wenig Schlaf auskommen: Diese Aussage unterschreibt ein Drittel der deutschen Manager, wie eine Umfrage des Instituts für Demoskopie Allensbach unter 517 Top-Entscheidern ergab. Jeder fünfte Manager gibt an, dass er schon nach fünf Stunden aus dem Bett steigt. Und jeder zweite Unternehmenslenker attestiert sich selbst: Ich bekomme zu wenig Schlaf! [23]

Diese Wachheit bis zum Umfallen, die Führungskräfte ihren Mitarbeitern vorleben, ist typisch für die rastlose Arbeitswelt der Gegenwart. Sei immer auf dem Sprung! Schließ nie die Augen! Träum bloß nicht vor dich hin! Der Mensch als Arbeitsmaschine, der Schlaf als Produktionsausfall.

Wer sich rühmt, mit wenig Schlaf auszukommen, will in Wahrheit sagen: »Ich gewinne Zeit fürs Wesentliche!« Nicht für den Lebenspartner, nicht für die Kinder, nicht für das Hobby – sondern für die Arbeit.

Die Bedeutung der Arbeit hat sich gewandelt. Das lässt sich aus Manager-Gesprächen über ihr liebstes Hobby schließen. Noch vor zehn Jahren liefen die Gespräche, sobald das Handicap geklärt war, etwa so ab: Der eine erzählte, er sei im letzten Jahr 34 Mal auf dem Golfplatz gewesen. Und der andere konterte: »Und ich 36 Mal!«

Doch dieser alte Maßstab gilt nicht mehr, wie ich zuletzt am Rande einer Vertriebskonferenz verfolgen konnte. Ein Manager, Ende 30, sagte: »Unser Laden brummt wie verrückt. Ich war schon vier Monate nicht mehr auf dem Golfplatz.« Worauf sein Kollege, Anfang 50, stolz erwiderte: »Und ich hatte schon ein ganzes Jahr keinen Schläger mehr in der Hand.« Gewonnen!

Dass jemand sein Hobby neben der Arbeit pflegt, gilt nicht mehr als Indiz für eine gute Work-Life-Balance, sondern als Zeichen mangelnder Auslastung. Schick ist es geworden, mit seiner Arbeit in einer monogamen Ehe zu leben. Allen Versuchungen daneben, ob Freizeit, Familie oder Schlaf, widersteht der moderne Manager tapfer. Erlaubt sind allenfalls Hobbys, die seine Arbeitsfähigkeit erhalten, zum Beispiel Joggen gegen die Uhr und gegen den Herzinfarkt.

Die Arbeit, von den antiken Philosophen als Übel verspottet, als Ablenkung vom Eigentlichen, hat eine steile Karriere hingelegt: vom Rand der Gesellschaft in die Mitte, von der Sklavenbürde zum Lebenszweck. Man arbeitet nicht mehr, um zu leben; man lebt, um zu arbeiten.

Wer sich als Manager seines Vier-Stunden-Schlafs rühmt, appelliert heimlich an seine Mitarbeiter: Arbeitet rund um die Uhr! Nutzt jede Minute! Verschwendet keine Arbeitszeit, nicht mal im Bett!

Bei Managern hat die Arbeit immer Vorfahrt. Nicht so bei Lkw-Fahrern. Sie müssen Ruhezeiten einhalten. Man lässt sie mit ihren Mehrtonnern nur über die Straßen rollen, wenn sie ausgeschlafen sind. Um Unfälle zu vermeiden. Weshalb trauen wir todmüden Unternehmenslenkern mehr als todmüden Lkw-Fahrern zu? Wie sollen sie einen Konzern sicher steuern, wenn sie völlig unausgeschlafen sind?

Die Statistik für den Straßenverkehr sagt: Zwei Drittel aller Zusammenstöße werden von übermüdeten Fahrern verursacht.[24] Hat mal jemand nachgerechnet, welche Schäden entstehen, wenn ein müder Manager seinen Konzern an die Wand fährt? Das kostet nicht nur Geld, das kostet Arbeitsplätze!

Der Harvard-Professor Charles Czeisler hat schlaflose Firmenlenker erforscht und berichtet Schockierendes: »Müde Manager handeln wie Betrunkene.«[25] Ist das der Grund, warum die Konzerne von einer sinnlosen Fusion zur nächsten torkeln? Kommen so Entscheidungen zustande, die von Mitarbeitern als »besoffen« bezeichnet werden – zum Beispiel völlig haltlose Terminzusagen? Und wäre Karstadt-Quelle die Insolvenz erspart geblieben, wenn Manager wie Middelhoff nachts mehr geschlafen und deshalb tags bessere Ideen entwickelt hätten?

Der Kronzeuge Charles Czeisler attestiert den Schlaflosen geistige Verwirrung: »Ansonsten intelligente und wohlerzogene Manager benehmen sich anders, wenn sie übermüdet sind: Sie beschimpfen ihre Mitarbeiter, treffen unkluge Entscheidungen, welche die Zukunft ihres Unternehmens beeinflussen, und halten wirre Vorträge vor ihren Kollegen, den Kunden, der Presse oder den Shareholdern.«

Diese Einschätzung deckt sich mit den Studien des US-Schlafforschers Mark Rosekind: Wer fünf Stunden schläft, statt acht, verliert 50 Prozent Entscheidungsfähigkeit und 20 Prozent Gedächtnisleistung.[26] Der Schriftsteller Rainer Haak bringt es auf den Punkt: »Wer sich nachts zu lange mit den Problemen von morgen beschäftigt, ist am nächsten Tag zu müde, sie zu lösen.«

Daher beruht ein Spruch des Kurzschläfers Napoleon, den Manager sich zuraunen, sicher auf morgendlicher Denkschwäche: »Ein Genie braucht drei, eine Frau acht und ein Taugenichts neun Stunden Schlaf.« Goethe und Einstein waren Langschläfer, sie blieben zehn Stunden im Bett.[27]

Tatsächlich ist der Schlaf kein Feind, sondern ein guter Freund. Er sorgt dafür, dass Gedächtnisinhalte gefestigt werden. Der Schlafende lernt dazu, erhöht seine Konzentration, stärkt seine Organe und schützt sich vor Krankheit.[28]

Wenn Manager ihren Schlaf zusammenstreichen, begehen sie denselben Fehler wie beim Kürzen von Etats: Nur die kurzfristige Einsparung sehen sie, nicht aber die fatalen Nebenwirkungen: dass sie schlechte Vorbilder für ihre Mitarbeiter sind; dass die zunehmende Arbeitszeit durch die abnehmende Arbeitsqualität konterkariert wird; und dass es nicht gerade den Eindruck fortgeschrittener Weisheit hinterlässt, wenn eine Führungskraft wieder mal auf niemanden hört, nicht einmal auf die Bedürfnisse ihres eigenen Körpers – und sich für diese Dummheit auch noch auf die Schulter klopft!

Doch wenn es stimmt, dass man vor allem im Schlaf lernt, wird es noch lange dauern, bis die Manager diese Lektion begriffen haben.

 Hamsterrad-Regel: Die Aussage, dass Manager ihren Job im Schlaf beherrschen, ist zu 50 Prozent wahr – das Beherrschen gehört nicht dazu!

Das Geheimnis der geplatzten Termine

Als Neunjähriger wollte ich unbedingt ein Kaninchen haben! Ich versprach meinen Eltern, jeden Tag Futter auf der Wiese zu sammeln, jede Woche den Stall zu putzen. Und natürlich war ich sofort bereit, alle Ausgaben für das Kaninchen von meinem Taschengeld zu bestreiten.

Das Kaninchen wurde angeschafft. Drei Tage war ich die Fürsorge in Person. Danach kannte ich das Tier nicht mehr.

Was für mich das Kaninchen war, sind für deutsche Firmen die Großprojekte: Das Blaue vom Himmel versprechen sie, nur um den Auftrag zu ergattern. Sie sagen Endtermine zu, die zu knapp wären, um nur eine Baugrube auszuheben. Sie kalkulieren Kosten, die weit unter dem Radar der Realität fliegen. Und den Personalbedarf berechnen sie, als könnte jeder Mitarbeiter für drei arbeiten, mindestens.

Die Termintorheit multipliziert sich, wenn Illusionskünstler aus Wirtschaft und Politik gemeinsam für Bauprojekte antreten. Dann wird der Eröffnungstermin nicht nach dem Arbeitsbedarf auf der Baustelle kalkuliert, sondern der Manager fragt sich: »Bis wann muss das Projekt fertig sein, damit es das größte Kursfeuerwerk an der Börse zündet?« Und der Politiker fragt sich: »Wie schaffe ich mit den Fotos der Eröffnung eine Punktlandung vor der nächsten Wahl?«

Die Aufgabe des Managers ist es, Termine zuzusagen, die Aufgabe seiner Mitarbeiter, diese Termine einzuhalten. Der Chef lässt das Porzellan fallen. Und die Mitarbeiter sollen es auffangen, obwohl es schon zerschellt ist. Dabei kann man sich nur verletzen!

Niemand fragt die Mitarbeiter *vor* der Terminzusage, was sie, die Kenner der Praxis, dazu meinen. Niemand erkundigt sich, welche Vorläufe die einzelnen Abteilungen brauchen, welcher neue Personalbedarf entsteht – und schon gar nicht, welche Schwierigkeiten auftreten können und welche Puffer sinnvoll wären.

Damit das Personal sich reinhängt, greift der Oberboss zur Motivationsspritze: »Einige Kritiker sagen, der Termin sei nicht zu halten. Aber ich bin sicher: Sie werden durch Ihr Engagement, Ihr Geschick und Ihre Schnelligkeit das Gegenteil beweisen!«

Was er nicht sagt, aber meint: »Wenn es doch nicht klappt, liegt es nur an Ihrem mangelnden Engagement, Ihrem mangelnden Geschick und Ihrer mangelnden Schnelligkeit – und nicht an dem von mir vereinbarten Termin!«

Und so reißen sie sich in Stücke, um das Unmögliche zu ermöglichen: Jeder Arbeitstag gerät zu einem Wettlauf gegen die Uhr. Sie schuften wie die Berserker, schieben Überstunden, rotieren schneller als die Betonmischmaschinen. Doch egal wie sie sich reinhängen: Das Porzellan ist schon zersprungen!

Ein Paradebeispiel ist der Flughafen Berlin-Brandenburg. Einmal war seine Eröffnung bereits verschoben worden, als am 3. Juni 2012 endlich die Eröffnungsparty steigen sollte. Die Smokings lagen parat, die Kapelle war bestellt, es roch nach einem Erfolg im zweiten Anlauf. Noch Ende April hatte der damalige Technik-Geschäftsführer Manfred Körtgen mit dem Daumen nach oben gezeigt: Alles im grünen Bereich – der mangelhafte Brandschutz verhindere die Eröffnung nicht.[29]

Doch war den Aufsichtsräten des Flughafens, darunter Berlins

Bürgermeister Klaus Wowereit und Brandenburgs Ministerpräsident Matthias Platzeck, noch am 20. April ein Controlling-Report präsentiert worden.[30] Aus diesem Bericht ging hervor: Den Flughafen, den man eröffnen wollte, gab es noch gar nicht – nur eine chaotische Baustelle.

Nichts, aber auch gar nichts funktionierte! Die Türen ließen sich nicht steuern, die Sicherheitstechnik war lückenhaft, die Fahrtreppen hakten. Die Starkstromanalage? Weit hinter Plan! Die Datentechnik? Mangelhaft. In läppischen sechs Jahren seit Baubeginn war es nicht einmal gelungen, die Toiletten termingerecht zu kacheln, die Tischlerarbeiten abzuschließen und alle Wände zu streichen.

Dennoch bekräftigten die Geschäftsführer des Flughafens, es sei ein »störungsfreier Betrieb« möglich. Genauso gut hätte man behaupten können, das Tote Meer in ein paar Wochen in ein Quellwasserbecken zu verwandeln.

Der Eröffnungs-Termin platzte. Klaus Wowereit fing sich den Spott der Republik ein. Und der Flughafensprecher Ralf Kunkel sagte kleinlaut: »Uns ist klar: Die nächste Terminangabe muss zuverlässig sein.«[31] Das magische Datum für den dritten Anlauf: 17. März 2013.

Zuverlässige Terminangabe? Schon im Sommer sickerte durch, dass sich die Eröffnung voraussichtlich bis ins Frühjahr 2014 verzögere, wieder durch hausgemachtes Chaos. Nach der zweiten Verspätung hatte man hektisch die Planungsbüros gewechselt. Niemand stimmte mehr ab, was auf dem Bau passieren sollte. Die Folge war grotesk: Auf der eiligsten Baustelle der Republik passierte – gar nichts mehr. Dieselben Bauarbeiter, die jahrelang gehetzt worden waren, mussten nun tatenlos herumstehen. Ein Aufsichtsrat sagte: »Viele Firmen wissen nicht, was sie wann anfangen sollen, und die Bauleitung auch nicht.«[32]

Im Januar 2013 lief im Verschiebe-Theater ein weiterer Akt. Diesmal waren die Bauschnecken schlau genug, die Eröffnung auf einen

Termin zu verschieben, der nicht verfehlt werden kann: auf unbestimmte Zeit. Dilettantismus pur: Nicht der Termin bestimmt die Fertigstellung, sondern die Fertigstellung den Termin! Klaus Wowereit trat als Vorsitzender des Aufsichtsrats zurück, sein Co-Versager Matthias Platzeck rückte an die Spitze.[33]

Ganz nebenbei waren die Kosten des Projektes von ursprünglich zwei Milliarden Euro auf über vier Milliarden angeschwollen. Und jeder Monat Verspätung kostet den Steuerzahler mindestens 25 Millionen Euro. Wo landet das zusätzliche Geld? Ganz sicher nicht in den Taschen der Mitarbeiter, die von morgens bis abends das Terminporzellan ihrer Chefs zusammenkehren!

Dass Großprojekte als Großblamagen enden, dass Termine in den Sand gesetzt, Kosten maßlos überzogen und Mitarbeiter unnötig gescheucht werden, ist eher Regel als Ausnahme. Ein paar Beispiele:

- Die Elbphilharmonie in Hamburg hätte 2010 eröffnet werden sollen, für 77 Millionen. Doch der renommierte Baukonzern Hochtief brachte es in Kooperation mit der Stadt Hamburg fertig, die Kosten auf mehr als das Siebenfache zu treiben: 575 Millionen Euro. Und der Eröffnungstermin verschob sich (vorerst) um schlappe sieben Jahre auf 2017.[34] Bis dahin wird an der Elbe keine Musik, nur das Rumpeln der Baumaschinen zu vernehmen sein.
- Der Berliner Hauptbahnhof, als architektonisches Meisterstück gedacht, wurde mit einem Dachschaden eröffnet: Weil der Bahnhof zum geplanten Eröffnungstermin vor der Fußball-WM 2006 nicht annähernd fertig geworden war, musste das spektakuläre Glasdach von 450 auf 320 Meter gekürzt werden. Und in der Eile wurde derart gepfuscht, dass Anfang 2007 ein tonnenschwerer Stahlträger vom Wind aus der Glasfassade gerissen wurde und auf eine Treppe stürzte.[35] Rund fünf Jahre später regnete es an etlichen Stellen bereits durchs Dach.[36]

• Im November 2012 erwartete die Deutsche Bahn 16 ICE-Züge, von langer Hand beim deutschen Vorzeigekonzern Siemens bestellt. Diese Züge sollten den Winterverkehr sicherstellen. Der Winter kam – die hoch und heilig versprochenen Züge kamen nicht. Dabei wirbt die Zugsparte von Siemens mit dem Slogan: »Geschwindigkeit entscheidet – im Business und auf der Schiene«. Es war nicht das erste Mal, dass Siemens in Verzug geriet: Der Konzern hatte sich vorher schon beim Bau von Atomkraftwerken, Großflughäfen und Stromanbindungen auf See ein beachtliches Renommee als Terminversager erworben. [37]

Alle Firmen beten vor dem Altar der Schnelligkeit. Mit der Terminpeitsche scheuchen die Chefs ihre Mitarbeiter, machen Druck und verbreiten Hektik. Doch wenn die Staubwolke sich legt, werden auf dem Schlachtfeld der Arbeit keine Erfolge sichtbar, nur ausgebrannte Mitarbeiter. Übertriebenes Tempo erzeugt Langsamkeit; die Effektivität nimmt ab. Firmen hetzen bis in den Stillstand – so wie am Berliner Flughafen, wo durch das hausgemachte Chaos nach der zweiten Verschiebung auf einmal alles stillstand.

Mich erinnern die Hamsterrad-Unternehmen an Autos auf schlammigem Grund: Weil die Termine zu eng gesetzt sind, geben sie Vollgas. Weil sie Vollgas geben, drehen die Räder durch. Und weil die Räder durchdrehen und sich in den weichen Grund eingraben, stecken sie fest. Tiefer und tiefer. Bis nichts mehr geht.

Wer Schnelligkeit erzwingen will, erhöht die Wahrscheinlichkeit des Stillstands. Das kennt man aus dem Straßenverkehr: Wenn alle Autofahrer auf die vermeintlich schnellere Spur wechseln, wird diese Spur auf einmal die langsamste. Und mancher, der mit überhöhter Geschwindigkeit über eine kurvige Straße rast, kann später aus dem Straßengraben verfolgen, wie ihn jede Omi mit Rollator überholt.

Kluge Manager entdecken die Langsamkeit. Im Austausch mit ihren Mitarbeitern legen sie realistische Termine fest und steuern sie ganz bewusst nur mit mittlerer Geschwindigkeit an – einem Tempo, bei dem *nicht* das Handeln dem Denken vorausläuft wie im Hamsterrad; sondern umgekehrt!

 Hamsterrad-Regel: Entgegen der landläufigen Meinung können Manager doch gute Witze erzählen. Man muss sie nur um einen Terminvorschlag bitten!

Deppen-Erlebnisse

Warum mein Chef seinen »Hundertsten« feierte

»Heute gibt's was zu feiern!«, rief unser hyperaktiver Abteilungsleiter in die Runde. Kuchen und Sekt hatte er mitgebracht, seine Abteilung eingeladen. Aber zu welchem Anlass? Es war Anfang April, sein Geburtstag lag im Juli. Wurde er womöglich Vater? Unwahrscheinlich, denn wann hätte er eine Frau kennenlernen sollen?

Er war ein Gefangener seiner Arbeit, vom Morgengrauen bis in die Nacht. Den einzigen Freigang erlaubte er sich bei seinen Dienstreisen. Die Ringe unter seinen Augen waren groß wie Bierdeckel. Und nun trommelte ausgerechnet er, der sonst keine Minute verschwendete, die ganze Abteilung zu einer Feier zusammen.

Die Sektflasche in der Hand, hob er zu einer kleinen Rede an: »Heute feiere ich meinen Hundertsten!« Ich warf den Kollegen einen Blick zu: War er, 46 Jahre alt, vor lauter Arbeit nun vollends verrückt geworden?

Nach einer Pause sprach er weiter: »Ich möchte meinen hundertsten Urlaubstag feiern, den ich nicht genommen habe. Gerade kam die Nachricht aus der Personalabteilung. Wenn ich der Firma schon so viel Zeit schenke, dann kann ich meinen Mitarbeitern auch mal was schenken.« Er legte eine Kunstpause ein und fügte hinzu: »Einschenken!« Und schon lief er mit der Sektflasche los.

Tatsächlich nahm er seit vielen Jahren nur die Hälfte seines Jahresurlaubs und ließ den Rest verfallen. Wir lachten herzhaft über seinen »Hundertsten«. Erst in den Tagen danach wurde uns die Symbolik klar: Wer seine Urlaubstage verschenkt, hat Grund zum Feiern. Aber wer sie nimmt, gibt Anlass – zur Trauer! Sein Vorbild sollte uns eine Verpflichtung sein!

Gut, dass wir den Kuchen schon gegessen hatte; sonst wäre er uns im Hals steckengeblieben.

Bayram Altun, CAD-Fachkraft

Wie eine Behinderte aus dem Bewerbungsrennen flog

Ich arbeitete als Sekretärin des Hauptamtsleiters einer kleinen Stadt. Als Behörde waren wir verpflichtet, in jeder Stellenausschreibung zu betonen, dass wir bei gleicher Eignung bevorzugt Behinderte einstellen. Dieses Versprechen fiel leicht, weil sich so gut wie nie ein Behinderter bewarb.

Bis wir die Leitung des Einwohnermeldeamtes ausschrieben. Da flatterte uns die Bewerbung einer Rollstuhlfahrerin ins Haus, die eine ähnliche Position in einer anderen Stadt bekleidet hatte. Sie war bestens für die Stelle geeignet.

Ich freute mich und reichte die Bewerbung an den Hauptamtsleiter weiter. Er überflog die Unterlagen und schüttelte den Kopf: »Jeder neue Bürger betritt zuerst das Einwohnermeldeamt. Das ist unser Aushängeschild!«

»Na und?«, sagte ich.

»Eine Behinderte kann unsere Stadt nicht repräsentieren! Wir wollen doch nicht die Botschaft senden, dass man bei uns im Rollstuhl landet.«

»Aber vielleicht die Botschaft, dass wir eine offene Stadt sind – und keine Vorurteile gegen Behinderte haben.«

Der Hauptamtsleiter winkte ab. Obwohl unsere Stadt mit Weltoffenheit warb, blieben die Tore des Rathauses für eine behinderte Bewerberin verschlossen. Ein anderer Kandidat, weitaus schlechter qualifiziert, bekam den Vorzug. Der Rollstuhlfahrerin wurde mitgeteilt, ein noch besser Geeigneter sei eingestellt worden.

Dass diese Eignung nur aus zwei gesunden Beinen bestand, hat man ihr vorsichtshalber nicht gesagt.

Nina Weinert, Assistentin

Die Mär vom Multitasking:
Warum nur Drachen drei Köpfe haben

In diesem Kapitel erfahren Sie unter anderem ...

- woran der bekannteste Zeitmanagement-Lehrer der Republik verzweifelt ist,
- warum Multitasking als Körperverletzung gelten muss,
- wie Forscher erklären, dass man vor lauter Arbeit nicht mehr zum Arbeiten kommt
- und warum Angela Merkel pro Tag 180 Mal auf ihr Handy schaut.

Zeitmanagement: Kirche ohne Papst

Als der Papst erklärte, er sei aus der Kirche ausgetreten, waren die Gläubigen geschockt – auch wenn es nicht der Papst in Rom war, sondern der deutsche Papst des Zeitmanagements: Lothar Seiwert. Über Jahrzehnte hatten die durchs Arbeitsleben gescheuchten Schäflein in ihm ihren Hirten gefunden. Wer vor lauter Arbeit nicht mehr wusste, wo ihm der Kopf stand, den trösteten Lothar Seiwerts Zeitmanagement-Bibeln. In diesen Büchern erklärte er, wie sich heranrauschende Arbeitsfluten mit Techniken wie To-do-Listen und Prioritäten-Management kanalisieren ließen. Seine Botschaft: Niemand muss in Arbeit ersaufen – mit Zeitmanagement schwimmt man immer obenauf.

Doch während der Papst predigte, sah er in der Arbeitswelt um sich herum eine nie gesehene Sintflut aufziehen: wie Firmen ihre Abteilungen mit immer mehr Arbeit fluteten, wie Menschen gleich Treibholz in den Burn-out drifteten und wie immer mehr Leser seiner Bücher vom Strudel der Arbeit verschlungen wurden.

Da fiel der Papst vom Glauben ab – und zog die radikalste aller Konsequenzen: Er widerrief seine Lehre! In dem Buch »Ausgetickt« verkündete er 2011 in bewegenden Worten das Ende des Zeitmanagements:

»In Anfällen von Eitelkeit frage ich mich dann: Ja, was haben meine Bemühungen denn genutzt? Fast dreißig Jahre lang toure ich durch die Lande und erzähle Hunderttausenden von Menschen, wie sie mit Stress, Komplexität und den steigenden Anforderungen besser zurechtkommen. Millionen Menschen lesen meine Bücher und sehen mich im Fernsehen, und ich versuche, Stresskompetenz zu vermitteln, wo es nur geht. Und das Ergebnis? Immer mehr Stresskranke!«[38]

Papst Seiwert holte zum Rundumschlag aus. Den Mitarbeitern rief er zu: »Wer von Stress geplagt und von Burn-out bedroht ist, braucht keine Techniken zur Selbstorganisation. Er muss seinen Blick für die Steuerung von außen sensibilisieren und schärfen.« Und den Führungskräften schrieb er ins Stammbuch: »Erfolg auf Kosten der Gesundheit ist keine Heldentat.«[39]

Ein verrückter Vorgang: Da bastelt einer jahrzehntelang an seinem Ruhm als Papst des Zeitmanagements – um seinen Thron dann selbst einzureißen. Noch dazu mit einer Titelzeile, die sicher nicht nur das Austicken der Uhren, sondern auch das Austicken, Ausrasten, Durchdrehen einer vor Stress vibrierenden Arbeitswelt meint.

Und recht hat er, der Mann! Immer wieder fällt mir auf, dass unfähige Firmen sich ins Zeitmanagement flüchten, statt die eigentlichen Probleme zu lösen. Wenn ein Mitarbeiter von allen Seiten mit Arbeit beschossen wird, wenn er wankt und taumelt, dann kommt niemand auf die Idee, diesen Beschuss zu reduzieren. Niemand stellt kritische Fragen zur Arbeitsmenge. Niemand zweifelt an der Kompetenz des Vorgesetzten.

Nein, dann wird ein Seminar in Zeit- oder Stressmanagement als

Wundermedizin verschrieben. Damit wandert die Verantwortung vom Chef zum Mitarbeiter: Dein Problem – nicht meines! Als wäre es möglich, Mitarbeiter gegen Stress, Überforderung und Burn-out zu impfen. Als gingen Menschen ins Zeitmanagement-Seminar rein, und Übermenschen kämen raus.

Ein Chef, der solche Kurse verordnet, erinnert mich an einen Rettungsschwimmer, der die Schreie eines Ertrinkenden hört. Doch statt ihn aus dem Wasser zu ziehen, wirft er ihm einen Gutschein für einen Schwimmkurs zu – und schimpft dann, weil der Strampelnde dennoch versinkt.

Arbeit in zu hohen Fluten kann Mitarbeiter ersäufen; gegen diese Bedrohung helfen keine Schwimmkurse und kein Zeitmanagement. Es kommt darauf an, den Arbeitsplatz erst gar nicht zum tosenden Arbeitsmeer werden zu lassen.

Mit Zeitmanagement- und Multitasking-Kursen vermitteln Firmen die Botschaft: Der Stress kann nie zu groß sein – nur die Kompetenz des Mitarbeiters, ihn zu bewältigen, zu klein. Wer von seiner Arbeit geschafft wird, statt sie zu schaffen, hat seine Lektion in Zeitmanagement nicht ausreichend gelernt. Note Sechs, setzen!

Die meisten Firmen täten gut daran, nicht ihren Mitarbeitern Kurse in Zeitmanagement zu verschreiben, sondern sich selbst Vernunft! Wenn die Mitarbeiter in ihrer Arbeit untergehen, gibt es nur zwei Rezepte: Weniger Arbeit – oder mehr Mitarbeiter. Alles andere ist Doktern an Symptomen.

Doch auf viele Unternehmen trifft eine Erkenntnis des britischen Philosophen Bertrand Russell zu: »Die moderne Menschheit hat zwei Arten von Moral: eine, die sie predigt, aber nicht anwendet, und eine andere, die sie anwendet, aber nicht predigt.« Gerade bei Unternehmen, die auf Zeitmanagement schwören, beobachte ich: Gleichzeitig sparen sie Stellen ein, setzen engere Termine, erhöhen den Druck – sie stoßen ihre Mitarbeiter in die Fluten. Und wenn die Mitarbeiter sinken, wenn ein Termin verpasst, ein Projekt gescheitert, ein schwerer Fehler passiert ist, dann liegt es am mangelnden Zeitmanagement der Mitarbeiter. Nicht daran, dass sie ins Wasser geschubst wurden.

Die Chefs sollten sich an die eigene Nase fassen, ihre Ansprüche, ihre Terminvorgaben und ihre Personalpolitik hinterfragen. Dann wäre das Problem zurück an den Absender geschickt: die Chefetage. Mit schönen Grüßen vom Papst!

 Hamsterrad-Regel: Ärzte schicken Todkranke in ein Hospiz, wenn nichts mehr zu retten ist – Chefs ihre Mitarbeiter in ein Zeitmanagement-Seminar.

Der überfahrene Mitarbeiter

Ein misslungener Multitasking-Versuch war es, der den Schriftsteller Stephen King um ein Haar ins Jenseits befördert hätte. Neunmal wurde sein Unterschenkel gebrochen, achtmal seine Wirbelsäule. Vier Rippen zersprangen, seine Hüftpfanne wurde aus der Achse gedreht, und eine Riesenwunde klaffte an seinem Kopf.

Der Mann, der ihn so demolierte, hieß Bryan Smith. Er hatte versucht, zwei Dinge zur selben Zeit zu tun: einen Lieferwagen zu steuern und seinen Rottweiler auf dem Rücksitz zu bändigen. Mehrfach hatte er sich umgedreht, um den Hund von einer Kühlbox mit Fleisch abzuhalten. Derweil schlingerte sein Lieferwagen und erfasste King, der neben der Route 5 ging. Der Autor wurde fünf Meter durch die Luft geschleudert. Er überlebte nur knapp.[40]

Doch während Bryan Smith für sein Multitasking bestraft wurde, mit einem halben Jahr Gefängnis auf Bewährung, winkt Mitarbeitern dafür Ruhm und Ehre – die Stellenausschreibungen sehen die »Multitasking-Fähigkeit« als höchstes aller Prädikate. Wer viele Dinge zur gleichen Zeit tut, gilt als Arbeitskrake mit acht Armen, als gut organisiert und auffassungsbegabt.

Gelungenes Multitasking soll darin bestehen, dass ein Mitarbeiter – anders als Bryan Smith – die heranstürmenden Arbeitshunde alle bändigt, ohne dass sein Arbeitswagen schlingert. Dokumente studieren und telefonieren, SMS tippen und konferieren, Auto fahren und über die Freisprechanlage verhandeln, Mails tippen und einen Azubi anweisen, Akten sortieren und Kollegen zuhören: Alles bitte gleichzeitig! Alles fehlerfrei! Alles sofort!

Nichts kann mehr warten, nichts ist verschiebbar, jeder Fliegenschiss hat höchste Priorität, wie es auch die hysterischen roten Flaggen, die fetten Ausrufungszeichen der Mails signalisieren – erst recht, wenn der Chef sie schickt.

Alle Arbeiten, die er seinen Mitarbeitern zuwirft, müssen sie auffangen, ohne andere fallen zu lassen, auch wenn die Hände schon voll sind. Am liebsten werfen Vorgesetzte ihre fetten Arbeitspakete den Frauen zu. Angeblich nicht, weil die Frauen mal wieder die Deppen, sondern weil sie die besseren Multitasker sind – was durch wissenschaftliche Studien längst widerlegt ist.[41]

Der Multitasking-Wahn entspringt der Chefetage, dort schaffen es die Hauptdarsteller, ihre Mitarbeiter wie ein Orchester zu dirigieren, während sie in ihr Handy englische Wortfetzen rufen, aus dem Augenwinkel ihre Maileingänge verfolgen, ein PDF-Dokument auf dem Bildschirm überfliegen und ihr Autogramm serienweise in die Unterschriftenmappe mit den frisch diktierten Briefen kritzeln. Vor lauter Hetzen kommt die Konzentration abhanden, vor lauter Gleichzeitigkeit schwindet die Zeit.

Das bekommt jeder Mitarbeiter zu spüren, der auf die kühne Idee kommt, seinen Chef in Ruhe sprechen zu wollen. Nicht nur die Ruhe ist schwierig, sondern auch das Gespräch, denn dazu wäre ja im Idealfall ein Zuhörer nötig!

Zum Beispiel hat mir der Projektleiter eines Maschinenbauers folgende Situation geschildert: Eine Auslieferung an einen Kunden stand an, doch die Produktion lahmte. Mehrfach hatte es schon Ärger gegeben, weil dieser Kunde zu spät beliefert worden war. Darum wollte sich der Projektleiter mit seinem Chef abstimmen.

Der Mitarbeiter betrat das Büro und grüßte. Sein Chef beugte sich tiefer zum Bildschirm, als wolle er vor dem Mitarbeiter durch einen digitalen Notausgang flüchten. Der Projektleiter räusperte sich. »Entschuldigen Sie, dass ich störe – ich möchte mal kurz etwas mit Ihnen besprechen.«

Sein Chef schob seinen Kopf näher an den Bildschirm. »Was hindert Sie daran?«, knurrte er. Derweil hackten seine Finger auf der Tastatur herum, unterbrochen von hohen Pieptönen, die den Eingang neuer Mails verkündeten.

Der Mitarbeiter sagte: »Wir haben ein Terminproblem mit dem Projekt ›Paulsen‹. Die Konstruktionspläne der Zulieferer sind fehlerhaft. Ich bin mir nicht sicher, ob wir den Termin halten können.«

Der Chef klapperte auf der Tastatur und meinte beiläufig, ohne sich umzusehen: »Okay, knien Sie sich einfach rein!«

Drei Wochen später war der Termin geplatzt. Der Mitarbeiter überbrachte seinem Chef die Nachricht. Diesmal schnellte der Boss vom Computer wie eine Giftschlange herum: »Was sagen Sie da! Paulsen klappt nicht!«

»Aber ich habe Ihnen doch schon gesagt, dass der Termin nicht zu schaffen …«

»Frechheit! Das höre ich zum ersten Mal. Was denken Sie sich dabei, mich nicht zu informieren!«

»Aber ich …«

»So geht das nicht! Erst vergeigen Sie den Termin – und dann wollen Sie die Schuld auf mich abwälzen.«

Das Zuhören offenbart den Fluch des Multitaskings: Wer zwei

Hasen jagt, fängt keinen, sagt man in Ungarn. Das Gehirn kann zur selben Zeit nur einen Gedanken denken. Wer »nebenbei zuhört«, aber derweil eine Mail schreibt, ist nicht nur ein schlechter Zuhörer, sondern auch ein schlechter Mailschreiber. Seine Konzentration verstreut sich in alle Winde.

Die meisten Führungskräfte behaupten stolz, »neben« ihrer eigentlichen Arbeit ja »auch noch« die Mitarbeiter zu führen. Dieses Multitasking ist einer der Gründe, warum beim Führen so viele Unfälle passieren. Den Mitarbeitern geht es wie Stephen King: Sie kommen unter die Räder.

 Hamsterrad-Regel: Wenn die linke Hand nicht wusste, was die rechte Hand tat, hieß das früher Kopflosigkeit. Heute heißt das: »Multitasking«.

Audienz beim Chef

Vorgesetzte kämpfen an mehreren Fronten: Als Windhunde der Geschäftsleitung hetzen sie hinter Zielen her. Als Diener ihres eigenen Vorgesetzten entschärfen sie diplomatische Sprengsätze. Und als Feuerwehr des Alltags springen sie zum Löschen, wenn der Kunde einen Rabatt will, der Mitarbeiter eine Gehaltserhöhung, der Personalchef ein Feedback, der Controller einen Sparvorschlag oder der Ausschuss einen neuen Termin. Konflikte schlichten, Strategien entwickeln, Bilanzen lesen, Akten wälzen, Reden vorbereiten – ein Manager muss ein Tausendsassa sein.

Doch statt alles der Reihe nach und gründlich zu tun, lassen sich die Manager vom Multitasking zu Rundumschlägen verlocken. Am Computer sind mindestens 15 Fenster geöffnet, sie hüpfen vom Festnetz- ins Handygespräch (oder umgekehrt), sie surfen, chatten, mailen, twittern, bis der Outlook-Kalender den nächsten Termin anmahnt. Die letzte SMS wird unterm Konferenztisch getippt, Methode Merkel. Niemand hört mehr auf den gelehrten Schriftsteller Georg Christoph Lichtenberg: »Alles auf einmal tun zu wollen, zerstört alles auf einmal.« Vor allem die Kommunikation.

Ein Mitarbeiter, der zu seinem Chef vordringen will, braucht Geduld und Fantasie. Ein Informationselektroniker erzählt: »Ich warte dann immer vor der Tür eines Konferenzraums. Und sobald mein Chef rauskommt, hänge ich mich an ihn wie ein Reporter an den Fußballstar. Nur dass ich ihm nicht in Richtung Kabine, sondern bis vor den nächsten Meeting-Raum folge. Und dass ich kein Fernsehinterview führe, sondern ihm beim Mitlaufen Fragen zu meiner Arbeit stelle.«

Andere Mitarbeiter betteln um eine Audienz, bis der Chef sagt: »Gut, ich schiebe Sie zwischen zwei Termine.« Nun fühlt sich der Mitarbeiter zwischen Vor- und Nachtermin eingequetscht wie die Salamischeibe im Sandwich. Der Chef ist nur körperlich da; im Kopf verarbeitet er den letzten Termin und bereitet den nächsten vor. Kann schon passieren, dass er während des Gespräches an den Computer springt, Mails abruft oder zum Handy greift.

Und wenn die Fragen des Mitarbeiters am Ende der Sandwich-Zeit, sprich nach zwei Minuten, noch nicht allumfassend geklärt sind, sagt der Chef, während er aufspringt und davonrennt: »Sprechen Sie mich später noch mal an, wenn ich ein wenig Luft habe.« Das ist gleichbedeutend mit: nie!

Der Mitarbeiter bekommt das Gefühl, ein lästiges Insekt zu sein, das den Chef immer wieder anfliegt, um Informationen zu saugen, aber mit allen möglichen Tricks verscheucht wird: Schwirr ab! Soll der Mitarbeiter doch selber tun, wofür eigentlich sein Chef bezahlt wird, komplizierte Probleme lösen und die komplette Verantwortung tragen.

Wenn alles gelingt, steckt sich der Chef die Erfolge an den eigenen Hut. Aber wenn es schiefgeht, sagt er zum eigenen Vorgesetzten kühl: »Es ist mir unklar, wie Herrn Wolf ein so schwerer Fehler passieren konnte – er hätte sich mit mir abstimmen müssen!« Die Schuld unterliegt dem Gesetz der Schwerkraft: Sie fällt immer nach unten!

Dass Multitasking-Chefs ihren Mitarbeitern mit halbem Ohr zuhören, ist nur ein Gerücht – mit einem Viertel Ohr ist man schon gut bedient! Das berichtet auch die Assistentin eines gehobenen Managers aus der Stahlindustrie. Ihr Chef hält es für effektiv, beim Telefonieren *gleichzeitig* Briefe zu diktieren. So will er die Zeit, während sein Gesprächspartner redet, sinnvoll nutzen (also nicht zum Zuhören!). Die moderne Technik hilft ihm dabei: Er verwendet die Mute-Funktion seines Handys – dann kann er selbst noch hören, was sein Gesprächspartner sagt, aber der hört ihn nicht mehr.

Immer wieder kommt es dabei zu Unfällen, wie die Sekretärin erzählt: »Zum Beispiel ist es schon passiert, dass ich lange Ausführungen stenographiert habe, ehe plötzlich Sätze kamen wie: ›Die Kacke ist wirklich am Dampfen, wir müssen diese Pfeifen endlich zum Handeln bringen!‹ Erst dann wurde mir klar: Das war jetzt wieder kein Diktat, sondern Teil des Telefongesprächs! Aber immer wenn sich Sätze aus dem Telefonat in den Briefen finden, ist es mein Versagen!«

Ein anderes Mal diktierte er: »Bei Nichterfüllung werden wir juristische Schritte in die Wege leiten, um unsere Ansprüche zu sichern.« Aber weil er vergessen hatte, die Mute-Taste zu drücken, fragte ihn der völlig entsetzte Großkunde am anderen Ende der Leitung: »Was ist bloß in Sie gefahren! Bislang haben wir doch ein gutes Telefonat geführt.«

Und selbst ohne solche Unfälle beobachtet die Sekretärin: »Bei seinen Telefonaten gibt es immer viele Rückfragen. Die Leute merken, dass er nicht richtig bei der Sache ist. Und seine Briefe lesen sich so wirr, dass ich sie am liebsten neu formulieren würde.«

Womit wir wieder bei Bryan Smith sind: Hätte er sich darauf beschränkt, seinen Hund vom Fleisch abzuhalten – es wäre ihm gelungen. Hätte er sich darauf beschränkt, sein Auto zu steuern – es wäre ihm gelungen. Aber weil er Zeit sparen und nicht anhalten wollte, tat er beides zur gleichen Zeit. Und kam gewaltig ins Schleudern.

 Hamsterrad-Regel: Chefs haben Zeit für alles, was ihnen wichtig ist. Und außerdem haben sie noch Mitarbeiter.

Deppen-Erlebnisse

Wie ich, eigentlich Redakteur, zum Telefonisten wurde

Der Entlassungs-Sensenmann ging um in unserem Kleinverlag. Mehrere Redaktionen waren ausgedünnt worden. Da kam die Verlagsleitung auf die Idee, unsere Telefonistin zu entlassen. Bis dahin hatte sie alle Telefonate, die auf der Zentralnummer einliefen, an die Redaktionen und Fachabteilungen durchgestellt.

Die fünf Redaktionen, längst ohne Sekretariat, mussten nun abwechselnd Telefondienst schieben. Alle fünf Wochen traf es mich: Einen Tag lang musste ich für den ganzen Verlag Telefonzentrale spielen und gleichzeitig meine Artikel schreiben.

Aber wie nur? Kaum hatte ich zwei Wörter in die Tastatur geklopft, klingelte das Telefon. Jemand wollte eine Anzeige schalten. Also: in die Telefonliste schauen, in die Anzeigenabteilung durchstellen. Auflegen. Weiterschreiben. Denkste! Neues Klingeln. Selber Anrufer. Alle Leitungen in der Anzeigenabteilung sind besetzt. Ob ich nicht die Kollegen um Rückruf bitten könnte? Okay, ich schreibe eine Mail, auf Wiederhören!

Aber jetzt wieder zu dem Artikel! Geht nicht – nächster Anruf. Ein Schüler will ein Praktikum machen. Ich stelle ihn durch. Wo war ich in meinem Artikel stehen geblieben? Ach ja, noch gar nicht angefangen! Nächster Anruf: Ein Abonnent will kündigen. Gute Idee, das sollte ich in diesem Laden auch! Ich stelle ihn durch.

Woran hatte ich vorher noch gleich gearbeitet? Es klingelt schon wieder: Ein Leser will wissen, warum schon wieder zwei Tippfehler im Blatt sind. »Weiß der Teufel«, entfährt es mir. Und ich entschuldige mich im Namen des Verlages. Wahrscheinlich ist der Fehler jenem Kollegen passiert, der gestern Telefondienst hatte!

Mir schwirrt der Kopf wie ein Bienenstock. Mein Ohr glüht vom Telefonieren. Mein Artikel ist ein Entwurf geblieben. Um Punkt 18 Uhr steht der Chef vom Dienst hinter mir: »Sag mal, wann kommt endlich dein Artikel? Gleich ist Redaktionsschluss!«

In meiner Not schalte ich beim Telefonieren auf Lautsprecher und tippe nebenbei. Wenn ich mich aufs Telefonat konzentriere, schreibe ich Müll. Wenn ich mich aufs Schreiben konzentriere, rede ich Müll. Egal!

In letzter Sekunde maile ich den Beitrag rüber zum Chef vom Dienst. Fünf Minuten später steht er hinter mir: »Du, das wirkt etwas wirr, vor allem die Übergänge.«

»Was erwartest du von einem Telefonisten?«

»Mehr Sorgfalt! Die Verlagsleitung hat schon mehrfach Qualität angemahnt.«

Das bringt mich auf eine Idee: Beim nächsten Mal sollte ich die Telefonzentrale auf die Nummer des Verlagsleiters umleiten. Mal schauen, wie es sich auf die Qualität seiner Arbeit auswirkt, wenn er den ganzen Tag telefoniert. Obwohl: Auf eine dümmere Idee, als eine Telefonistin zu entlassen, wird er kaum kommen!

Andreas Jensen, Redakteur

Warum der Stress ein Anti-Stress-Training verhinderte

Mein Chef nutzte jede Gelegenheit, Druck aufzubauen. Ging eine Mail vor Feierabend ein, und sei es nur eine Minute, verlangte er von uns, sie noch am selben Tag zu bearbeiten. Da der Arbeitstag unserer Geschäftspartner in den USA begann, wenn unser Tag endete, wurde uns der Feierabend dauernd verhagelt.

Einmal fragte er mich, als er mir eine Aufgabe gab:

»Wie lange brauchen Sie dafür?«

»Drei Tage.«

»Dann haben Sie zwei!«

Er wollte uns Beine machen, obwohl wir schon rannten. Die Folge war, dass immer mehr Mitarbeiter erkrankten. Zahlreiche Burn-out-Fälle hatten schon die Personalabteilung auf den Plan gerufen. Unser Chef wurde animiert, mit uns ein Anti-Stress-Training zu belegen. Widerwillig ließ er sich darauf ein.

An einem Freitag sollte das Seminar stattfinden. Doch am Tag davor brannte die Hütte. Er wollte, dass wir *alle* Aufgaben des nächsten Tages vorarbeiten. Er kommandierte das Großraumbüro wie eine Galeere. Doch dann kam nachmittags noch eine komplizierte Anfrage aus den USA. Das wäre nicht mal mit Nachtschicht zu schaffen gewesen.

Plötzlich klatschte mein Chef in die Hände: »Alle mal herhören! Das Training für morgen werde ich absagen! Wir arbeiten ganz normal.« Er versprach, das Stresstraining werde nachgeholt, wenn wir »weniger Stress haben«.

Bis heute, zwei Jahre später, hat der Kurs nicht stattgefunden!

Bettina Hauck, Touristikerin

Der Fluch der Gleichzeitigkeit

»Notwehr« nennt man es, wenn sich jemand auf der Straße gegen einen Überfall verteidigt. Und »Multitasking« nennt man es, wenn sich jemand bei der Arbeit gegen zu viele Anforderungen wehrt. Weil gleichzeitig so viele Aufgaben über die Mitarbeiter herfallen, werden diese auch gleichzeitig abgewehrt, sprich: erledigt. Die Angegriffenen passen sich dem Tempo der Angriffe an.

Diese Notwehr richtet sich gegen Arbeit, die kein Maß mehr kennt und mit einer gefährlichen Waffe angreift: den modernen Medien. Vielen Mitarbeitern geht es wie Angela Merkel, von der es im »Spiegel« hieß, das Lagezentrum schicke ihr alle drei bis fünf Minuten eine Nachricht.[42] Macht 15 Angriffe in der Stunde und 180 an einem Zwölf-Stunden-Tag.

SMS, Mails, Tweets und Anrufe sind unhöfliche Besucher: Sie klopfen nicht an, ehe sie das Büro betreten, sie platzen einfach rein. Wer sie ignoriert, bekommt mit seiner Umwelt ein Problem, vor allem mit seinem Chef. So mancher Vorgesetzte macht Radau, wenn er nach einer halben Stunde noch keine Antwort hat.

Die modernen Medien erhöhen den Arbeitsdruck: Anrufer, die nicht durchkommen, saugen sich in der Leitung fest, klopfen an. Mehrere Telefongespräche, die früher nacheinander stattfanden, passieren gleichzeitig, als Conference-Call. Und galt bei einem Brief noch eine Antwortfrist von sieben Tagen als höflich, will die Mail eines Kunden nach 24 Stunden beantwortet sein, spätestens.

Doch die gefährlichsten Angriffe fährt die eigene Organisation. Unternehmen bohren mit Vorliebe im eigenen Bauchnabel. Chefs mailen pausenlos Protokolle, die genauso überflüssig wie jene Meetings sind, von denen sie berichten; Richtlinien, nach denen sich kein Mensch richtet; Quartalszahlen, an die kein Mensch glaubt; und Firmenvisionen, die für große Erfolge sorgen, wenn auch nur:

Lacherfolge unter den Mitarbeitern. Frei nach Mark Twain könnte man sagen: Zuerst schuf Gott die Idioten. Das war zur Übung. Dann schuf er die Firmenbürokratie.

Vorzugsweise sind die Anhänge solcher Mails so lang, dass der Bildschirm vom zwölften bis in den ersten Stock reichen müsste, um den ganzen Text auf einmal zu sehen. Natürlich werden die Empfänger um ausführliche Stellungnahme gebeten. Nicht jetzt sofort, um 13.30 Uhr, nein, nein. Bis 14.30 Uhr reicht dicke!

Geschont werden Mitarbeiter nicht! Und das, obwohl sie in vielen Unternehmen eine aussterbende Gattung sind. In den meisten Konzernen wurde zuletzt »rationalisiert«, übersetzt heißt das: Einzelne Mitarbeiter müssen jetzt, bei dünnerer Personaldecke, irrational viel schaffen. Die Menge der Arbeit ist größer als die Zeit, sie zu erledigen; das beschwört Multitasking herauf.

Denn wer alles nacheinander macht, lebt in der ständigen Furcht, eine Antwort auf eine wichtige Mail zu vergessen (darum schreibt er sie gleich, zwischendurch), einen Rückruf zu versäumen (darum greift er gleich zum Telefon, zwischendurch), eine Branchen-Nachricht zu spät zu erfahren (darum springt er immer wieder auf Homepages, zwischendurch) und eine Antwortfrist in einer Mail zu verpassen (darum checkt er seine Mails nicht alle fünf Stunden, sondern alle fünf Minuten, zwischendurch). Vor lauter Zwischenzeiten gibt es keine Endzeiten mehr, vor lauter Nebensachen keine Hauptsachen.

Multitasking ist Selbstverteidigung gegen Überforderung. Aber sie funktioniert nicht. Die Abwehr verstärkt die Angriffe. Wer die Mail seines Chefs in zehn Minuten beantwortet, hat damit ein kleines Problem weniger, denn die Mail ist vom Tisch, aber ein großes Problem mehr: Wenn er beim nächsten Mal elf Minuten für seine Antwort braucht, wird der Chef das als langsam empfinden. Wer einmal auf eine SMS während eines Meetings antwortet, kann seine verspätete Antwort nicht mehr mit seiner Anwesenheit in einem Meeting erklären. Und wer Handygespräche zu jeder Zeit anzunehmen pflegt, muss damit rechnen, dass ihn seine Firma für tot erklären lässt, wenn er einmal nicht rangeht, und sei es um 21.45 Uhr.

Das Direktionsrecht der Chefs wirkt aufs Multitasking wie der Funke aufs Dynamit: Alle Arbeiten, die sie ihren Mitarbeitern zuweisen, sind mit hoher Priorität zu behandeln, nicht weil sie wichtiger als andere wären, sondern weil sie von ihnen, den Chefs, kommen. Wie Einbrecher dringen Vorgesetzte in die Arbeitsabläufe ihrer Mitarbeiter ein, oft mit Nichtigkeiten, dabei zerstören sie den Arbeitsfluss und die Motivation.

Zum Beispiel ist der Leiter einer Personalabteilung berüchtigt dafür, dass er in die Einzelbüros seiner Mitarbeiterinnen einfällt und einfach losredet, auch wenn die Angesprochene gerade telefoniert. Die Mitarbeiterin muss sich dann beim Telefonpartner entschuldigen, eiligst das Gespräch beenden und sich ganz dem Chef widmen, der natürlich nur um eine »kleine Gefälligkeit« bittet – auch wenn die Zusatzarbeit, die er ablädt, weder klein ist noch der Mitarbeiterin gefällt.

Dschungelgesetz der Arbeit: Der Chef meint, er könne als hierarchisch Stärkerer einen Mitarbeiter jederzeit für sich beanspruchen, ihn aus Vorgängen reißen und in neue stürzen. Jeder Kunde kann warten, jedes Angebot hat Zeit, jeder andere Termin ist nichtig, wenn dem Chef gerade einfällt, selber etwas zu wollen.

Der moderne Mitarbeiter, dem alle Freiheit nachgesagt wird, nähert sich tatsächlich seinem Urahnen, dem Lohnsklaven der Industrialisierung, der seine Handgriffe vom Fließband diktiert bekam. Was für den Fabrikdirektor das Fließband war, sind für den heutigen Chef die modernen Medien: Mit ihnen lässt sich der Mitarbeiter dirigieren und kontrollieren. Doch während das Fließband in der Fabrikhalle endete, greift diese Kontrolle übers Firmengelände hinaus.

Nicht der moderne Mitarbeiter bestimmt über die Medien, sondern die Medien bestimmen über ihn. Ein digitaler Taylorismus breitet sich aus, und die Ausbeuter sind klug genug, den Ausgebeuteten das Multitasking als erstrebenswerte Fähigkeit zu verkaufen. Dabei ist es nur eine Notwehr – gegen die Zumutungen der modernen Arbeit.

 Hamsterrad-Regel: Eine Arbeit, die vom Chef kommt, hat immer Vorfahrt. Für Termin-Unfälle, die dabei entstehen, haftet der Mitarbeiter.

Wie man den Kopf verliert

Als der Chef seinen Mitarbeiter völlig bekifft am Schreibtisch vorfand, lobte er ihn für seinen Arbeitseifer und drückte ihm einen weiteren Joint in die Hand. Unglaubwürdig? Nicht ganz! Eine Studie am Londoner King's College wollte herausfinden, wie sich das ständige Abrufen von Mails auf den Intelligenzquotienten auswirkt. Eine Gruppe wurde mit Marihuana berauscht, die andere mit Mails. Heraus kam: Die Kiffer behielten den klareren Kopf und den höheren IQ.[43] Wenn der Chef seinen Mitarbeiter für schnelle Mails lobt, womöglich per Mail, hält er ihn auf digitaler Droge.

Der Begriff Multitasking ist unmenschlich: Er stammt aus der Computersprache und bezeichnet die Fähigkeit eines Betriebssystems, zur selben Zeit mehrere Aufgaben zu bewältigen. Jeder dieser Prozesse greift zu auf das Zentralhirn des Computers, den Hauptprozessor. Dieser verteilt die Kapazitäten. Doch die Vorgänge laufen nur scheinbar gleichzeitig ab: Sie geschehen blitzschnell nacheinander.

Und wer am Computer zu viele Prozesse aktiviert, bekommt das zu spüren: Dann steckt der Computer fest. Und wir sagen, nun wieder vermenschlichend: »Der Computer hat sich aufgehängt!« Erste Hilfe leistet dann zum Beispiel der Task-Manager von Windows, der einzelne Prozess abbricht, um Kapazität für andere zu schaffen.

Das menschliche Gehirn kann zur selben Zeit ebenfalls nur einen Prozess bearbeiten, nur einen Gedanken fassen. Seine Kapazität bleibt immer dieselbe, auch wenn jemand viele Vorgänge anfängt.

Mit der menschlichen Konzentration verhält es sich wie mit einem Schlauch, aus dem eine bestimmte Menge an Wasser fließt: Kein Tropfen geht verloren, solange der Schlauch auf nur einen Eimer gerichtet ist. Der Eimer füllt sich schnell.

Was aber geschieht, wenn man das Wasser zur gleichen Zeit auf mehrere Eimer verteilen will? Jedes Mal, wenn der Schlauch den Eimer wechselt, geht Wasser daneben – ein Streuverlust. Und es dauert viel länger, bis die einzelnen Eimer voll werden; schließlich bekommt jeder nur noch einen Bruchteil der ursprünglichen Menge ab.

Wenn wir von einer Aufgabe zur nächsten wechseln, vom Mailen zum Telefonieren, vom Simsen zum Konferieren, geht die Konzentration dabei verloren wie das Wasser zwischen den Eimern. Je öfter der Konzentrations-Schlauch das Arbeitsgefäß wechselt, desto weniger bleibt übrig für den einzelnen Vorgang.

»Wer nicht mehr weiß, wo ihm der Kopf steht, könnte ihn bereits verloren haben«, sagt der Aphoristiker Rupert Schützbach. Darin besteht ja der Hohn des Multitaskings: Während es den Eindruck erweckt, die Menschen effektiver zu machen, kostet es Effektivität und beschwört Fehler herauf. Wer die Studien zum Thema liest, könnte – Stichwort Multitasking – gleichzeitig schreien, den Kopf schütteln, fluchen und die Prediger des Multitaskings aus ihren Kirchen scheuchen.

Die Computerwissenschaftlerin Gloria Mark von der Universität Kalifornien hat über 700 Arbeitsstunden hinweg die Arbeitsabläufe von 24 Menschen erfasst: sieben Managern, acht Programmierern und neun Analysten. Jeden Schritt, jeden Handgriff, jede Störung und Unterbrechung zeichnete sie sekundengenau auf.[44]

Schockierend war nicht nur, dass ein Mitarbeiter im Schnitt alle elf Minuten unterbrochen wird. Schockierend war vor allem, was danach geschah: Es dauerte 25 Minuten, ehe er den Faden seiner ursprünglichen Tätigkeit wieder aufnahm! Aber wo war er stehen geblieben? Auf welche Details kam es an? Welchen Ansatz zur Lösung hatte er noch gleich?

Acht Minuten brauchte es, bis er wieder in den Vorgang eingetaucht war – und drei weitere, bis er wieder herausgerissen wurde. Drei Minuten! In einer Zeit, die kaum reicht, eine Tasse Kaffee zu kochen, sollen die Helden der modernen Arbeitswelt komplexe Probleme lösen. Darf es da wundern, dass es immer wieder zu ruinösen Fehlern kommt, etwa jenen, die uns in die Bankenkrise gestürzt haben?

Zumal die Mitarbeiter sich förmlich zerreißen müssen: Zwölf separate Aufgaben hatte jeder der von Gloria Mark beobachteten Arbeitnehmer zu erledigen. Dabei verhalten sich die Menschen wie Ertrinkende: Wenn sie merken, dass sie es nicht schaffen, schlagen sie immer heftiger um sich. Sie verfallen in Aktionismus und wiederholen, was nicht funktioniert hat, statt auszuprobieren, was funktionieren könnte; sie ersaufen in Arbeit.

Forscher der US-Universität Utah haben in einem Fahrsimulator nachgewiesen, dass schon ein Telefonat beim Autofahren die Konzentration um mindestens 40 Prozent senkt. Die Telefonierenden begingen so viele Fahrfehler wie Betrunkene.[45] Warum sollte ein Börsenhändler, der beim Aktienschachern telefoniert, weniger besoffen handeln?

Der Preis für diesen Wahnsinn ist hoch, nicht nur gesundheitlich. In den USA gehen pro Jahr 28 Milliarden Arbeitsstunden in Rauch auf, weil die Mitarbeiter unterbrochen werden. Dieser Spaß kostet 588 Milliarden US-Dollar.[46] Für Deutschland hat diese Zahlen vorsichtshalber noch niemand erhoben. Oder ist er noch dabei zu erheben, aber vor lauter Multitasking zu keinem Ergebnis gekommen?

Gut möglich, denn beim Multitasking fallen viele Vorgänge unter den Tisch. Das liegt am Arbeitsgedächtnis des Menschen. Dieser Zwischenspeicher ist höchst unzuverlässig, was wir zum Beispiel merken, wenn wir als Zuhörer am Ende eines langen Bandwurmsatzes seinen Anfang nicht mehr kennen. Und wem ist es nicht schon passiert, dass ihm erst auf dem Heimweg von der Arbeit einfiel, welchen Anruf er noch hatte erledigen und welche Mail schreiben wollen?

Eine neue Disziplin erobert die Arbeitswelt: das Kurzstrecken-Denken. Der Psychiater Edward Hallowell ruft die Aufmerksamkeitsschwäche als neue Epidemie aus und bezeichnet sie als »direkte Folge der modernen Arbeitswelt«.[47] Die Nachhaltigkeit weicht der Kurzatmigkeit, das strategische Handeln dem trommelnden Aktionismus.

Vor lauter Aufgaben, die sie gleichzeitig erledigen wollten, haben sich viele Menschen selbst erledigt – gesundheitlich. Sie leiden unter Attention Deficit Trait (ATD), einer krankhaften Zerstreutheit. Sie stehen unter Dauerstrom, sind laut Hallowell »abgelenkt, reizbar, impulsiv, ruhelos«. Und wie ein Junkie seinen Stoff braucht, so brauchen die Aufmerksamkeitsschwachen ihr Multitasking. In immer höherer Dosis. Mit immer fataleren Folgen.

Eine dieser Folgen sind die Arbeitsergebnisse, wie der Stanford-Wissenschaftler Clifford Nass in einer Studie herausfand.[48] Verglichen mit Menschen, die selten multitasken, sind die Multitasker unkonzentrierter, vermengen Wichtiges und Unwichtiges. Und wie dumme Bewegungsmelder, die nicht zwischen Mensch und Katze unterscheiden, reagieren sie auf jeden Reiz von außen, auch Nichtiges.

Sie tun sich schwer mit Aufgaben, die Ausdauer erfordern. Ihre geistige Leistung lässt nach, in ihr Denken schleichen sich Fehler ein. Und wer meinte, beim Multitasken lerne man wenigstens das Multitasken, sieht sich getäuscht: Nicht einmal darin werden die Multitasker besser!

Der FAZ-Herausgeber Frank Schirrmacher, bis dahin nicht als Kapitalismus-Kritiker bekannt, bezeichnet Multitasking in seinem blitzgescheiten Buch »Payback« als »Körperverletzung« und resümiert: »Multitasking ist der zum Scheitern verurteilte Versuch des Menschen, selbst zum Computer zu werden.«[49]

Aber wer hat die Menschen auf diese irrsinnige Idee gebracht? Wer tut seit der Industrialisierung alles, um aus Maschinen und Menschen das Letzte rauszuholen, damit der Rubel rollt? Wer hat die Fließbänder erfunden, die Computer eingeführt, die Welt so rasant beschleunigt, dass die Köpfe und Herzen nicht mehr mitkommen?

Wer, wenn nicht die rücksichtslosen unter den Arbeitgebern, hat den modernen Menschen zum strampelnden Versuchstier im Hamsterrad des Multitaskings gemacht?

 Hamsterrad-Regel: Es gibt viele Wege, den Verstand zu verlieren. Multitasking ist der modernste.

Deppen-Erlebnisse

Wie meine Teamleiterin als Arbeitsjongleurin scheiterte

Meine Teamleiterin war eine große Verfechterin des Multitaskings. »Alles eine Frage der Organisation«, pflegte sie zu sagen. Und wer das nicht glauben wollte, wurde vor ihren PC gezerrt, um ihr Outlook-Ablagesystem vorgeführt zu bekommen. Ihre Maileingänge und -entwürfe verteilte sie auf schätzungsweise hundert Ordner, thematisch getrennt – und mit diesem System war sie angeblich in der Lage, zur gleichen Zeit an hundert Projekten zu arbeiten. Dasselbe erwartete sie von uns.

Eines Abends lief eine Frist für ein Angebot ab, mit dem wir uns um einen Bauauftrag bewerben wollten. Ich hatte das Dokument am frühen Nachmittag fertig gemacht und meiner Teamleiterin gemailt. Sie wollte noch etwas korrigieren und es dann verschicken. Die Chancen auf den Zuschlag standen gut, denn wir hatten knapp kalkuliert. Der Kunde war eine Behörde, die ihre Aufträge dem günstigsten Anbieter gab.

Eigentlich teilte die Behörde zeitnah mit, wer den Zuschlag bekommen hatte. Doch diesmal kam keine Nachricht. Nach drei Wochen rief ich bei der Behörde an. Der Bauamtsleiter sagte fröhlich: »Das kann ich erklären, warum Sie keine Nachricht bekommen.«

»Nämlich?«, fragte ich.

»Sie haben kein Angebot abgegeben!«

Ich stellte die Teamleiterin zur Rede. Sie schwor mir, das Angebot verschickt zu haben. Doch als sie mir das Dokument in ihren Postausgängen zeigen wollen, fand sie es nicht. Dafür tauchte es in einem der zahllosen »Entwurfs«-Ordner auf. Sie hatte es nicht verschickt, weil sie gleichzeitig an anderen Projekten gearbeitet hatte.

Durch ihr Multitasking ist uns ein Auftrag über 450 000 Euro entgangen.

Jasmin Kahn, Bürokauffrau

Wie mein Kollege unseren wichtigsten Kunden verprellte

Ich war bei einer Verkaufsmesse mit einem Kollegen unterwegs, der immer mehrere Dinge zur gleichen Zeit tat. Sein Handy presste er ans Ohr, während er Kunden die Hand schüttelte, anderen Messebesuchern zuwinkte und mit einem Auge auch noch Verkaufsprospekte studierte. Der ununterbrochene Arbeitsdruck hatte ihm so eingeheizt, dass er es für nötig hielt, mit der Arbeit einen Mehrfronten-Krieg zu führen.

Ich kam mir wie ein Faulpelz vor, weil ich mein Handy ausgeschaltet hatte und mich auf die Gespräche mit den Kunden konzentrierte. Offenbar war er viel auffassungsbegabter als ich, viel schneller im Kopf, wenn auch: viel unhöflicher.

Da passierte Folgendes: Wir liefen am späten Nachmittag zum zweiten Mal einem wichtigen Kunden über den Weg, dem Einkaufschef Dr. Suhr. Beide hatten wir ihn schon am Morgen begrüßt, mein Kollege aber eher flüchtig mit den Worten, die er bei jeder Begrüßung wie ein Tonband abspulte: »Wie schön, Sie zu sehen! Wie lang ist es schon her?«

Und nun strebte er, sein Handy ans Ohr gepresst, erneut auf Dr. Suhr zu. Wollte er diesmal ein längeres Gespräch beginnen? Nein, er reicht ihm erneut die Hand und murmelte: »Wie schön, Sie zu sehen, Dr. Suhr! Wie lang ist es schon her?«

»Etwa fünf Stunden«, gab der trocken zurück – und wandte sich ab.

Die Beziehung zu dem Kunden, an der ich jahrelang gearbeitet hatte, war nach diesem Tag unterkühlt.

Klaus Junghans, Betriebswirt

Klima-Katastrophe:

Wenn nichts als die Rendite zählt

In diesem Kapitel erfahren Sie unter anderem ...

* warum man einen Menschen nicht mit einer Waffe, wohl aber mit Arbeit töten darf,
* weshalb zwei Bäcker, die ihren Teig abschmeckten, als Diebe entlassen wurden,
* mit welchen Tricks Firmen ihre Betriebsräte vernichten
* und wie lächerliche »Firmenhymnen« das Imageproblem dann wieder lösen sollen.

Das abgeschraubte Namensschild

Beate Knaup (44) staunte nicht schlecht, als sie sah, dass der Hausmeister ihr Namensschild über der Tür des Zweierbüros abschraubte. »Um Gottes willen, was machen Sie da!«, rief sie.

»Nur meine Arbeit. Das Namensschild soll weg.«

»Aber das *ist* mein Büro. Hier sitze ich.«

Er schüttelte den Kopf. »Jetzt nicht mehr. Auftrag vom Chef.«

Seit über zwei Jahren teilte Beate König ihr Büro mit der Kollegin Susanne. Die beiden waren ein Traumteam, arbeiteten Hand in Hand. Und während die umliegenden Büros still wie das Tote Meer dalagen, hörte man die beiden oft lachen. Ihre gute Stimmung hatten sie bewahrt, obwohl seit einem Jahr Mitarbeiter auf die Straße gekegelt wurden. Damals war das Unternehmen aus langjährigem Familienbesitz in die Hände einer Heuschrecken-Holding gefallen. Anscheinend wurde die Braut jetzt für den Verkauf geschmückt; jeder gestrichene Kopf senkte die Fixkosten.

Beate Knaup ließ den Hausmeister stehen und rannte zu ihrem Chef: »Entschuldigung, da muss ein Missverständnis vorliegen: Mein Türschild wird gerade abmontiert!«

Ihr Chef grinste. »Und jetzt fragen Sie sich, ob Sie entlassen werden, stimmt's?«

Sie sah ihn todernst an. »Werde ich?«

»Nein, da kann ich Sie beruhigen.«

»Aber warum wird mein Name dann von der Tür geschraubt?«

»Weil Sie in ein anderes Büro kommen. Sie werden jetzt das Zimmer mit Herrn Gießbert teilen.«

»Mit Herrn Gießbert? Was soll das? Susanne und ich harmonieren doch prima!«

Ihr Chef senkte die Stimme: »Genau da liegt das Problem: Sie verstehen sich *zu* gut!«

»Zu gut? Wir mögen uns einfach!«

»Sie werden fürs Arbeiten bezahlt, nicht fürs Vergnügen. Wenn es zu lustig zugeht, leidet die Arbeit. Das hat auch eine schlechte Signalwirkung. Die Kollegen arbeiten hart.«

Beate Knaup war den Tränen nahe. »Aber Susanne und ich haben doch beide unsere Ziele übertroffen!«

Nun kehrte er den Oberlehrer raus: »Das ist wie in der Schule. Manchmal muss man zwei Freundinnen auseinandersetzen. Dann können sie sich besser konzentrieren. Und sie stören niemanden mehr.«

Auf die Idee, erst mit der Mitarbeiterin zu sprechen, ehe er das Türschild abmontieren ließ, war der Chef nicht gekommen. Sicher war das schon Teil seines Maßnahmenkatalogs, mit dem er seiner Mitarbeiterin die Heiterkeit austreiben wollte.

Während einige Firmen auf Freizeitpark machen, ohne es zu sein, machen andere auf Knochenmühle – und sind es tatsächlich! Wer dort bei der Arbeit lacht, muss einen Mundschutz tragen, sonst macht er sich verdächtig. Lächeln verboten, Mitarbeiter haften für ihre Gesichter! Und wer noch keine schwarzen Ringe unter den Augen hat, sollte sich schleunigst mit Lidschatten welche malen, sonst könnte er in den Verdacht geraten, ein Faulpelz zu sein.

Diese Szene könnte in Tausenden solcher Firmen spielen: Ein paar Mitarbeiter plaudern in der Kaffeeküche, nach anstrengenden Arbeitsstunden. Genau in diesem Moment taucht der Chef auf und sagt: »Ich sehe schon, hier wird hart gearbeitet!« Mag sein, er deutet ein Augenzwinkern an. Doch die Mitarbeiter spüren: Er meint die indirekte Kritik ernst. Ein nettes Wort, ein Blick über die Arbeit hinaus, gute Stimmung gar – unerwünscht!

Ich kenne Fälle, in denen Mitarbeiter abgemahnt wurden, weil sie Mails mit ebenso lustigen wie harmlosen Anhängen an ihre Kollegen weitergeleitet haben. Offizielle Begründung: »Sie gefährden unser Computersystem.« Doch in Wirklichkeit sehen die Chefs etwas anderes gefährdet: den hausgemachten Frost. Viele sind noch immer der Überzeugung: Mitarbeiter dürfen bei der Arbeit nichts zu lachen haben! Ohne Schweiß kein Preis!

Wenigstens in dieser Hinsicht sind Chefs gute Vorbilder. Sie rennen in einem Tempo über den Flur, dass jedes Mal, wenn sie zum Meeting-Raum durchstarten, der aktuelle Rekord im Hundert-Meter-Sprint wackelt. Arbeit als Wettkampf, jeder gegen jeden: Deutschland gegen China, Firma gegen Firma, Mitarbeiter gegen Mitarbeiter. Und: Mensch gegen Uhr!

Und wenn der Geschäftsführer die neuen Ergebnisse verkündet, setzt er natürlich ein Gesicht auf, als verlese er eine Todesnachricht. Beerdigt werden freilich nur die Gehaltswünsche der Mitarbeiter. Sogar ein steigender Gewinn wird der Belegschaft als Hiobsbotschaft verkauft. Mal lag er unter der Schätzung (die bewusst völlig übertrieben war!), mal hat die Konkurrenz noch einen Euro mehr verdient. Die Mitarbeiter sollen, wie Chefs es gern formulieren, »nicht übermütig werden« – nicht auf die Idee kommen, von dem gewachsenen Kuchen ein größeres Stück für sich zu beanspruchen.

Frost im Büro scheint ein gutes Mittel, damit keine Solidarität unter Mitarbeitern wächst. Wenn jeder weiß, dass die Abrissbirne der Rauswerfer entweder ihn *oder* den Kollegen trifft, wenn jeder sich selbst der Nächste und der Feind seines Kollegen ist, dann haben die Firmen leichtes Spiel, diesen mit Angst narkotisierten Haufen nach ihrer Pfeife tanzen zu lassen, von Zumutung zu Zumutung.

Dagegen könnten Kolleginnen, die sich gut verstehen, wie Beate und Susanne, ihre Kräfte bündeln – zum Beispiel Gehaltszahlen austauschen und dabei Ungerechtigkeiten feststellen, gemeinsam pünktlich Feierabend machen, statt sich mit langen Arbeitszeiten unter Druck zu setzen, oder sich mit vereinter Kraft über ihren unfähigen Vorgesetzten beschweren, statt ihn durch Hurra-Rufe und Spitzeldienste zu hofieren.

Die Arbeitswelt ist die kälteste aller Welten. Woher kommen diese Klimakatastrophe, dieses Profit-über-alles-Denken, dieses Seelen-Eis?

In Abwandlung von Karl Marx: Die Firmen machen nicht nur die Verhältnisse, sondern die Verhältnisse machen auch die Firmen. Auf den Märkten tobt der Überlebenskampf. Mit Kopfjägern (»Headhuntern«) machen die Firmen ihren Konkurrenten die Talente abspenstig. Mit Schmiergeldern erkaufen sie sich die Gunst von Auftraggebern in fernen Ländern. Mit kriegerischem Eifer werfen sie sich in Fusionsschlachten. Wer nicht willig ist, wird mit Gewalt bezwungen, das nennt sich »feindliche Übernahme«. Und auf dem Friedhof der Insolvenzen schlummern jene Firmen, deren Bandagen für einen solchen Kampf nicht hart genug waren.

Diese feindliche Atmosphäre schwappt in die Firmen über. Ständig lautet die Frage: Sein oder nicht sein? Arbeitsplatz oder Kündigung? Du oder ich? Ein solches Klima wirkt sich auf Mobbing aus wie Eisregen auf Verkehrsunfälle: Es kracht am laufenden Band.

 Hamsterrad-Regel: Wer behauptet, das Klima der Erde erwärme sich, war noch nie in einer deutschen Firma!

Wir arbeiten uns zu Tode

Die Augen des Kommunikationsdesigners, der vor mir saß, flackerten wie die Fenster eines brennenden Hauses. Sprungbereit saß er auf der Stuhlkante. Seine Finger kneteten einander, bis sie weiß wurden. Immer wieder schreckte er mitten im Gespräch aus seinen Gedanken hoch: »Entschuldigung, ich war gerade nicht bei der Sache.«

Ein Nervenbündel war er, gebeutelt von seiner Arbeit. Seine Chefin hatte ihm das auch schon gesagt, aber im Ton des Vorwurfs – als hätte das Problem nur mit ihm zu tun und nicht mit dem enormen Arbeitsdruck. Der Designer erzählte: »Jeden Tag schufte ich von früh bis spät, damit die Arbeit weniger wird – aber sie nimmt zu!«

In die Karriereberatung war er gekommen, um sich Tipps für sein Zeitmanagement geben zu lassen. Auf meinen Rat ging er zu einem Allgemeinmediziner. Dort stellte sich heraus, dass sein Blutdruck bei 170 und sein Ruhepuls bei 90 Schlägen lag. Der Arzt zog den Mann für drei Wochen aus dem Arbeitsverkehr.

Dass sich Menschen zu Tode arbeiten, ist mehr als eine Redensart. Der Tod durch Überarbeitung hat einen Namen: Karoshi. Seit den 1960er Jahren treibt er in Japan sein Unwesen. Damals war aufgefallen: Immer mehr Mitarbeiter traten ihren Heimweg von der Arbeit nicht in der U-Bahn, sondern im Leichenwagen an, dahingerafft von Hirnblutungen, Herzinfarkten, Schlaganfällen.[50]

Aber was löste diese plötzlichen Tode aus? Die japanischen Behörden gingen wie bei einem Mord vor: Sie sammelten Indizien, suchten nach den Tätern. Und schnell führte sie die Spur zu den Arbeitgebern der Verstorbenen.

In der japanischen Kultur steht das Wohl der Allgemeinheit über den Bedürfnissen des Einzelnen. Offenbar redeten die japanischen Firmen ihren Mitarbeitern ein, harter Arbeitseinsatz diene dem Wohl der Nation. Auch wenn dieses »Wohl« sich nur auf den Bankkonten der Unternehmer zu Millionen summierte.

Die Menschenfänger in Chefgestalt gingen raffiniert ans Werk. Vordergründig gaben sie sich um die Gesundheit ihrer Mitarbeiter besorgt, veranstalteten Massengymnastik auf dem Hof und luden zu Kurzschläfchen in den Pausen ein. Die Menschen fühlten sich von ihrer Firma umsorgt. Und sie revanchierten sich durch knüppelharte Arbeit. Wie Maschinen funktionierten und produzierten sie, ohne Pause und ohne Rücksicht auf die eigene Gesundheit.

Diese ungleiche Arbeits-Ehe nahm oft ein tragisches Ende, der Satz »Bis dass der Tod euch scheidet« wurde für Mitarbeiter erschreckend wahr. Einige starben am Arbeitsplatz, andere an der Arbeit zu Hause.

Der Tod durch Überarbeitung geht in Japan bis heute um. Im Herbst 2007 besuchte eine Filialleiterin (41) von McDonald's zur Weiterbildung eine andere Filiale. Dort brach sie mit einer Gehirnblutung zusammen und starb. Die Behörden ermittelten: Die Frau hatte in den Monaten zuvor im Schnitt über 80 Überstunden geleistet. Unbezahlt. Zwei Jahre später stand offiziell fest: »Karoshi« – womit die Firma ein großes Imageproblem hatte; und die Hinterbliebenen Anspruch auf eine Rente.[51]

Ähnliche Fälle sind aus der Automobilindustrie bekannt. Der 30-jährige Toyota-Mitarbeiter Kenichi Uchino war mit Herzversagen zusammengebrochen, nachdem er im Arbeitsmonat davor 106 Überstunden geleistet hatte. Seine Firma hatte ihn in einen Quali-

tätszirkel beordert und für den reibungslosen Betrieb eines Fließ-
bandes verantwortlich gemacht – worauf er jeden Tag vier Überstunden leistete. Nach Hause gekommen war er nur noch zum Schlafen.

Fast jeden zweiten Tag, 150 Mal im Jahr, stirbt in Japan ein
Mensch an Überarbeitung. Auch bei Selbstmorden prüfen die Behörden akribisch, welche Rolle die Arbeit dabei spielt. Für Karoshi
gelten feste Kriterien: Wer im Monat vor seinem Tod 100 Überstunden geleistet hat oder durchschnittlich 80 in den Monaten davor,
wird als Opfer anerkannt.

Der Tod durch Überarbeitung, ein Meister aus Japan? Ach was!
Viele Anhaltspunkte gibt es, dass er seit Jahren durch Deutschland
spaziert, völlig unbehelligt von den Behörden. Stirbt ein Mitarbeiter, gilt das noch immer als seine Privatsache und kostet die Firma
allenfalls eine Todesanzeige – selbst dann, wenn sie ganz offensichtlich zum Tod des Mitarbeiters beigetragen hat.

Nach Schätzungen geht jeder fünfte Selbstmord in Deutschland
auf Schikane im Beruf zurück.[52] Warum ermitteln die Behörden so
gut wie nie gegen Firmen? Warum ist es in Deutschland verboten,
einen Menschen mit einer Waffe zu töten, aber erlaubt, ihn mit Arbeit umzubringen?

Die Wirtschaft geht über alles, auch über Leichen. Ein Beispiel ist
die »Gefährdungsbeurteilung« nach dem Arbeitsschutzgesetz, die
Firmen seit 1996 für jeden Arbeitsplatz durchführen müssen: Welche Risiken bestehen für die körperliche und seelische Gesundheit
der Mitarbeiter? Und wie lassen sie sich vermindern?

Doch Papier ist geduldig, und die Behörden sind es offenbar
auch. Eine Studie der Hans-Böckler-Stiftung ergab: Die Hälfte der
2200 befragten Unternehmen lassen die gesetzlich vorgeschriebe-
ne Gefährdungsbeurteilung sausen. Und auf die Idee, auch die psychologische Belastung der Mitarbeiter zu überprüfen, kam nur einer von vier Betrieben.[53]

Dass sich niemand einen Finger in der Maschine quetscht, darauf achten die Firmen. Aber dass Seelen zermalmt werden, übersehen sie großzügig, Motto: Psychische Belastung gibt es überall, nur nicht bei uns! »Der eigene Hund macht keinen Lärm – er bellt nur«, schrieb Kurt Tucholsky solchen Selbstgefälligen ins Stammbuch.

Warum »Karoshi« in Deutschland noch nicht auf dem Totenschein steht? Weil die Arbeit bei uns wie ein Profikiller tötet: leise und spurlos. Die Firmen sind fein raus – anders als in Japan, wo sie der Tod eines Mitarbeiters teuer zu stehen kommt.

 Hamsterrad-Regel: Wenn sich ein Mitarbeiter in einer Firma zu Tode arbeitet, ist die Schuldfrage sorgfältig zu klären: Liegt es am Mitarbeiter? Oder am Tod?

Deppen-Erlebnisse

Wie zwei Tote unseren Chef erweckten

Unser neuer Vorgesetzter zückte schnell die Rote Karte und verwies Mitarbeiter des Arbeitsfeldes. Doch er war ein gutmütiger Schiedsrichter! Ab 18 Uhr durchstreifte er die Büros, und jeden, den er noch an traf, schickte er nach Hause. Sein Leitspruch lautete: »Bei mir macht niemand Überstunden!«

Dieses Verhalten überraschte uns. Sein Vorgänger hatte alles getan, uns so lange wie möglich in der Firma festzuhalten. Er dagegen konnte es nicht sehen, wenn ein Mitarbeiter länger als neun Stunden blieb. Warum eigentlich?

Die Antwort erzählte er uns Monate später: In seiner Ex-Firma war es üblich gewesen, bis in die Nacht zu arbeiten. Dann passierten, in kurzer Abfolge, zwei tödliche Verkehrsunfälle: Ein Mitarbeiter wurde auf dem Heimweg vom Sekundenschlaf übermannt und geriet auf die

Gegenfahrbahn. Der zweite missachtete ein Vorfahrtsschild. Beide hatten am Tag ihrer Unfälle vom frühen Morgen bis kurz vor 20 Uhr gearbeitet, unter höchster Anspannung. Übermüdet waren sie aus der Firma aufgebrochen.

Doch da die tödlichen Unfälle nicht in der Firma passiert waren, sondern auf der Straße, stellte die Polizei keinen Zusammenhang her. Niemand im Unternehmen zog Konsequenzen – bis auf einen Vorgesetzten. Er suchte sich einen neuen Arbeitgeber und schwor sich: »Bei mir macht niemand Überstunden!«

Hartmut Willmann, Bankkaufmann

Wie meine Chefin zur Gesundheitsschützerin wurde

Eine Sekunde hatte ich geglaubt, meine Vorgesetzte sei besorgt, als sie meine glühenden Wangen und meine glasigen Augen sah. Schon seit den Morgenstunden hustete ich gegen einen fiebrigen Infekt an, die Kollegen im Großraumbüro umkurvten mich weiträumig wie eine Großbaustelle. Eigentlich wäre ich nach Hause gegangen, aber wieder einmal lag eine dringende Terminarbeit der Chefin auf meinem Tisch.

Am späten Nachmittag steuerte die Chefin meinen Schreibtisch an. In einem Sicherheitsabstand von zwei Armlängen machte sie Halt: »Ihnen geht es heute nicht so gut?«

»Allerdings!«, sagte ich – und schickte unfreiwillig ein Husten hinterher.

»Dann gehen Sie doch nach Hause.«

Na nu? War meine Gesundheit auf einmal wichtiger als die Arbeit? »Aber Sie wollen doch heute noch das Ergebnis von mir.«

»Das machen Sie ausnahmsweise mal zu Hause fertig.«

»Dann kann ich es auch hier abschließen. Es wird aber noch ein paar Stunden dauern.«

»Gehen Sie nach Hause. Es ist besser.«

»Und warum?«, fragte ich.

»Weil Sie dann niemanden anstecken. Ich brauche alle Leute diese Woche.«

Sie wollte nicht *mich* schützen, nur eine Massengrippe, einen Produktionsausfall, verhindern. Und großzügig fügte sie hinzu: »Arbeiten Sie morgen ruhig auch zu Hause, falls Ihre Erkältung sich nicht bessert.«

Ist sie mal auf die Idee gekommen, dass ich mit meiner Krankheit kämpfen musste, statt mit der Arbeit? Ich hustete in ihre Richtung, diesmal mit voller Absicht. Dann packte ich meine Sachen und ging.

Zerrin Oezkan, Biologin

Das Gespenst der Kündigung

Die Wunde am Zeigefinger eines Mitarbeiters, aus der Blut schoss, gab ihm den Rest. Der Werksleiter Werner Torben (57) tippte eine Mail an seinen Geschäftsführer: »Ich kann nicht mehr verantworten, dass meine Mitarbeiter die Personalkürzungen mit ihrer Gesundheit bezahlen. Seit das Sparprogramm vor zwei Jahren begann, ist die Unfallquote in meinem Werk um das Zweieinhalbfache gestiegen. Wir brauchen wieder mehr Mitarbeiter!«

Die Personalkürzungen hatten einen Teufelskreis ausgelöst. Das Werk sollte dieselben Warenmengen produzieren, mit 15 Prozent weniger Mitarbeitern. Es gab nur zwei Stellschrauben: Die Maschinen mussten schneller laufen. Und die Mitarbeiter mehr arbeiten, Überstunden und Schichtdienste.

. Höheres Tempo und weniger Konzentration: eine tödliche Mischung! Der Betriebsarzt war der gefragteste Mann in der Firma. Ob jemand im Büro oder in der Produktion arbeitete, verriet die Pflasterlandschaft an den Händen. Statt vier Unfällen im Monat, wie früher, waren es mittlerweile zehn.

Und die Quote stieg, denn jeder Unfall verschärfte den Teufelskreis: Die Ausfälle durch Krankheit erhöhten den Druck auf die Verbliebenen. Noch mehr Stress, noch mehr Schichtdienst – noch mehr Unfälle! Es schien Werner Torben nur eine Frage der Zeit, bis er den ersten Schwerverletzten aus seinem Werk würde tragen müssen.

Dass Menschen sich bei der Arbeit schädigen, ist keine Ausnahme: Pro Jahr passieren in Deutschland rund eine Million Arbeitsunfälle, 664 davon endeten 2011 tödlich. Und etwa 2500 Menschen gehen pro Jahr an ihrem Job zugrunde: Sie sterben an anerkannten Berufskrankheiten.[54] Die Dunkelziffer dürfte deutlich höher liegen.

Der Hilferuf des Werksleiters hatte personelle Konsequenzen, wenn auch nicht die gewünschten: Werner Torben wurde freigestellt. »Unser Verhältnis ist zerrüttet«, schrieb der Geschäftsführer. Dabei hatte Torben nur ausgesprochen, was jeder in der Statistik sehen konnte. Er bekam eine Abfindung und musste gehen.

Statt die Gefahr für die Mitarbeiter zu beseitigen, beseitigte man den Mann, der auf die Gefahr hinwies!

Ein Märchen ist es, dass sich Personalkosten kürzen lassen, während die Produktion stabil bleibt: Die Kosten werden auf die Mitarbeiter verschoben. Die Münze, mit der sie bezahlen, ist ihre Gesundheit. Aus lauter Angst, das nächste Entlassungsopfer zu sein, riskieren sie Kopf und Kragen.

Ich kenne Außendienstler, die so übermüdet durch die Republik rasen, dass eine rollende Bombe dagegen harmlos wäre. Ich kenne Fabrikarbeiter, die ihre eigenen Schichtpläne manipulieren, um schlaftrunken durcharbeiten zu können. Und mir sind jede Menge (leitende) Angestellte bekannt, die in ihren Großraumbüros campieren, weil keiner als Erster nach Hause gehen will.

Der Arbeitswahn ist das Ergebnis eines Dressurakts. Dieser gelingt den Firmen umso besser, je diffuser die Ängste sind, die sie ihren Mitarbeitern einjagen. Zum Beispiel habe ich verfolgt, wie ein mittelgroßer Konzern in einer Niederlassung verkündete: »Wir müssen in den kommenden fünf Jahren jeden vierten Arbeitsplatz streichen.«

Das Gespenst der Kündigung schlich durch alle Büros. Niemand wollte es durch eine ungeschickte Bewegung auf sich aufmerksam machen. Alle taten das, von dem sie glaubten, es werde erwartet. Überstunden aufschreiben? Geschenkt! Pünktlich nach Hause gehen? Arbeit geht vor! Nein sagen, wenn der Chef etwas will? Stets zu Diensten!

Aber garantiert dieser Einsatz, dass jemand nicht entlassen wird? Nein, denn jeder weiß: Damit es mich *nicht* trifft, muss es andere treffen! Und diesem Glück helfen einige auf die Sprünge. Sie beschränken sich nicht aufs Schaulaufen vor dem Chef, auf nächtliche Mails und sonstige Purzelbäume. Vielmehr nutzen sie jede Chance, ihre Kollegen anzuschwärzen. Wer zieht bei einem Projekt nicht mit? Wer hat einen Kunden verprellt? Wer schaut bei den Arbeitszeiten noch auf die Uhr? Und wer wagt es, während der Arbeitszeit einen Arzttermin zu vereinbaren oder gar ein schlechtes Wort über den Chef zu verlieren?

Mitarbeiter bekämpfen Mitarbeiter: Sie hauen und stechen, lästern und mobben, petzen und hetzen, intrigieren und spionieren. Die Stimmung ist wie in einer politischen Diktatur: Keiner traut dem anderen mehr über den Weg. Seelen werden verkauft fürs Überleben. Angeblich kommen nur die Härtesten durch. Doch nicht die Evolution ist hier am Werk – sondern die Profitgier der Firmen!

Und welcher Preis winkt den Härtesten, die sich durch- und andere rausgeboxt haben? Trifft auf sie eine Behauptung des irischen Autors Oscar Wilde zu: »Der Unterschied zwischen einem Heiligen und einem Sünder ist, dass der Heilige eine Vergangenheit und der Sünder eine Zukunft hat?«

Ach was, die Sünder fliegen ebenfalls! Denn am Ende wird das komplette Werk geschlossen. Das Wiedersehen mit den zuvor Rausgemobbten findet an einem unromantischen Ort statt: in der Arbeitsagentur.

 Hamsterrad-Regel: Entgegen allen Vorurteilen haben Chefs doch einen Plan! Man nennt ihn: Entlassungsplan.

Rambo als Rausschmeißer

Der Kündigungsgrund war so klein, dass er auf einen Teelöffel passte, und so billig, dass sein Wert kaum in Cent zu messen war. Dennoch waren zwei Bäckermeister, einer davon Betriebsrat, von der Brötchenkette Westermann vor die Tür gesetzt worden. Ein Kunde hatte moniert, ein Belag sei versalzen. Worauf die Bäcker, um den Belag abzuschmecken, je einen Teelöffel Schafskäsepaste probierten. Klarer Fall von Diebstahl, meinte ihr Arbeitgeber!

Um die Kündigung perfekt zu machen, unterstellte die Firma dem Betriebsrat, er habe zusätzlich ein Brötchen gestohlen. Dumm nur, dass sich dieses Brötchen auf seinem Gehaltszettel fand, korrekt abgerechnet. Die Kündigung des Betriebsrates musste aufgehoben werden, ebenso die seines Kollegen. Die Richterin fand es »absolut unverhältnismäßig, einen Mitarbeiter nach 24 Jahren für einen Biss Käsecreme zu entlassen«. Zumal jeder Kunde wünsche, dass seine Produkte abgeschmeckt sind.[55]

Während der Schneider von Ulm noch glaubte, Fliegen sei etwas Schweres, können die Mitarbeiter in Deutschland behaupten: Nie war das »Fliegen« leichter! Wer sein Handy bei der Arbeit auflädt, ein Stück Bienenstich isst, das sonst im Müll gelandet wäre, oder als Kassiererin den Pfandbon eines Kunden über 1,30 Euro verwahrt, kann im hohen Bogen rausfliegen.[56]

Der beliebteste Entlassungsgrund: Ein Mitarbeiter erledigt Privates während der Arbeitszeit. Telefonieren mit dem Lebenspartner, einen Arzttermin vereinbaren, einen Privatbrief in den Postausgang der Firma legen: Pfui! All das kann dafür sorgen, dass die Firma ihr schweres Entlassungsgeschütz auffährt.

Aber während das Private keinesfalls in die Arbeit eindringen soll, während die Firmen eine juristische Mauer um ihr Territorium ziehen, darf die Arbeit frei in die gute Stube des Mitarbeiters marschieren. Eine krude Logik: Privates darf die Arbeit nicht stören – aber Arbeit das Private!

Die Mitarbeiter sind wieder mal die Deppen. Nicht nur weil sie von zu Hause nach Feierabend arbeiten, sondern weil sie das auch noch Geld kostet. Wer sein Privattelefon dienstlich verwendet, kann die Firma dafür nicht abmahnen. Wer sein Diensthandy in der privaten Steckdose auflädt, kann die Firma deshalb nicht entlassen. Und wer auf seinem Privatcomputer Dienstliches tippt, es auf seinem Privatpapier ausdruckt, natürlich mit seiner privaten Tintenpatrone, kann seine Firma deshalb nicht als Dieb bezeichnen – auch wenn ihm, sogar auf Nachfrage, kein Cent dafür erstattet wird.

Nimmt derselbe Mitarbeiter aber ein Blatt Papier oder einen Kugelschreiber aus der Firma mit nach Hause, um damit für die Firma zu arbeiten, liefert er der Firma damit einen Entlassungsgrund. Diesen Grund wird die Firma ignorieren, solange sie den Mitarbeiter braucht – und instrumentalisieren, sobald sie ihn loswerden will. Die Firmen fordern Loyalität von ihren Mitarbeitern. Und praktizieren das Gegenteil.

Bei einem Mittelständler kam es zu folgendem Fall: Ein langjähriger Mitarbeiter war schon mehrfach animiert worden, sich mit einem Vorruhestand anzufreunden. Man hätte sein stattliches Gehalt gern von der Lohnliste gestrichen. Doch er wollte bis zur Rente am Ball bleiben und kniete sich nach wie vor in die Arbeit rein – so sehr, dass er seit vielen Jahren jeden Tag Aufgaben mit nach Hause nahm.

Eines Abends, als er das Gelände der Firma verlassen wollte, sprach ihn ein bulliger Mann an:

»Guten Tag, ich bin Detektiv und handele im Auftrag Ihrer Firma. Bitte öffnen Sie Ihre Aktentasche.«

Der Mitarbeiter sträubte sich, doch der Detektiv drohte mit der Polizei. Also gut, er hatte nichts zu verbergen. Sollte er ihn doch durchsuchen!

Der Detektiv wühlte in der Aktentasche und hielt triumphierend einen USB-Stick in die Höhe: »Was haben wir denn da!«

»Das ist meine Arbeit für heute Abend.«

»Nein«, sagte der Detektiv, »das ist Diebstahl!«

Die Firma behauptete, der Mitarbeiter habe den mit Tagesarbeit gefüllten Datenträger stehlen wollen – und entließ ihn fristlos. Sein Einwand, dass er seit vielen Jahren Arbeit auf diese Weise mit nach Hause nehme, wies das Unternehmen zurück. Doch vor Gericht bezog die Firma eine Schlappe, weil der Mitarbeiter durch Mails nachweisen konnte: Sein Chef war im Bilde gewesen.

Weniger Glück hatte eine Mitarbeiterin in Sachsen: Sie hatte Daten der Firma auf einen privaten Datenträger gespielt. Doch was aus Fleiß geschah, wurde ihr als Datendiebstahl ausgelegt. Das Landesarbeitsgericht schloss sich diesem Vorwurf an.[57]

Die härtesten Entlassungs-Attacken reiten Firmen gegen jene Mitarbeiter, die für die Rechte ihrer Kollegen eintreten: Betriebsräte. Eine moderne Hexenverbrennung greift um sich. Und sie fordert Opfer:

Als die Schwangere den Brief erhielt, schrie sie wie am Spieß. Ihre Wehen setzten vorzeitig ein. Mit Blaulicht ging's ins Krankenhaus. Der Brief mit der Hiobsbotschaft war vom Arbeitgeber gekommen: Kabel BW. Zwar war die Mitarbeiterin unkündbar, weil sie Betriebsrätin und außerdem schwanger war. Doch anscheinend ging es der Firma nicht um eine rechtssichere Kündigung – die Mitarbeiterin sollte geschockt werden. Das war mehr als gelungen.[58]

Kabel BW wollte seinen Betriebsrat in die Knie zwingen. Deshalb hatte das Unternehmen den Anwalt Helmut Naujoks engagiert, einen hauptberuflichen »Betriebsrätefresser« (Spiegel Online). Dieses Image hat er sich verdient durch polemische Talkshow-Auftritte, durch Säuberungs-Aktionen in Firmen und durch sein Buch »Kündigung von ›Unkündbaren‹«. Dort erklärt er unter anderem Schritt für Schritt, wie Mobbing einen Menschen bis »in körperliche Erkrankungen, im Einzelfall bis zum Selbstmord(-versuch)« treibt.[59]

Im Auftrag von Kabel BW überzog Rambo Naujoks die Betriebsräte mit Abmahnungen, Kündigungen, Schadensersatzforderungen. 150 Prozesse strengte er an – und 150 Prozesse verlor er! Doch der seelische Flurschaden, den sein Wüten hinterließ, war beachtlich: Betriebsräte bekamen ihre Kündigungen samstags am Frühstückstisch zugestellt, damit das Wochenende zerstört und die ganze Familie verunsichert war. Laptops wurden eingezogen, Mails kontrolliert und krimireife Szenarien heraufbeschworen: Detektive verfolgten Mitarbeiter, es kam zu nächtlichen Verfolgungsjagden.

Als der Betriebsratsvorsitzende Ronald Renger sich im Fernsehen kritisch über das Unternehmen äußerte, verklagte ihn die Firma auf 1,3 Millionen Euro Schadensersatz. Das hätte er ein Leben lang abbezahlen müssen. Die Forderung versetzte ihm einen Schock, auch wenn sie juristisch nicht haltbar war.

Diesem ständigen Beschuss hielt der Betriebsrat nicht stand; er brach auseinander. Ehen gingen kaputt, Familien erlitten Traumata, Betriebsräte mussten in psychologische Behandlung. Und die Mitarbeiter waren ihrer Firma nun ohne den Schutz durch einen Betriebsrat ausgeliefert.

Nur Anwalt Naujoks rieb sich die Hände, weil er wieder mal den

Titel eines seiner Seminare verwirklicht hatte: »Der besondere Kündigungsschutz von Betriebsratsmitgliedern und wie Sie ihn erfolgreich ›durchbrechen‹ können.«[60]

 Hamsterrad-Regel: Einige Betriebsrats-Mitglieder werden von Firmen toleriert. Andere sind noch nicht entlassen.

Marmor, Stein und Eisen bricht – aber unsere Firma nicht!

Als die Passagiere vor Panik schon kreischten, als das Heck sich hob und das Wasser bedrohlich gurgelte, da soll die Bordkapelle der Titanic noch gespielt haben – auf Anweisung des Kapitäns, damit die Menschen nicht durchdrehten.

Nach demselben Prinzip gehen die Kapitäne der deutschen Firmendampfer vor. Wenn die Mitarbeiter von Bord springen wollen, wenn ihnen das Wasser bis zum Hals steht, trällert ihnen fröhliche Musik ins Ohr: die Firmenhymne. Hunderte deutscher Unternehmen lassen Hymnen für sich schreiben, die den Mitarbeiter daran erinnern sollen, wer die Schönste im ganzen Land ist: seine Firma.

Und um die Freude perfekt zu machen, darf der Mitarbeiter die Hymne mit einsingen, auch wenn er seine Stimme im Alltag nie erheben darf. Neue Mitarbeiter bekommen diese CD dann als Willkommensgruß in die Hand gedrückt und dürfen bei der nächsten Feier in den Chor einstimmen.

Natürlich handelt es sich um Liebeslieder, nur dass die Angebetete diese Elogen vorsichtshalber nicht von ihren Mitarbeitern verfassen lässt, sondern von Agenturen, die sich auf klangliche Hofmalerei spezialisiert haben, so von der Audiomarketing-Agentur Ladage Media.

Mal als Pop, mal als Schlager, mal als Volkslied, so wehen die Gesänge dem Mitarbeiter entgegen. Und was der Borkenkäfer für den Baum, ist der Text eines solchen Liedes fürs Gehirn. Zum Beispiel trällert die Kauflandkette, zu der Lidl gehört, den Song »Ein Lächeln ist mehr wert«. Dort heißt es: »An so 'nem Tag wie heute ist alles drin / Mein Chef, der steht zu mir, weil ich bin, wie ich bin.«[61]

Alles drin ist bei Lidl tatsächlich, zum Beispiel wurden Mitarbeiter durch verstecke Kameras bis aufs Klo verfolgt, Krankheitsgründe von Mitarbeitern in hausinternen »Stasi-Akten« festgehalten und Betriebsräte zerschlagen, indem ganze Filialen geschlossen oder ausgegliedert wurden.[62] Der Chef, der hier hinter den Mitarbeitern steht, kann nicht nur ein Lied(l) auf den Lippen, sondern auch einen Dolch im Gewande haben.

Doch Kaufland ist nicht allein, die Fahrzeugindustrie trällert mit. Der Hersteller Kögel wollte die Charts stürmen, indem er einen gleich zweisprachigen Heldengesang auf sich selbst verfasste:

Kögel – hat einfach mehr drauf.
Kögel – nimmt's mit jedem auf.
Kögel legt immer gern vor.
Kögel – simply more, simply more.

Ob derjenige, mit dem es die Firma aufnimmt, am Ende der (angeblich) renitente Mitarbeiter ist? Ob »simply more« den Bedarf an Überstunden und »mehr drauf« die Arbeitsmenge auf dem Schreibtisch beschreibt?

Gehirne weichspülen – das beherrscht natürlich auch Henkel. Der Mitarbeiter wird in der Firmenhymne mit der Neuigkeit verblüfft, dass die »Welt (…) ständig sich dreht«, damit »täglich Neues entsteht«. Und wer ist die »treibende Kraft« des Fortschritts dieser Welt? Man ahnt es: Henkel selbst!

Doch wer die Hymne aufmerksam interpretiert, wird misstrauisch, denn es heißt auch: »Gut allein ist uns nicht gut genug.« Und: »Die Gedanken stehen nie still.« Anders gesagt: Man kann es dem Chef nie recht machen – und der Kopf raucht immer vor Arbeit!

Und sogar über den Wolken wird gedichtet: »Flugzeuge im Bauch, im Blut Kerosin / Kein Stern hält uns auf, unsere Air Berlin.« Und der Mitarbeiter wird aufgefordert, er soll den »Kunden im Sinn« und ein »Lächeln« auf den Lippen haben. Das heißt wohl: Noch härter arbeiten. Und gute Miene zum bösen Spiel machen.

Es ist völlig klar, wen die Firmen mit ihren Hymnen in den Himmel heben wollen, aber nur ein Arbeitgeber sagt es ganz explizit: die Wirtschaftsprüfungsgesellschaft Ernst & Young. Der Konzern stattete den Gospel-Klassiker »Oh Happy Day« mit einem neuen Text aus. Wo es im Original heißt, »When Jesus washed my sins away«, heißt es nun: »Oh happy day, when Ernst & Young showed me a better way.«[63]

Jesus wurde durch Ernst & Young ersetzt! Die Wirtschaftsprüfer als Gottessöhne, die Beratung als Himmelfahrt und der Mitarbeiter als Jünger, der sich bei der Arbeit opfern soll, damit seine Firma nicht ans Kreuz einer Insolvenz genagelt wird. Der Marketing-Chef heißt Paulus, die Assistentin Maria Magdalena, der Firmensitz Jerusalem, der Hauptanteilseigner: Gott! Geht's noch?

Was für frühere Herrscher Brot und Spiele waren, sind für die heutigen Firmen Lieder und Texte: ein Manöver, das von den alltäglichen Zumutungen, vom Sinken der Moral ablenken soll; das verzweifelte Heraufbeschwören eines Teamgeistes, der in Zeiten der Profitmaximierung längst abgesoffen ist.

Warum wollen die Firmen Mitarbeiter mit solchen Liedern binden? Weil sie ihnen sonst davonlaufen! Warum wollen sie Identität stiften? Weil im Alltag keine mehr entsteht! Warum sollen sie den

Unterschied zwischen den Hierarchien beim Singen überbrücken? Weil er im Alltag unüberwindbar ist!

Wenn sich Überstunde auf Überstunde türmt, wenn der Chef als Führungsinstrument die Peitsche verwendet und wenn die typische Gehaltsrunde eine Nullrunde ist: Dann sollen diese alltäglichen Zumutungen unter einen Klangteppich gekehrt werden.

Doch die himmlischen Gesange können die betriebliche Realität nicht überwinden. Das wurde offensichtlich, als Air Berlin 2006 in Nürnberg seine Firmenhymne einsang. Die Sängerin auf der Bühne wurde von den Management-Brothers verstärkt, den obersten Führungskräften der Firma, die aus voller Brust in die Mikrofone trällerten, im Takt wippten und zum Refrain die Fäuste schwangen.[64]

Es war ein bezeichnendes Bild: Oben auf der Bühne, im Scheinwerferlicht, sonnten sich die Manager. Und unten, im Saal, drängten sich die Mitarbeiter wie ein Gefangenenchor. Das Singen zementierte hierarchische Unterschiede, statt Gemeinsamkeit zu schaffen.

Wie wäre es, die Wahrheit in den Firmenhymnen künftig etwas deutlicher zu benennen? Auf das Lied »17 Jahr, blondes Haar« von Udo Jürgens schlage ich einen Text vor, der sich speziell für Firmen eignet, die keinen Feierabend mehr kennen:

17 Uhr, Halbzeit nur,
jetzt geht's richtig los!
Arbeit pur, Treueschwur:
Ich lieb meinen Boss!

Und mit welchem Mittel, wenn nicht einer Hymne, sollte eine Firma, die Mitarbeiter entlässt, deren Motivation bis zum letzten Arbeitstag aufrecht erhalten? Ich schlage vor, frei nach Drafi Deutschers Klassiker »Marmor, Stein und Eisen bricht«:

Weine nicht, wenn dein Job wegfällt:
Pack an, pack an!
Deine Firma spart so viel Geld:
Pack an, pack an!
Marmor, Stein und Eisen bricht,
aber unsere Gier tut's nicht.
Alles, alles geht vorbei.
Doch wir bleiben: Hai!

 Hamsterrad-Regel: Es gibt ehrliche Lieder. Und Firmen-hymnen.

Deppen-Erlebnisse

Warum ich meinen 39. Geburtstag mit meinem Chef »feierte«

Wenn es ein schlechtes Zeichen für einen ersten Arbeitstag gibt, dann dieses: Mein neuer Chef, Leiter des Rechnungswesens, kam gerade aus der Kur nach einem Burn-out zurück! Angepeitscht vom Finanz-vorstand und gebeutelt von Kürzungen im Personaletat hatte er sich krankgearbeitet. Mehrere Mitarbeiter waren vorher abgesprungen.

»Ich werde ein paar Gänge zurückschalten«, sagte er zu mir, der Neu-en aus der Zeitarbeits-Firma. Daran hielt er sich zwei Tage lang. Dann brach ein Inferno über mich herein: Schon morgens, wenn ich kam, war mein Postfach mit Mails von ihm geflutet. Seine ewige Botschaft: »Wir sind im Rückstand, wir müssen schneller machen!«

Doch wenn ich begann, seine Aufgaben zu bearbeiten, klingelte nach spätestens einer halben Stunde das Telefon: »Warum haben Sie mei-ne aktuelle Mail noch nicht gelesen? Mir fehlt die Lesebestätigung!«

»Weil ich gerade die Zahlen von heute Morgen prüfe!«

»Verdammt noch mal, Sie müssen in Ihre Mails schauen, da

kann immer was ganz Dringendes kommen. Ziehen Sie das nach vorne!«

Statt meine eigentliche Arbeit zu machen, retournierte ich Arbeitsbälle, die er spontan in mein Feld schmetterte. Aber spätestens kurz vor dem Mittagessen fragte er: »Und wo bleiben die Zahlen, an denen Sie schon seit heute Morgen arbeiten?«

»Aber Sie haben mich doch selbst unterbrochen!«

»Ihre Vorgängerin hat immer mehrere Aufgaben geschafft.«

Aber warum war sie, die er mir dauernd als Vorbild unter die Nase rieb, mit einer Staubwolke geflüchtet? Meine Arbeitszeiten zogen sich bis in die Nächte. Ich kam nicht mehr zum Sport, traf kaum noch Freunde. Meinen 39. Geburtstag habe ich in der Firma »gefeiert«. Es brannten keine Kerzen auf einer Geburtstagstorte, dafür brannte Arbeit unter meinen Nägeln. Ein Bericht für den Finanzvorstand musste am nächsten Morgen fertig werden. Mein Chef und ich rotierten. Bis 22.30 Uhr!

Nach sechs Monaten ließ ich mich von meiner Zeitarbeitsfirma abziehen. Vorher musste ich meinen Nachfolger einarbeiten. Das Letzte, was ich von ihm sah, war ein verzweifeltes Gesicht. Es kam mir bekannt vor; ich hatte es im letzten halben Jahr oft im eigenen Spiegel gesehen.

Daniela Nießen, Buchhalterin

Wie ich die Risiken eines Erziehungsurlaubs kennenlernte

Ich war frisch in die Führungsriege einer Bank aufgestiegen, als mich der Leiter der Anlageberatung in ein Gespräch über Mitarbeiterführung verwickelte: »Das Wichtigste ist die Motivation! Mitarbeiter müssen nicht nur können, sie müssen vor allem wollen!«

»Interessant«, sagte ich, »aber wie unterscheiden Sie beides?«

»Zum Beispiel sehe ich, wie wichtig einem Mitarbeiter die Arbeit ist. Geht er pünktlich nach Hause? Oder schließt er seine Aufgaben sauber ab? Nimmt er Erziehungsurlaub? Oder bleibt er am Ball?«

»Moment«, protestierte ich, » Erziehungsurlaub muss doch nicht gegen den Mitarbeiter sprechen!«

»Dann sagen Sie mir bitte mal, wer aus unserem Führungskreis einen solchen Urlaub in Anspruch genommen hat? Keiner!«

»Aber dieses Recht besteht ja erst seit kurzer Zeit.«

»Haben Sie je gehört, dass ein Fußballprofi eine Saison aussetzt, nur weil seine Frau ein Kind bekommen hat? Und warum nicht? Weil diese Leute ihren Beruf ernst nehmen!«

»Aber es kann doch sein, dass ein Mitarbeiter mit neuer Energie aus dem Erziehungsurlaub zurückkommt!«

»Schießt ein Stürmer mehr Tore, wenn er sein Training ein halbes Jahr schleifen lässt? In meiner Abteilung gehen vor allem Mitarbeiter in Erziehungsurlaub, bei denen kaum auffällt, dass sie weg sind – nicht gerade die Leistungsträger.«

»Wissen Sie eigentlich, dass ich bald Erziehungsurlaub nehmen werde?«

Er starrte mich an, als hätte ich mich gerade als Außerirdischer entpuppt. Vielleicht gehörte ich tatsächlich nicht hierher, denn es stimmte: Noch kein gehobener Manager dieser Bank hatte es gewagt, in Erziehungsurlaub zu gehen. Es galt als verwerflich, das eigene Kind für ein paar Monate der Arbeit vorzuziehen.

Sicher erklärte das auch, warum keine einzige Frau dem gehobenen Management angehörte.

Ingo Eigel, Bankkaufmann

Fesselnde Arbeit:

Die fiesesten Tricks, um Mitarbeiter auszubeuten

In diesem Kapitel erfahren Sie unter anderem …

- warum der Urlaub für die meisten Mitarbeiter kein Urlaub mehr ist,
- weshalb Schiffe-Versenken und Mitarbeiter-Auslasten aufs Gleiche hinausläuft,
- warum mehr Chef-Versprechen an Mitarbeiter als Böller an Silvester platzen
- und wie ein Mitarbeiter, der sein Gehalt verhandeln wollte, auf einmal keinen zuständigen Chef mehr fand.

Haltet den Dieb – mein Urlaub ist weg!

Die Wirtschaftsprüferin Ulla Kunze (36) schob so viele Urlaubstage vor sich her, dass sie das Gefühl hatte, mit Mitte 50 in Rente gehen zu können. Dabei wollte sie einfach nur in Urlaub! Also nahm sie wieder mal einen Anlauf: »Ich würde gern ab dem 10. April für drei Wochen urlauben. Klappt das?«

Ihr Chef nickte. »Grundsätzlich ist das kein Problem. Sie schieben ja schon viel Urlaub vor sich her …« Er stockte, als hinge das nächste Wort zwischen seinen Zähnen fest.

»Aber …«, half ihm Ulla Kunze aus (denn sie kannte diese Argumentation von den letzten zwanzig Urlaubswünschen!).

»Aber die Voraussetzung ist: Organisieren Sie, dass sich in Ihrer Abwesenheit jemand um Ihre Arbeit kümmert.«

Klappe zu, Urlaub tot! Die Kollegen lagen so tief unter eigener Arbeit verschüttet, dass sie keine weiteren Aufgaben annehmen konnten. Das war auch der Grund, warum Kunze so viele Urlaubstage angesammelt hatte. Dasselbe galt für ihre Kollegen. Der Chef zog sich raffiniert aus der Affäre: Er stellte ein großzügiges Ja in den Raum, knüpfte es aber an Bedingungen, die nicht zu erfüllen waren. Die Zusage kam von ihm; die Absage musste sich die Mitarbeiterin selbst erteilen.

Immer mehr Vorgesetzte machen den Urlaub von der Arbeits-Wetterlage abhängig. Wenn gerade der eisige Projektwind durchs Haus pfeift, ein neuer Auftragsregen prasselt, ein Entlassungsorkan ein paar Kollegen weggefegt und die Arbeitslast erhöht hat – dann muss der Urlaub halt warten. Das liegt nicht am Chef; das liegt am Wetter!

Es ist lächerlich: Diejenigen, die das Arbeitswetter machen, die Abteilungen besetzen und Aufträge annehmen, verwenden eben dieses Arbeitswetter als Argument, um Mitarbeitern den Urlaub zu verweigern. Dabei wäre es ihre Pflicht, jede Abteilung mit so vielen Mitarbeitern zu besetzen, dass alle ihren Jahresurlaub bekommen. Und was – wenn nicht die pure Geldgier – zwingt Firmen eigentlich, mehr Aufträge anzunehmen, als Arbeitskraft zur Verfügung steht, diese zu bewältigen?

Ulla Kunze ist kein Einzelfall: Pro Jahr verschenken die deutschen Arbeitnehmer 75 Millionen Urlaubstage im Wert von neun Milliarden Euro.[65] Leichter kann ein Unternehmer sein Geld nicht verdienen! Wobei der Ausdruck »schenken« es nicht trifft: Die Mitarbeiter verzichten nicht freiwillig, sondern weil sie sich durch den Arbeitsdruck dazu genötigt fühlen. So mancher will Pluspunkte bei seinem Chef sammeln, auf dass die nächste Entlassungswelle ihn verschone (natürlich eine naive Hoffnung!).

Und der Urlaub, den die Mitarbeiter nehmen, ist meist kein Urlaub. Das liegt am Jo-Jo-Effekt, der ähnlich ist wie bei einer Diät: Erst nimmt der Stress ein paar Kilo ab, wenn man in Urlaub fährt, aber dann legt er noch mehr Gewicht zu, wenn man zurück an den Arbeitsplatz kommt.

Bis in die 1990er Jahr war das anders. Wer in Urlaub war (oder auf Dienstreise oder krank), hatte für diese Zeit einen Stellvertreter. Wichtige Vorgänge wurden bearbeitet, Telefonate entgegengenommen, tobende Kunden beruhigt. Wer zurück zur Arbeit kam, musste beim Anblick seines Schreibtischs nicht mit einem Schock rechnen.

Heute sind diese Zeiten vorbei! Stellvertreter gibt es nur noch auf dem Papier. In der Praxis sind sie so tief unter der eigenen Arbeit vergraben, dass sie den Nachbarschreibtisch nicht einmal sehen, geschweige denn die dort auflaufende Arbeit mitmachen könnten.

Ein Abwesender ist ein leichtes Opfer. Die virtuellen Schrotflinten nehmen sein Mailfach unter Beschuss, schnell ist eine vierstellige Zahl von Mails aufgelaufen. Auf dem Schreibtisch stapeln sich Deppen-Aufgaben, die der Chef dort ablädt, weil ein Abwesender sich nicht wehren kann. Und die Zahl der Post-it-Zettel an seinem Bildschirm ist so groß, als hätte dieser die Gelbsucht bekommen.

Und nun dürfen Sie raten, an was ein Mitarbeiter in seinem Urlaub pausenlos denkt: nicht an Drinks unter Palmen, nicht ans Rauschen des Meeres, nicht an seine Erholung – er denkt an eine Katastrophe, die ihn an seinem Arbeitsplatz erwarten wird: an Müll- und Mailberge, an überfällige Vorgänge und aufgelaufene Beschwerden! Eigentlich müsste ihn bei seiner Heimkehr in die Firma ein Betriebsseelsorger begleiten. Oder ein Rettungssanitäter mit Sauerstoffzelt.

Es ist ein Trickbetrug: Wer Urlaub bekommt, ohne dass seine Arbeit derweil erledigt wird, bekommt keinen Urlaub – seine Arbeit wird nur auf die Zeit danach verschoben. Ich kenne zahllose Mitarbeiter, die für eine Urlaubswoche von 40 Stunden damit büßen, dass sie diese Zeit in kleinerer Münze wieder an die Firma zurückbezahlen – zum Beispiel durch zwanzig Arbeitstage mit jeweils zwei Überstunden. So wird der Urlaub zur Hypothek.

Wie schnell das Erholungs- und Glücksgefühl nach einem Urlaub verpufft, fand die Universität Tel Aviv durch eine experimentelle Studie heraus: nach drei Tagen![66] Wer am Montag zurück in die Firma kommt, dessen Nerven liegen schon am Donnerstag wieder fast so blank wie vor dem Urlaub.

»Erholung ist die Würze der Arbeit«, schrieb der weise Grieche Plutarch einst. Doch viele Firmen versalzen ihrer Belegschaft den Urlaub. Eine dünne Personaldecke diszipliniert: Mitarbeiter scheuen sich, in Urlaub zu fahren, auch wenn sie Erholung bräuchten. Sie scheuen sich, zu Hause zu bleiben, auch wenn sie krank sind. Keiner will seine Kollegen, die ohnehin auf dem Zahnfleisch gehen, durch seine Abwesenheit überlasten. Und so wird der Urlaub wieder mal verschoben.

 Hamsterrad-Regel: Die drei schlimmsten Naturkatastrophen: Erdbeben, Tsunami und Rückkehr aus dem Urlaub. Die ersten beiden sind mit Glück zu überleben.

Schiffe versenken: So gehen Mitarbeiter unter

Die Arbeit braust wie ein Sturm durch die Entwicklungsabteilung des großen Elektrokonzerns. Die Tastaturen klappern um die Wette, Fetzen von hektischen Telefonaten fliegen durch den Raum, und wenn jemand zum Drucker muss, dann rennt er, als verfolge er einen Dieb. Innehalten, nachdenken, pünktlich Feierabend machen – das ist hier verpönt!

Immer herrscht Action, immer geht es drunter und drüber. Die Entwicklungsabteilung steht unter Strom, und jeder weiß, wer für diese Spannung sorgt: der Chef, ein Marineleutnant der Reserve. Er drillt seine Arbeitsflotte, bringt neue Mitarbeiter sofort auf Kurs. Wer pünktlich Feierabend macht, in Ruhe an seinem Schreibtisch nachdenkt oder gar mit Kollegen plauscht, hört immer denselben Satz: »Ich habe das Gefühl, Sie sind nicht ausgelastet!«

Das klingt wie eine Drohung, und so ist es auch gemeint! Der Herr Marineleutnant sieht seine Mitarbeiter als Lastschiffe. Und wer zu weit aus dem Wasser schaut, wer »noch Luft hat«, wie er das gerne nennt, dem lädt er noch ein paar Tonnen Arbeit auf. Erst wenn das Schiff so tief im Wasser liegt, dass jedes weitere Arbeitskorn es zum Sinken brächte, stimmt die Auslastung. Dass gelegentlich ein Mitarbeiter untergeht, etwa im Burn-out, gehört zum Spiel; die Arbeits-Schlacht fordert Opfer.

Und was tun die Mitarbeiter, um *nicht* endgültig versenkt zu werden? Sie signalisieren Auslastung! Sie tauchen so tief in die Arbeit, dass nur noch ihre Haarspitzen hinausragen. Keiner nimmt reguläre Pausen in Anspruch, jeder verschiebt Urlaub, und die Terminkalender quellen über. Arbeitsfreie Lücken werden mit hektischer Aktivität gefüllt: Man schiebt Projekte an, trommelt Meetings zusammen und feuert Mails mit großem Verteiler ab, den Chef immer in CC.

Aus Angst, mit Arbeit überladen zu werden, überladen sich die Mitarbeiter selbst. Diese Manipulation ist raffiniert, denn niemand kann dem Chef vorwerfen, er spiele Schiffe-Versenken mit Menschen; zum Absaufen bringen sich die Mitarbeiter scheinbar selbst. Er sagt ja nur: »Ich glaube, Sie sind nicht ausgelastet.« Wer da einen Appell hört, zum Beispiel »Arbeite mehr, du fauler Hund!«, ist selber schuld.

Und was geschieht, wenn ein Mitarbeiter absäuft? Wenn seine Nerven zusammenbrechen, er mit einem Burn-out in der Klinik landet oder mit einem Herzinfarkt aus der Firma getragen wird? Dann klopft der Reserveleutnant jenen Spruch, den man verdächtig oft aus dem Mund von Vorgesetzten hört: »Nur die Harten kommen in den Garten.«

Schuld ist der Mitarbeiter, der untergeht, nicht die Firma, die ihn überladen hat! Das System verzichtet darauf, sich selbst in Frage zu stellen. Natürlich ist es leichter, einen Mitarbeiter zum »Weichei« zu erklären, als sich zu fragen: »Beute ich meine Mitarbeiter aus?« Und natürlich ist es bequemer, das Problem in der Burn-out-Klinik zu entsorgen, statt selbst eine Therapie gegen Überlastung zu entwickeln: jedem Mitarbeiter nur so viel Arbeit zuzumuten, wie er auch (er-)tragen kann.

Paradoxerweise sind Schinder-Chefs nicht sonderlich erfolgreich: Gerade die engagiertesten Mitarbeiter, die bereitwillig an ihre Grenzen gehen, saufen im Strudel der Überforderung ab und enden als seelische Wracks. Andere sind nur noch mit ihrem Überleben, nicht mehr mit der Qualität der Arbeit beschäftigt.

Und wieder andere gehen scheinbar perfekt mit der Überforderung um – doch tatsächlich sind sie nur perfekte Schauspieler. Sie täuschen Auslastung vor, wo keine ist. Solche Mitarbeiter erteilen am laufenden Band Druckaufträge. (Es muss ja niemand wissen, dass es nur die Protokolle ihres Kegelvereins sind!) Sie führen am Telefon spektakuläre Verhandlungen mit Lieferanten (und ihr Lebenspartner lacht sich am anderen Ende der Leitung fast tot). Und natürlich reisen sie am laufenden Band zu »wichtigen« Kunden (auch wenn der Umsatz, den sie mit ihnen erzielen, kaum die Benzinkosten deckt).

Je größer der Druck, den ein Chef ausübt, desto raffinierter die Techniken der Mitarbeiter, ihm auszuweichen. Wer das nicht schafft, ist dem Untergang geweiht.

 Hamsterrad-Regel: Wer einen Mitarbeiter mit Händen erwürgt, der mordet. Wer ihn mit Arbeit erwürgt, der delegiert.

Deppen-Erlebnisse

Wie mir acht Urlaubstage geklaut wurden

Am liebsten hätte ich meinen Urlaub während des laufenden Jahres aufgebraucht. Doch mein Chef ließ das nicht zu: Nie passte es, immer standen dringende Arbeiten an. Nicht mal zwischen Weihnachten und Neujahr gab er mir grünes Licht. So blieb ich auf acht Urlaubstagen sitzen, mit dem Hinweis, ich könne sie ja noch bis Ende März des neuen Jahres nehmen.

Doch der Arbeitsdruck setzte sich im Folgejahr fort. Und immer, wenn ich meinen Chef nach Urlaub fragte, hob er abwehrend die Hände. Schließlich war der März vorüber. Nun wäre mein Urlaub verfallen, hätte ich ihn durch eigenes Verschulden nicht genommen gehabt. Aber ich war ja daran gehindert worden! Mein Chef sollte mir bestätigen, dass die Urlaubtage aufs neue Jahr übergingen.

Doch er tat empört und plusterte sich auf. »Das kommt nicht in Frage.«

»Aber diese Tage stehen mir zu!«, protestierte ich.

»Was wollen Sie mit 38 Urlaubstagen? Sie schaffen es doch nicht einmal, 30 Urlaubstage pro Jahr zu nehmen!«

»Das ist mein Resturlaub!«

»Den hätten Sie bis Ende März nehmen müssen: Jetzt ist er verfallen.«

Erst hatte er mich daran gehindert, den Urlaub zu nehmen. Und dann drehte er mir einen Strick daraus, dass ich den Urlaub nicht genommen hatte. Es war ein Diebstahl mit Kalkül. Und ich konnte nichts dagegen tun; er hatte meinen Urlaub stets mündlich abgelehnt, das war nicht zu belegen.

Nach diesem Gespräch war ich total frustriert – und urlaubsreifer als je zuvor!

Arne Jörges, Betriebswirt

Warum ich mit einem Geist mein Gehalt verhandeln sollte

Es gibt viele Gründe, warum eine Gehaltsverhandlung scheitern kann, aber bei mir war es der kurioseste: Ich hatte keinen Gesprächspartner! Ich stieg in den Boxring der Verhandlung, aber dort wartete kein Gegner.

Ein halbes Jahr zuvor hatte die Firma unseren langjährigen Abteilungsleiter, einen Endfünfziger, abgesägt und nicht ersetzt. Es ging ums Sparen. Aber wem sollte ich meinen Gehaltswunsch nun vortragen? Nur der Chef meines (ehemaligen) Chefs kam in Frage. Doch er gab sich handlungsunfähig:

»Das muss auf Abteilungsleiter-Ebene entschieden werden. Da darf ich mich nicht einmischen.«

»Also kann ich mich an einen beliebigen Abteilungsleiter wenden?«

»Nein, das muss Ihr eigener Abteilungsleiter entscheiden.«

»Aber ich habe doch gar keinen Abteilungsleiter mehr!«

»Nur Geduld! Das wird sich wieder ändern. Der Gehaltsetat läuft Ihnen ja nicht davon.«

So hielt er mich über 18 Monate hin. Dann, endlich, wurde ein neuer Abteilungsleiter eingestellt. Alle bestürmten ihn mit überfälligen Gehaltswünschen. Doch er bremste uns aus: »Ich kann Gehaltserhöhungen doch nicht blind vergeben. Ich muss erst mal Sie und Ihre Leistung kennenlernen. Geben Sie mir dazu zwölf Monate Zeit.«

Das war schlau eingefädelt: Erst flossen keine Gehaltserhöhungen, weil ein neuer Vorgesetzter fehlte; dann flossen keine, weil ein neuer da war. Zweieinhalb Jahre lang musste die Firma keinen Cent für Erhöhungen aufwenden.

Und was passiert eigentlich, wenn der neue Abteilungsleiter in einem Jahr nicht mehr im Amt sein sollte? Dann darf ich mal wieder in einen leeren Boxring steigen!

Martin Hanser, Organisationsentwickler

Der Versprechungs-Bigamist

Chefs versprechen viel, damit der Arbeitstag lang ist. Ein erschreckendes Beispiel habe ich in einer Firma mit 650 Mitarbeitern erlebt. Der Geschäftsführer hatte mich gebeten, die Stimmung in den Teams zu klären. Ich begleitete die Mitarbeiter ein paar Tage bei der Arbeit. Zwei Mitarbeiter der Vertriebsabteilung überschlugen sich geradezu und fielen mir als besonders engagiert auf.

Dann führte ich Einzelgespräche und traute meinen Ohren kaum, als ich den Grund für dieses Engagement hörte; beiden hatte der Vertriebsleiter (63) zugesagt: »Ich werde Sie als meinen Nachfolger vorschlagen.« Jeder hielt sich für den Thronfolger und zahlte das vermeintliche Vertrauen durch Arbeitseifer zurück.

Einer nahm seinem Chef eine wichtige Projektarbeit ab, die er neben seiner Tagesarbeit verrichtete. Der andere las stapelweise Bücher über Mitarbeiterführung und besuchte einen Führungskurs auf eigene Kosten – er wollte fit für die Management-Aufgabe sein.

Die Mitarbeiter wussten nicht, dass ihr Chef ein Versprechungs-Bigamist war. Von mir zur Rede gestellt, meinte er cool: »Ich wollte allen dieselbe Chance geben! Wer glaubt, er könne es werden, setzt sein ganzes Potenzial frei!« Genau darum ging es ihm: Die Mitarbeiter sollten ihre natürliche Leistungsgrenze überschreiten, gedopt von seinem leeren Versprechen.

Übrigens ist die Position zwei Jahre später an keinen der beiden Anwärter gegangen, sondern an einen Kandidaten von außerhalb.

Wie viele Religionen den Gläubigen ein Paradies versprechen, aber erst nach dem Tod, so versprechen viele Chefs ihren Mitarbeitern eine Gehaltserhöhung, eine Beförderung, ein Eckbüro, eine eigene Sekretärin – aber erst nach ein paar Arbeitsmarathons, von denen noch nicht feststeht, ob der Mitarbeiter sie überlebt. Die Schwerarbeit ist sicher. Die Beförderung ist es nicht.

Immer wieder höre ich, dass mündliche Versprechen von Chefs zur Motivierung von Mitarbeitern eingesetzt, aber dann gebrochen werden. Hier ein paar Beispiele:

Szene eins, Mitarbeitergespräch, der Chef sagt seinem Abteilungsleiter zu: »Sie bekommen eine Assistentin, sobald Ihr Bereich auf zehn Mitarbeiter gewachsen ist.« Doch acht Monate später, als der zehnte Mitarbeiter eingestellt ist, rudert er zurück: »Da haben Sie mich missverstanden. Einen solchen Präzedenzfall kann ich nicht schaffen, sonst wollen die anderen Abteilungsleiter dasselbe!«

Szene zwei, Gehaltsverhandlung: Der Chef bedauert, dass er die geforderte Erhöhung im Moment nicht bewilligen könne, trotz der vorzüglichen Leistung des Mitarbeiters. Er sagt ihm zu: »Im kommenden Jahr machen Sie einen Sprung von zehn Prozent.« Zwölf Monate später spielt der Chef den Mann ohne Gedächtnis: »Das haben wir so nicht abgesprochen!«

Szene drei, Beförderungsgespräch: Der Bereichsleiter einer Supermarktkette verspricht einer fleißigen Verkäuferin, sie spätestens in sechs Monaten auf einen Filialleiterposten zu heben. Doch vor Ablauf dieser Zeit wird er selbst gefeuert. Der Nachfolger weiß nichts von dieser Zusage – und will auch nichts davon wissen.

Diese drei Fälle habe ich allein im letzten halben Jahr von Klienten gehört. Ein Mitarbeiter, der das mündliche Wort seines Chefs zu haben meint, hat im Zweifel: nichts. Und gebrochene Versprechen erzeugen gleich zwei Verlierer, wie schon Gotthold Ephraim Lessing erkannte: »Beide schaden sich selbst: der, der zu viel verspricht, und der, der zu viel erwartet.«

 Hamsterrad-Regel: Auf das Versprechen eines Chefs kann man bauen. Zum Beispiel Luftschlösser.

Psychotricks: Wie saure Arbeit süßer schmeckt

Es war kurz vor 20 Uhr, als der Chef seiner Assistentin ein Kompliment machte: »Das ist wirklich toll, dass Sie mich abends nicht hängen lassen. Ich schätze es sehr, dass Sie sich so mit Ihrer Aufgabe identifizieren.«

Endlich mal ein Chef mit sozialer Kompetenz? Endlich mal einer, der den Mund nicht nur zum Kritisieren, sondern auch zum Loben aufmacht? Nein, dieses Lob ist nicht selbstlos, es erfüllt einen Zweck: Als Fernsteuerung soll es die Assistentin in eine Richtung lenken, die ungünstig für sie ist, aber günstig für ihn.

Denn eine zweite Botschaft schwingt mit: Ginge sie pünktlich aus dem Haus, so ließe sie ihren Chef hängen – und identifizierte sich *nicht* mit ihrer Aufgabe. Wenn sie es ihrem Chef recht machen will, muss sie weiter seine Arbeitszeiten teilen. Obwohl sie viel weniger als er verdient. Und obwohl ihr Vertrag, anders als seiner, Überstunden nicht beinhaltet.

Es ist schon auffällig: Die freundlichen Worte, die Motivationsphrasen, die Lobgesänge fallen Chefs bevorzugt ein, wenn sie Zumutungen verteilen: »Sie sind der einzige Mann, dem ich dieses schwierige Projekt zutraue!« Das klingt besser als »Ich finde gerade keinen Blöderen!«, meint aber dasselbe. Und wenn der Chef sagt: »Durch Ihre Leistungen in der Vergangenheit haben Sie sich mein Vertrauen für solche Spezialaufgaben erworben«, kann gemeint sein: einmal Überstunden-Depp, immer Überstunden-Depp!

Ein manipulatives Lob wirkt wie Zucker, den man bitterer Medizin beimengt, damit kranke Kinder sie schlucken: Der schlechte Beigeschmack soll übertüncht werden. Der Mitarbeiter soll nicht nur Überstunden leisten, Zusatzprojekte schultern und seine Freizeit vollends abschreiben – er soll das auch noch als Ehre betrachten!

Solche Lob-Gedopten, die bis zum Umfallen arbeiten, erzeugen

Druck auf ihre Kollegen, denn bald fragt der Chef: »Herr Müller bleibt jeden Abend bis 21 Uhr – warum müssen Sie dann schon um 18 Uhr gehen?«

Ein anderer Psychotrick, um Arbeit abzuwälzen, ist die Mitleidsmasche; sie funktioniert zum Beispiel so: Kurz vor Feierabend, um 16.55 Uhr, platzt der Abteilungsleiter ins Büro der Industriekauffrau. Die Sorgenfalten auf seiner Stirn sind tief wie Krater. Einen Aktenstapel drückt er an seine Brust. Seine Augenränder wirken wie ein Trauerflor, jede Depressionsklinik würde ihn als Akut-Patienten aufnehmen.

»Was ist denn los, Chef?«, fragt die Mitarbeiterin in einer Tonlage, die man gegenüber gestürzten Kleinkindern anschlägt.

»Ich bin ja so was von fertig«, jammert er, »das ist alles nicht mehr zu schaffen.«

»Was ist nicht mehr zu schaffen?«

Er senkt seinen Kopf langsam nach unten, bis sein Kinn den Aktenstapel berührt: »Das! Gestern war ich bis 22 Uhr im Büro, um den Kram abzuarbeiten. Aber ich pack es nicht mehr. Nicht allein.«

Damit hat er nichts gefordert – aber die Retterin hat sein SOS dennoch empfangen: »Kann ich Ihnen denn helfen?«

»Ich weiß doch, dass Sie gleich Feierabend haben.«

»Ich könne ja dennoch …«

»Das kann ich nicht verlangen!«

Fast rührt es sie, dass ihr Chef so großzügig ist, sie nicht zwingen will! Und deshalb sagt sie: »Keine Widerrede, ich unterstütze Sie!«

Schon schnappt die Helferfalle zu! Der Chef lässt einen Aktenstapel auf ihren Schreibtisch krachen, dass die Platte sich durchbiegt. Beiläufig teilt er mit, dass an jeder Akte drei weitere hängen; Nachschlag folgt. Und dann blättert er mal eben im Terminkalender: »Ach ja, die Akte Müller brauche ich morgen früh um 9 Uhr. Der Fall Schröder muss bis 21 Uhr fertig sein. Und für die Präsentation ist noch eine Rücksprache mit unserer spanischen Niederlassung nötig. Vielleicht können Sie in der kommenden Woche mal zwei Tage hinreisen.«

Mit großen Schritten, wie ein Flüchtender, lässt er das Büro der Mitarbeiterin hinter sich. Gut möglich, dass er direkt auf den Tennisplatz eilt, der ohnehin für 18 Uhr gebucht war.

Dieser Trick funktioniert immer: Der Chef appelliert an den Helferinstinkt, vor allem bei Mitarbeiterinnen. Mit der piepsenden Stimme eines Verschütteten meldet er sich zu Wort. Und sofort beginnen seine Mitarbeiter, ihn auszugraben – sprich die Arbeitstrümmer auf den eigenen Schreibtisch zu laden. Bis sie es sind, die vor lauter Arbeit ersticken.

Dieses Vorgehen ist teuflisch: Während die offensichtliche Überstunden-Forderung den Abwehrreflex der Mitarbeiter wecken könnte, hat diese verkappte Forderung freies Geleit. Scheinbar wird die Mitarbeiterin ja gar nicht zur Arbeit gezwungen – sie greift freiwillig danach. Und ihr Chef hat mal wieder ein Problem weniger.

 Hamsterrad-Regel: Einige Chefs treten Mitarbeitern in den Hintern. Andere loben sie. Die zweite Methode ist oft schmerzhafter.

Deppen-Erlebnisse

Mein Chef, der 360-Grad-Lügner

Seit ein paar Jahren führt unsere Firma alle 24 Monate ein 360-Grad-Feedback durch, bei dem Mitarbeiter ihre Chefs beurteilen dürfen. Offenbar ist es für die Karriere wichtig, dass die Daumen der Mitarbeiter nach oben zeigen. Im Vorfeld der letzten Bewertung warf sich mein Chef ins Zeug wie ein Politiker im Wahlkampf: Er versprach, die

Abteilung werde aufgestockt und die Möglichkeit zur Arbeit aus dem Homeoffice erweitert. Überhaupt taute das Klima auf, er nahm sich Zeit für Gespräche und winkte Urlaubswünsche durch.

Das kam gut an – offenbar hatte er unsere Bedürfnisse doch im Blick. Und so urteilten wir milde über seine Qualitäten als Chef (obwohl von »Qualitäten« kaum die Rede sein konnte!). Tatsächlich schnitt er bei dem Feedback im Vergleich gut ab und wurde von der Geschäftsleitung als Führungskraft mit Potenzial eingestuft. Der Politiker hatte seine Wahl gewonnen!

Was jedoch ausblieb, waren die versprochenen Reformen. Homeoffice? »Noch nicht möglich!« Aufstockung der Belegschaft? »Der Etat ist blockiert.« Dem künstlichen Frühlingslüftchen folgte eine Eiszeit. Unser Chef hatte uns gelinkt. Es war ihm nur um eine gute Beurteilung, nicht um unsere Bedürfnisse gegangen.

In einem Jahr findet das nächste 360-Grad-Feedback statt. Und ich weiß jetzt schon, welche Bewertung ich ihm in »Glaubwürdigkeit« geben werden – die schlechteste!

Michael Petersen, Hotelfachmann

Wie mich meine Firma vor die Tür schikanierte

Ich arbeitete in der Niederlassung einer großen Krankenkasse. Der Vorstand hatte ein Sparprogramm beschlossen. Ich stand wohl auf der Abschussliste. Plötzlich war nicht mehr mein Abteilungsleiter, sondern ein Bereichsleiter für mich zuständig. Er arbeitete in der 100 Kilometer entfernten Zentrale. Jeden Tag musste ich für ihn ein Arbeitsprotokoll schreiben, um nachzuweisen, dass ich nicht nur Däumchen gedreht hatte.

Diese Anforderung war reine Schikane und kaum umsetzbar: Wer weiß um 17 Uhr noch, womit er die Zeit zwischen 10.15 und 10.30 Uhr verbracht hat? Einmal schrieb ich für einen solchen Zeitraum: »Kundentelefonate.« Daraufhin bekam ich eine Abmahnung. Der Bereichsleiter hatte meine Telefondaten eingesehen und festgestellt, dass in dieser Zeit kein Gespräch stattgefunden hatte.

Also ging ich dazu über, mein Protokoll wie einen Live-Ticker zu führen: alle zwei Minuten ein neuer Eintrag. Aber weil ich pausenlos protokollierte, fehlte mir die Konzentration für die eigentliche Arbeit. In eine Kostenbewilligung rutschte mir ein Fehler. Und schon gab's die zweite Abmahnung.

Um mich endgültig rauszukicken, legte der Bereichsleiter eine Schikane nach: Als einzige Mitarbeiterin bekam ich erst morgens um 8 Uhr mitgeteilt, wo ich den Arbeitstag verbringen sollte, ob in der Niederlassung oder der Zentrale. Jeden Morgen lief ich ins Ungewisse. Die Fahrt zum Hauptsitz dauerte 90 Minuten.

Jeder Tag in der Zentrale war ein Alptraum. Abends musste ich meine Arbeitsprotokolle mit dem Bereichsleiter durchgehen. Er benahm sich wie die Axt im Wald: brüllte, tobte, trat mich mit Worten. Morgens zitterte mein ganzer Körper, wenn ich mal wieder die Mail vorfand: »Heute sind Sie in der Zentrale!«

Nach einem halben Jahr zog mich mein Hausarzt aus dem Verkehr. Es folgte eine fadenscheinige Kündigung der Firma. Vor Gericht scheiterte ich, weil ich kein Mobbing-Tagebuch vorlegen konnte. Aber wie hätte ich eines schreiben sollen? Ich war ja mit meinem Arbeitsprotokoll ausgelastet!

Ida Illgner, Sachbearbeiterin

Depp im Web:

Mein Boss, der Facebook-Freund

In diesem Kapitel erfahren Sie unter anderem ...

- warum laut Umfrage drei von vier Führungskräften in ihren Mails lügen,
- weshalb ein Mini-Problem, das man per Mail lösen will, zum Maxi-Problem auswächst,
- welche Folgen es haben kann, seinen Chef zum Facebook-Freund zu machen
- und wie ein Bewerber von googelnden Personalern mit einem Nazi verwechselt wurde.

Münchhausen lässt grüßen

Wenn die Marketing-Mitarbeiterin Viola Steiner (27) ihrem Chef eine Mail schickte, gab es zwei Möglichkeiten: Er antwortete nach wenigen Minuten, was selten passierte. Oder er antwortete nie, was oft passierte. Sogar wichtige Mails konnten ohne Reaktion bleiben. So ging es ihr, als sie ihm das Konzept für eine multimediale Kampagne zumailte. Mehrere Wochen hatte sie daran gefeilt. Nun fieberte sie seiner Antwort entgegen.

Mails kamen reichlich, aber die falschen. Zwei verfeindete Kollegen trugen ihren Schusswechsel per Mail aus, statt sich ordentlich im Morgengrauen zu duellieren, und der Verteiler umfasste die halbe Firma, obwohl es nur eine Handvoll interessierte Sekundanten gab. (Viola Steiner gehörte nicht dazu!)

Jedes Wort, das die Kontrahenten abfeuerten, gierte heimlich nach dem Applaus des Publikums (»Gib's ihm!«). Das Tempo des Schusswechsels beschleunigte sich. Am Anfang, als sie um sachliche Details stritten, hatte eine Mail pro Tag gereicht. Doch seit daraus eine persönliche Feindschaft gewachsen war, ballerten sie sich die Mails im Minutentakt um die Ohren. Und die Sekundanten mischten sich genauso schnell mit »Buh«- oder »Bravo«-Rufen ein, ebenfalls mit Großverteiler.

Fehlte nur noch der »Gefällt mir!« Button, über den die unfreiwilligen Zuschauer abstimmen konnten, welcher Gladiator den Kampf gewonnen hatte und welcher den Chef-Löwen zum Fraß vorgeworfen wurde.

Die meisten ihrer Maileingänge kamen Viola Steiner vor wie jene Viagra-Werbung, die gelegentlich ihren Spam-Filter austrickste: Empfängerin war sie zwar, aber definitiv nicht gemeint. Pausenlos informierten sie Mails über den Stand von Projekten, mit denen sie nichts zu tun hatte, über Termine, an denen sie nicht teilnehmen wollte, über den Umzug eines Geschäftspartners, mit dem sie nie Geschäfte gemacht hatte.

Und wenn doch mal eine Mail *sie* meinte, war es garantiert die eines Kollegen, der seine Arbeit über die digitale Bande zu ihr prallen lassen wollte, etwa eine komplizierte Kundenanfrage mit dem Kommentar: »Kannst du ihm helfen?« Gemeint war natürlich: »Der Vorgang ist so blöd, dass ich mich nicht damit befassen möchte.«

Natürlich nahm der Kollege die Absage nicht hin, sondern zettelte einen langen Streit über die Zuständigkeiten innerhalb der Abteilung an, bei dem ihm – dank Verteiler – seine eigenen Truppen zur Hilfe sprangen, was Viola Steiner zwang, ihrerseits Sympathisanten in die Verteiler-Loge zu setzen.

Doch so zuverlässig die unwichtigen Mails kamen und Arbeitszeit fraßen – die wichtige Rückmeldung des Chefs auf das Konzept blieb aus. Da traf es sich gut, dass er Viola Steiner nach mehreren Tagen auf dem Flur über den Weg lief.

»Hallo, Herr Schneider! Schon auf das Konzept geschaut?«

Er verlangsamte sein Tempo, ging aber weiter in Richtung Fahrstuhl, sodass die Mitarbeiterin ihm folgen musste. »Ja, habe ich angeschaut. Schön, dass es fertig ist. Im Grundsatz finde ich es gut.«

»Und was würden Sie noch verändern?«

»Machen Sie mal ein paar Vorschläge!«

»Vielleicht sollte ich noch Print und Online besser vernetzen. Und bei den Kosten ist auch noch Luft nach unten.«

»Exakt!«, sagte er. Dann machte es »pling«, der Fahrstuhl war da, und der Chef entschwebte in den vierten Stock.

Nach diesem Muster reagierte er auf fast alle Mails, meist erst auf mündliche Nachfrage: »Grundsätzlich in Ordnung, vielleicht haben Sie noch ein paar Vorschläge zur Optimierung der Details.« Nie wurde er in seinen Rückmeldungen konkret. Immer bat er die Mitarbeiter um eine eigene Einschätzung. Im besten Fall war er ein Anhänger des coachenden Führungsstils, der die klugen Einsichten aus den Köpfen der Mitarbeiter kitzelt, statt sie von außen hineinzupressen. Im schlechtesten Fall war er einfach desinteressiert.

Ein paar Monate später flog sein kleines Geheimnis auf. Er saß im Flieger nach Kanada, während ein Drucktermin fällig wurde, den er vorher noch hätte erteilen sollen. Das Dokument befand sich in seinem Mailfach. Viola Steiner musste den Administrator bitten, ihr Zugang zu verschaffen.

Die Mitarbeiterin erinnert sich genau an diesen Moment: »Das Erste, was mir in seinem Outlook auffiel: Sein Posteingang zeigte 1544 ungelesene Mails an. Das Zweite, was mir auffiel: All diese Mails stammten von mir und den anderen Mitarbeitern seiner Abteilung!« Dagegen waren die Maileingänge dazwischen, etwa von Kunden, anderen Abteilungen oder seinem eigenen Chef, nicht mehr gefettet, sondern angeklickt worden.

Viola Steiner konnte es nicht lassen: Mit der Suchfunktion stöberte sie die Mail mit ihrem Marketing-Konzept auf. Ungelöscht war sie. Und ungelesen!

Die meisten Mails seiner Mitarbeiter sah der Abteilungsleiter wohl als Spam, als digitalen Müll, der derart stank, dass er ihn nicht einmal anfassen und im Papierkorb entsorgen wollte. Was wichtig war, würde schon für mündliche Nachfragen sorgen (womit er gar nicht so Unrecht hatte!). Von seinen Mitarbeitern hatte er nichts zu befürchten. Dagegen hätten Beschwerden von Kunden, oder gar ignorierte Mails seines Chefs, an seinem Stuhl wackeln können.

Was die Kanonenkugel für den Baron Münchhausen war, sind die modernen Medien für die Chefs: eine Einladung zum Lügen. Eine Umfrage der German Consulting Group unter 417 Führungskräften hätte den Lügenbaron frohlocken lassen: Drei von vier Vorgesetzten flunkern nicht nur gelegentlich, sondern häufig oder sehr häufig in Mails. Bei SMS sind es sogar 81 Prozent![67]

Wer eine Mail oder eine SMS seines Vorgesetzten bekommt, dem müsste das System eigentlich anzeigen: »Sie haben eine neue Lüge!«

Offenbar laden die schnellen Medien, deren Botschaften wie Rauch verfliegen, auch zum schnellen Lügen ein. Schließlich nehmen es die Mailschreiber mit nichts genau, nicht mit der Anrede, nicht mit der Rechtschreibung, nicht mit der Interpunktion – warum dann mit der Wahrheit? Weil die Mail kein echtes Gespräch ist, soll die Lüge per Mail wohl auch keine echte Lüge sein.

Außerdem geht es Führungskräften wie ihren Mitarbeitern: So viele Mails, so viele SMS, so viele Arbeiten prasseln täglich auf sie ein, dass ihnen die Lüge als ein legitimer Befreiungsschlag gegen die Überforderung erscheint.

Und es klingt nun mal wesentlich besser, die versäumte Antwort auf eine Mail mit einem Serverproblem zu erklären, als ehrlich zu schreiben: »Ich bekomme zu viele Mails und bin überfordert!« Der Hinweis auf ein angebliches Funkloch scheint gegenüber dem eigenen Chef eleganter als die Aussage: »Ich habe mein Handy einfach ausgeschaltet, weil meine Nerven am Ende sind und ich Ruhe brauchte.«

Vor rund 100 Jahren gab der französische Schriftsteller Marcel Proust noch an seine Gastgeber durch: »Kommen unmöglich, Lüge folgt!« Heute folgt nichts mehr, denn SMS heißt: **S**chnell **m**al **s**chwindeln!

 Hamsterrad-Regel: Die Kunst des Mailens besteht darin, sich dabei nicht stören zu lassen. Am wenigsten von seiner Arbeit!

Arbeitest du schon – oder mailst du noch?

Was tat der Mensch in der Frühzeit, wenn er mitten im Wald ein Knacken neben sich im Gebüsch vernahm? Er reagierte blitzschnell: fixierte die Gefahr, spannte seine Muskeln, hob seine Keule und war bereit, mit einem Säbelzahntiger zu kämpfen. Hätte er das Knacken ignoriert, wäre ihm die Chance entgangen, sein Leben zu verteidigen.

Was tut der moderne Büromensch, wenn er, mitten in einer Arbeit, das hohe »Pling« einer eingehenden Mail vernimmt? Er reagiert blitzschnell: fixiert seinen Bildschirm, ruft die Mail ab und ist bereit, die Neuigkeit aufzusaugen. Hätte er das »Pling« ignoriert, wäre ihm die Chance entgangen, eine wichtige Nachricht zeitnah zu empfangen. Das hätte zwar nicht sein Leben, aber (scheinbar) seinen Job gefährdet.

Das Überlebensprogramm der Evolution, seit Jahrtausenden eingespielt, läuft noch immer in unseren Köpfen ab: Jede Neuigkeit, jedes Geräusch, jede Bewegung in unserer Nähe *muss* sofort registriert werden – denn sie kann Gefahr bedeuten. Jedes Mal wird unser Körper für einen Kampf oder eine Flucht gerüstet: Das Herz beschleunigt, der Blutdruck steigt, der Atem geht schneller. Unsere Wahrnehmung verengt sich auf die (vermeintliche) Gefahr.

Mit demselben starren Blick, mit dem wir einst dem Säbelzahntiger ins Auge sahen, fixieren wir heute die frisch eingegangene Mail. Der gefährliche Unterschied: Die Stresshormone, die der Tiger auslöste, wurden vom Körper sofort abgebaut, indem wir gekämpft haben oder geflohen sind. Und der Spannung folgte eine Entspannung, weil wir uns danach ausruhten.

Ein Mailfach, in dem es pro Tag 80 Mal »Pling« macht (während man ahnt, dass es keine guten Nachrichten sind!), simuliert 80 Säbelzahntiger-Angriffe. 80 Mal schrecken wir für eine Millisekunde hoch, 80 Mal sind wir alarmiert, 80 Mal verspüren wir den Impuls, sofort zu reagieren. Der Körper wird vollgepumpt mit Stresshormonen. Aber wohin damit?

Kampf oder Flucht, um den Stress abzubauen, gestalten sich schwierig. Wer seine Mails mit der Keule bearbeitet, muss damit rechnen, dass er unverzüglich in eine andere Abteilung versetzt wird: die geschlossene. Und auch die Idee, beim Eingang einer Mail über die Treppe drei Stockwerke nach unten zu fliehen, könnte das eigene Stressmanagement in einem ungünstigen Licht erscheinen lassen.

Nicht der Mitarbeiter bestimmt über die modernen Medien, die modernen Medien bestimmen über ihn. Sieben von zehn Mitarbeitern rufen neue Mails sofort ab, wie eine Studie der Consulting-Firma SoftTrust belegt.[68] Jede Spam-Mail, jede Abwesenheitsnachricht, jeder Pipifax schafft es, Menschen aus ihrer Arbeit zu reißen und für 25 Minuten zu unterbrechen, ehe sie zurück an ihre alte Aufgabe kehren (siehe Seite 81).

Dabei wird ein beachtlicher Korridor an Arbeitszeit verbrannt.

Bei der Befragung von 180 Führungskräften, auch aus Deutschland, fanden Forscher des Henley Management Colleges heraus, dass eine Führungskraft im Schnitt dreieinhalb Jahre ihres Lebens mit unwichtigen oder überflüssigen Mails vergeudet.[69]

Die Art, wie Unternehmen Mails einsetzen, erinnert mich an die Geschichte eines Bekannten. Sein Häuschen lag am Rande einer großen Stadt. In dieser Gegend wurde oft eingebrochen. Deshalb legte er sich einen Dobermann als Wachhund zu. Aber der Hund, statt das Haus zu bewachen, spannte den Mann ein: Jeden Abend, wenn mein Bekannter von der Arbeit kam, ließ der Dobermann nicht eher locker, ehe sein Herrchen mit ihm mindestens eine Stunde vor die Tür ging.

Und eines Abends im November, als der Hundehalter mit seinem Dobermann vom langen Spaziergang zurückkehrte, erwartete ihn eine böse Überraschung: Einbrecher hatten sein Haus ausgeräumt. Ohne Hund wäre er zu Hause und auf der Hut gewesen.

Der Hund war heimlich zum Halter seines Herrchens geworden – so wie die Mail heimlich zum Diktator des modernen Angestellten wird. Und wie der Hund heraufbeschwor, was er hatte verhindern sollen, den Einbruch – so beschwören die Mails herauf, was sie verhindern sollen: ineffizientes Arbeiten.

Aber wer einen Hund hat, fühlt sich erst mal sicher. Und wer mailt, empfindet sich als schnell und effektiv. Schein statt Sein – darum lieben die Firmen das Mailen so. In Abwandlung des Aphoristikers Gerhard Uhlenbruck könnte man sagen: »Was manche Firmen sich selber vormachen, das macht ihnen so schnell keiner nach.«

Der langjährige Mitarbeiter eines Softwarekonzerns beschrieb mir folgendes Erlebnis. Er sollte eine neue Abrechnungssoftware für einen Kunden entwickeln. Es gab ein Kick-off-Meeting, bei dem alle Abteilungen am Tisch saßen. Alles schien geklärt, und mein Klient wollte loslegen.

Doch dann hagelte es Mails: Der Kunde schickte »mal eben« ein paar Detailvorschläge rüber, von denen beim Meeting noch nicht die Rede gewesen war – und wünschte eine Stellungnahme. Sein Chef bat »mal eben« darum, er möge ihm schnell ein kleines Strategiepapier schreiben, wie sich diese Software dem Massenmarkt anpassen ließe (denn er hatte einen Termin bei der Geschäftsführung). Und der Controller, beim Meeting noch friedlich, klang jetzt, mit seinem Chef im Verteiler, ganz anders: Er forderte ihn auf, sein über den Daumen gepeiltes Budget durch eine Aufstellung von Einzelpositionen zu detaillieren, bitte jeweils mit Risikoanalyse. Und so weiter.

Dem Software-Entwickler kam es vor, als verfolge die ganze Firma nur noch ein Ziel: ihn von der Arbeit abzuhalten. Statt mit der eigentlichen Arbeit zu beginnen, reagierte er auf Mails. Zuerst wollte er sich um das Strategiepapier für seinen Chef kümmern (denn der ging immer davon aus, dass seine Mitarbeiter nur auf Arbeiten von ihm warteten!). Diese Aufgabe nahm ihn längere Zeit in Anspruch.

Derweil wurden die anderen Mailpartner ungeduldig. Mit neuen Mails hakten sie nach, um zu mahnen. Aber weil sie mahnten, kam er noch weniger zum Arbeiten. Menschen, die eigentlich mit dem Projekt gar nichts zu tun hatten, mischten sich ein. Der Chef des Controllers sprang seinem Mitarbeiter zur Seite, um Druck zu machen – ein regelrechter Mail-Tsunami flutete das elektronische Postfach.

Nun musste der Entwickler schnell antworten, um eine weitere Eskalation zu verhindern – worauf sein Chef wiederum mehrfach nachhakte, wo das Strategiepapier denn bleibe. Der Mitarbeiter erinnert sich: »Wenn ich an einer Stelle auf die Mails geantwortet hatte, flogen mir an der anderen Stelle schon drei, vier neue Mails um die Ohren. Ich schaffte meine Mails kaum mehr – vom Projekt ganz zu schweigen.«

Nach zwei Wochen fand eine Sitzung statt, um den Stand des Projektes zu besprechen: »Natürlich hatte ich nichts vorzuweisen. Und wer hat mich dafür am schärfsten kritisiert? Dieselben Typen, die mich mit ihren Mails pausenlos behelligt und von der Arbeit abgehalten hatten!«

Ein Vorgang, den man früher in fünf Minuten besprach, kann sich per Mail über fünf Wochen ziehen. Eine Angelegenheit, an der drei Leute beteiligt waren, erstreckt sich per CC (Chaos-Club) auf mindestens dreißig. Und eine schriftliche Vereinbarung, die früher einmal getroffen wurde und dann galt, kann sich durch Mails im Minutentakt ändern.

Die Arbeit geht. Sie geht sogar blitzschnell. Aber sie geht nicht mehr vorwärts – sie geht nur noch hin und her. Zwischen Absender und Empfänger, zwischen Abteilung und Abteilung, zwischen Mitarbeiter und Chef. Nur der Kunde, um den es eigentlich gehen sollte, spielt bei dieser digitalen Selbstbefriedigung keine Rolle mehr – seine Anliegen fallen unter den Tisch.

Jeder Mailwechsel, vor allem mit CC, ist eine Bühne. Dort tanzen mit Vorliebe alle, die sonst zu wenig Aufmerksamkeit bekommen. Der Controller produziert sich als Sparfuchs (Soll sein Chef doch lesen, dass er ein würdiger Nachfolger wäre!), der Experte will durch Kritik an winzigen Details sein Fachwissen bewundert sehen (Niemand hat so ein gutes Auge wie er!), und der Chef hält es für seinen Job, per Mail noch ein paar Fragen zu stellen, die sonst niemandem eingefallen sind (was auch daran liegen könnte, dass diese Fragen überflüssig sind!).

In Mails geht es selten um die Sache. Öfter geht es um Aufmerksamkeit, jene Währung, um die im Zeitalter der Informationsschwemme immer härter gekämpft wird. Jede Mail ist ein Schrei: »Mich gibt's auch noch, nimm mich zur Kenntnis!« Und wer als Mail-Empfänger einen solchen Schrei überhört, muss damit rechnen, dass dieser in ein verzweifeltes Dauerbrüllen, in einen wütenden Mailbeschuss übergeht.

Das ganze Dilemma der modernen Gesellschaft spiegelt sich in den Mailfächern der Firmen: Vor lauter Quantität geht die Qualität verloren. Hauptsache viel, Hauptsache schnell, Hauptsache belanglos. Irrelevantes schlüpft in den Mantel der Wichtigkeit, Details blasen sich zu Hauptsachen auf, und was eigentlich ein Handgriff wäre, wird zum Staatsakt stilisiert – und alles eilt, eilt, eilt! Statt zu arbeiten, wird gemailt. Statt zu mailen, wird gemüllt. Wir digitalisieren uns zu Tode.

Der Entwickler lieferte seine Software übrigens mit drei Wochen Verspätung. Die ganze Firma war empört. Sein Chef hat die Schuld sofort an ihn als Deppen delegiert, in angemessener Form: einer Mail mit großem Verteiler.

 Hamsterrad-Regel: Die Hälfte aller verschickten Mails ist überflüssig, ebenso die Hälfte aller empfangenen Mails. Ob es sich um dieselbe Hälfte handelt, darf bezweifelt werden!

Deppen-Erlebnisse

Wie ich meinen Urlaub vor dem Firmen-Laptop verbrachte

Die Mail meiner Chefin kam mitten in meinem Urlaub. Sie brauchte ein paar Kennzahlen, bitte schnell! Eigentlich hätte ich nicht reagieren müssen; meine automatische Antwort-Mail besagte, dass ich erst nach dem Urlaub wieder zu erreichen sei.

Doch nun hatte ich die Mail gelesen und bekam sie nicht mehr aus dem Kopf. Sie kam mir vor wie ein Hilferuf, den ich nur zum Verstummen bringen konnte, indem ich die Zahlen lieferte. Also loggte ich mich ins System der Firma ein, ermittelte die Zahlen und antwortete der Chefin.

Das war ein Fehler, denn nun schob sie weitere Anfragen nach, immer aufwändiger. Ich fühlte mich in der Pflicht, ihr zu antworten – schließlich wusste sie nun, dass ich meine Mails las. In der zweiten Hälfte meines Urlaubs habe ich täglich mehrere Stunden vor dem Laptop verbracht.

Meine Konsequenz daraus: In den nächsten Urlaub fuhr ich ohne Laptop. Zurück im Büro, las ich fünf Mails meiner Chefin, die sie mir in Abwesenheit geschickt hatte. Es waren Arbeitsaufträge, wie immer »höchst eilig«. Und sie war sauer, dass ich nicht antwortete. Mit jeder neuen Mail schlug sie einen schärferen Ton an, zuletzt schrieb sie: »Ich weiß genau, dass Sie diese Mail lesen. Wenn Sie nicht antworten, bringen Sie sich und mich in Schwierigkeiten.«

Aus der Tatsache, dass ich einmal im Urlaub erreichbar war, hatte mein Chefin ein Gewohnheitsrecht abgeleitet. Ich nahm mir vor, ihr noch viele Gelegenheiten zu geben, sich an das Gegenteil zu gewöhnen!

Sören Maier, Buchhalter

Wie ich per Mail das Management beschimpfte, ohne geschimpft zu haben

Die Mail trug meinen Absender, beschimpfte das Management und war an einen Verteiler gerichtet, mit dem sich ein Gemeindesaal hätte füllen lassen. Ja, es stimmte, ich lag mit der Firma im Clinch; es hatte mehrere Prozesse gegeben. Und ja, ich hielt unsere Manager für Pfeifen. Aber eines stimmte nicht: dass ich diese Mail geschrieben hatte.

Von meiner Mailadresse war sie verschickt, wahrscheinlich auch an meinem PC geschrieben worden. Um 18.15 Uhr. Eine Viertelstunde vorher hatte ich die Firma verlassen.

Als ich am nächsten Morgen in der Firma kam, las ich die empörten

Antworten. Mein Chef platzte als wanderndes Schnellgericht in mein Büro. Er wedelte mit einem Brief, wahrscheinlich meiner Kündigung.

»Jetzt reicht es! Jetzt haben Sie den Bogen überspannt!«

»Diese Mail habe ich nicht verschickt.«

»Das ist doch Ihr Absender! Das ist doch Ihr Name! Jetzt erzählen Sie mir keine Märchen. Stehen Sie zu dem, was Sie getan haben!«

»Die Mail wurde um 18.15 Uhr verschickt. Zu dieser Zeit war ich schon im Fitnessstudio. Das lässt sich nachweisen, ich habe mich dort eingeloggt.«

Er plusterte sich noch einmal auf. »Das ist doch unglaubwürdig! Wer sollte einen Grund haben, in Ihrem Namen die Firma zu beschimpfen?«

»Zum Beispiel die Firma selbst. Sie sucht doch nach Entlassungsgründen. Ich wäre niemals dumm genug, solche Gründe frei Haus zu liefern!«

Ich bot ihm an, den Vorfall gerichtlich klären zu lassen. Wütend stampfte er aus dem Raum und nahm den Brief mit. An einer offiziellen Untersuchung war ihm nicht gelegen, denn mein Alibi war wasserdicht. Zu gern hätte ich gewusst, wessen Fingerabdrücke sich auf meiner Tastatur gefunden hätten. Ich schätze: seine eigenen!

Miguel Alvarez, Elektrotechniker

Nachtwächter vorm Computer

Die Schlagzeile von bild.de machte allen Mitarbeitern, die kurz vorm Durchdrehen standen, neue Hoffnung: »Immer mehr Firmen stoppen E-Mail-Wahnsinn«.[70] Verblüfft erfuhren die Leser, welche Top-Firmen sich gegen dienstliche Mails in der Freizeit aussprachen, unter anderem VW, Daimler, Telekom, BMW, Deutsche Bank, Bayer und Siemens.

Als Freiheitskämpfer für Mitarbeiter gaben sich die Firmen aus:

»Niemand verlangt, Mails unterm Weihnachtsbaum zu checken«, trällerte Siemens. »Wir erwarten von unseren Mitarbeitern nicht, dass sie nach Feierabend und im Urlaub erreichbar sind«, behauptete BMW. Und auch die Deutsche Bank sang das hohe Lied der Freizeit: »Grundsätzliche Erreichbarkeit während der Urlaubszeit ist nicht vorgesehen.«

Mehr noch: VW und Daimler, die beiden Autokonzerne, rasten mit Vollgas vorweg in Richtung Work-Life-Balance. Bei VW werden seit Ende 2011 nach Feierabend keine Mails mehr an die Blackberrys der Mitarbeiter weitergeleitet. Und Daimler versprach seinen Mitarbeitern im Herbst 2012, sie könnten alle Mails, die während ihrer Abwesenheit eingehen, bald automatisch löschen.

Die Firmen: zur Vernunft gekommen? Der Mail-Wahnsinn: gestoppt? Die Mitarbeiter: befreit aus der digitalen Sklaverei?

Da ich etliche Mitarbeiter der genannten Firmen berate, weiß ich genau: Der E-Mail-Wahnsinn ist auf dem Vormarsch, nicht im Rückzug. Doch warum sollten Firmen öffentlich bekennen, dass sie gegen das Arbeitsschutzgesetz verstoßen? Wer Mitarbeiter über den Feierabend hinaus beansprucht, bindet das der Öffentlichkeit nicht auf die Nase.

Im Gegenteil: Wie einige Steuerhinterzieher behaupten, sie unterstützten Waisenkinder in Luxemburg, statt dort Geld zu horten, so spielen sich einige Schinder-Firmen zu weißen Rittern auf, die couragiert die Freizeit ihrer Mitarbeiter gegen dienstliche Mails verteidigen. Wölfe im Schafspelz.

Das ist ja gerade der Witz: Offiziell erwartet keine Firma, dass Mitarbeiter nach Dienstschluss ihre Mails noch abrufen. Offiziell ist der Feierabend noch Feierabend, der Urlaub noch Urlaub. Offiziell müssten am Montag bestens erholte Strahlemänner in die Firma spazieren. Offiziell! Kein Regelwerk wird verletzt, kein Betriebsrat erzürnt, kein Anwalt auf den Plan gerufen.

Doch ein Wort fällt in den Stellungnahmen der Firmen auf: »grundsätzlich«. Wer sagt, Mitarbeiter müssten ihre Mails nicht grundsätzlich in der Freizeit checken, wie die meisten Firmen, sagt damit auch: in manchen Fällen doch! Und um herauszufinden, welcher Fall ein »mancher« ist, könnte es für den Mitarbeiter ratsam sein, alle seine Mails nach Feierabend zu prüfen. Wer sagt, die Mitarbeiter müssten ihre Mails nicht unterm Weihnachtsbaum checken (wie Siemens), kann damit meinen: Nicht am 24. Dezember, aber spätestens am ersten Weihnachtsfeiertag! Und wer sagt, Mitarbeiter müssten im Urlaub nicht erreichbar sein (wie die Deutsche Bank), kann damit meinen: aber am Wochenende und nach Feierabend durchaus!

Die Spielregeln eines Unternehmens werden nicht durch den Arbeitsvertrag, sondern durch die Praxis festgelegt. Millionen Mitarbeiter, die offiziell um 17 Uhr Feierabend haben, beugen sich um 18.30 Uhr noch über ihren Schreibtisch. Millionen Azubis, die offiziell etwas lernen sollen, legen sich als billige Hilfsarbeiter ins Zeug. Und Millionen Mitarbeiter, die nach Feierabend keine Mails empfangen müssen, mailen doch bis in die tiefe Nacht.

Die Firmen wollen den Eindruck erwecken, als hätten sie mit diesem »Arbeitseifer« nichts zu tun – als entschieden sich ihre Mitarbeiter aus freien Stücken dafür, um 20 Uhr lieber Mails als Bälle auf dem Tennisplatz zu wechseln, lieber an geschäftlichen Vorgängen als an Antipasti beim Italiener zu kauen.

Dieser Eindruck ist so korrekt, als würde man Wasser auf 100 Grad erhitzen und dann behaupten: »Es kocht freiwillig!« Der wichtigste Grund, warum Mitarbeiter nach Feierabend anpacken: Die Arbeit ist so bemessen, dass sie sich während der Arbeitszeit nicht mehr bewältigen lässt. Der Arbeitstopf, vom Chef unter Dampf gesetzt, kocht über, die Arbeit schwappt in die Freizeit. Nun hat der Mitarbeiter die Wahl, ob er als Arbeitsversager dastehen will, weil er sei-

ne Arbeit in der regulären Zeit nicht schafft, oder Anerkennung ernten, weil er keinen Dienst nach Vorschrift macht, sondern die Arbeit
nach Feierabend erledigt.

Ein perfides System, das Freiwilligkeit suggeriert, aber mit Zwän-
gen arbeitet. Die Mitarbeiter registrieren genau, wofür man in ihren
Firmen gelobt und befördert wird: nicht für den pünktlichen Feierabend, sondern für den Dauereinsatz; nicht für einen Mail-Sende-
schluss um 16.30, sondern für die direkte Antwort an den Chef auf
seine Mail um 22.15 Uhr; nicht für einen Urlaub in privater Zurück-
gezogenheit, sondern für acht rasche Stellungnahmen zum aktuellen Projekt aus Mallorca.

Und warum wird jener Kollege, der pünktlich Feierabend macht
und keine Mails mehr beantwortet, eigentlich bei jeder Gehaltserhöhung übergangen? Warum nennt man ihn hinter seinem Rücken
den »Schläfer«? Und weshalb rieb ihm der Chef neulich im Streit
seinen »Dienst nach Vorschrift« wie ein Kapitalverbrechen unter die
Nase?

Dasselbe System, das Mitarbeitern das Recht auf ungestörte Freizeit verspricht, straft jene ab, die dieses Recht in Anspruch nehmen –
und belohnt andere, die auf dieses Recht verzichten und ständige
Erreichbarkeit praktizieren.

Wer es in einem Unternehmen zu etwas bringen will, orientiert
sich an den Führungskräften. Ich kenne reihenweise Chefs, die sich
damit schmücken, ihre letzte Mail des Tages um 0.45 Uhr zu verschicken, ihren Urlaub auf Zuruf per Mail für die Arbeit zu unterbrechen und ihr Blackberry sogar mit in die Sauna zu nehmen.
Sie, die ständig Erreichbaren, sind ein lebender Appell an die Mitarbeiter, genauso zu werden. Nachwächter vorm Computer sind
gefragt.

Aber was ist mit VW? Dort wird der Server eine halbe Stunde nach
Ende der Gleitzeit abgestellt bis zum nächsten Morgen. Angeblich

muss kein Mitarbeiter mehr fürchten, mit dienstlichen Mails in den Feierabend verfolgt zu werden.

Aus erster Hand weiß ich: Einige Vorgesetzte haben ihren Mitarbeitern nahegelegt, dasselbe wie sie selbst zu tun – bei Bedarf private Mailadressen für dienstliche Belange zu verwenden. Wer sich diesem Spiel verweigert, bremst seine Karrierechancen aus. Eine VW-Mitarbeiterin erzählte mir: »Seit der Chef meine private Mailadresse kennt, komm ich von der Firma gar nicht mehr los. Immer wieder laufen abends Probleme auf. Sogar im letzten Spanien-Urlaub hat er mich mit einer Rückfrage zu einem Projekt belästigt.«

 Hamsterrad-Regel: Kein Mitarbeiter wird gezwungen, seine Mails nach Feierabend zu empfangen. Es reicht völlig, wenn er sie vor Arbeitsbeginn am nächsten Morgen beantwortet hat.

Die Glatze aus dem Internet

Wenn eine Firma herausfinden will, was ein Mitarbeiter nach Feierabend treibt, kann sie einen Privatdetektiv anheuern; das ist teuer und dauert lang. Oder sie wirft einen Blick ins Internet; das ist billig und geht schnell. Wie Bluthunde heften sich Firmen an jene Spuren, die Mitarbeiter und Bewerber im Internet hinterlassen. Dabei kann es zu skandalösen Irrtümern kommen, wie ich selbst erlebt habe.

Vor zwei Jahren beriet ich einen Chemiker bei der Jobsuche, nennen wir ihn Lars Brendel. Mit exzellenten Noten hatte er sein Studium abgeschlossen. Seine Bewerbungsunterlagen waren außergewöhnlich gut. Dennoch erntete er eine Absage nach der anderen, während Kommilitonen mit schlechteren Noten in Vorstellungsgespräche kamen. Woran lag es, dass die Firmen ausgerechnet ihn verschmähten?

Die Antwort fand er heraus, als er seinen Namen googelte: Der erste Lars Brendel im Suchergebnis war ein widerlicher Rassist, der in Foren gegen die Überfremdung des deutschen Volkes und eine zu liberale Einwanderungspolitik wetterte. Anscheinend verwechselten die Firmen den Bewerber mit dieser Dumpfbacke.

Ich gab Lars Brendel den Tipp, bei den nächsten Bewerbungen darauf hinzuweisen, dass er mit dem gleichnamigen Internet-Nationalisten nur den Namen teile. Und siehe da: Plötzlich wurde er zu Vorstellungsgesprächen eingeladen.

Eine zufällige Namensgleichheit reicht im digitalen Durcheinander, einen Menschen aus der Arbeitswelt auszusperren. Dabei hätte jeder Personaler mit ein wenig Mühe das Foto des Rassisten finden können: ein Glatzkopf von Ende 30. Der Chemiker war Mitte 20 und trug auf seinem Bewerbungsbild halblanges Blondhaar. Doch im Zweifel entscheiden sich die Firmen nicht für, sondern gegen den Angeklagten.

Aber nur inoffiziell! Wenn die Presse fragt, ob sie Bewerber googeln – wie es »Die Zeit« bei zehn Unternehmen tat –, hört man durch die Bank, von BASF bis Bayer, von Adidas bis VW: Nein, Gott bewahre, dazu fehlt uns die Zeit![71]

Unter vier Augen sind Personaler ehrlicher. Eine Studie des Marktforschungsinstituts Aris in Hamburg ergab, dass sich 52 Prozent aller Personaler im Internet über ihre Bewerber informieren.[72] Ein zweifelhaftes Unterfangen, denn das Allgemeine Gleichbehandlungsgesetz verbietet es, Menschen aufgrund ihrer Herkunft zu benachteiligen. Was aber, wenn der Personaler im Internet auf ein Foto stößt, das den ethnischen Hintergrund des Bewerbers verrät? Allein dieser Verdacht könnte nach Meinung von Juristen ausreichen, dass ein abgelehnter Bewerber die Firma erfolgreich verklagt.[73]

Wie das Internet eine Karriere ausbremsen kann, dafür gibt es ein Beispiel bei der Firma MAN, dort als »Google-Fall« bekannt. Ein neuer Einkaufsleiter war schon eingestellt, als ein Mitarbeiter den Personalern einen Wink gab: Schaut euch mal seine Homepage an! Dort war der künftige Chef in Rambo-Verkleidung zu sehen, bis an die Zähne bewaffnet, als wäre er einem schlechten Actionfilm entsprungen.

Doch nicht nur kriegerische, sondern auch erotische Lüste trieben den Einkaufschef in spe um, wie der Personalleiter Peter Attin zu seinem Entsetzen auf der Homepage entdeckte. Eine Link-Sammlung roch nach Pornografie und bereitete ihm sogar technische Probleme: »Das waren Seiten mit sexuellen Inhalten, die ich auf meinen Arbeitsplatz erst mal freischalten lassen musste, um sie zu prüfen.«[74]

Die Prüfung ging negativ aus. Der Vertrag wurde gekündigt, ehe der Mitarbeiter zum ersten Arbeitstag angetreten war.

Vieles spricht dafür, dass es in diesem Fall den Richtigen getroffen hat, denn Rambos gibt es in der Chefetage schon genug! Aber wer garantiert einem Bewerber, der im Web als Attac-Mitglied agiert, dass ihn eine Firma nicht aus politischen Gründen verschmäht? Wer garantiert einer Lesbe, die in einem Forum aktiv ist, dass sie nicht an ihrer sexuellen Orientierung scheitert? Und wer garantiert einer Mitarbeiterin, die den Bestseller »Ich arbeite in einem Irrenhaus« wohlwollend bei einem Internet-Buchhändler rezensiert, dass daraus nicht Rückschlüsse auf ihr angeblich gestörtes Verhältnis zur eigenen Firma gezogen werden (ein Fall, den ich als Autor des Buches selbst verfolgt habe).

Das Internet ist wie ein Spielplatz voller (potenzieller) Mitarbeiter, über den das große Auge der Firmen wacht, manchmal sogar in der scheinbar privatesten Ecke: bei Facebook. Ich weiß von mehreren Unternehmen, bei denen die Führungskräfte konkurrieren, wer die meisten Facebook-Freunde unter seinen Mitarbeitern gewinnt. Was bleibt einem Mitarbeiter übrig, wenn ihm sein Chef die Facebook-Freundschaft anbietet? Lehnt er ab, ist er unten durch: Spielverderber! Stimmt er zu, muss er damit rechnen, dass der Chef die fröhlichen Zechbilder der Wochenend-Party mit dem kopfschmerzbedingten Arbeitsausfall am Montag in einen ungünstigen Zusammenhang bringt.

Wenn der Chef sich als »Freund« ausgibt, bekommt er Zugang zu Informationen, die in der Personalmappe noch fehlen. Zum Beispiel erfährt er, mit wem sein Mitarbeiter privat umgeht, worüber er sich äußert (vielleicht sogar über seine Arbeit!) und wie es bei ihm in Liebesdingen steht (wer frisch verlassen wurde, hat den Kopf sicher nicht frei, um ein wichtiges Projekt zu leiten!).

Während der Mitarbeiter meint, er bewege sich bei Facebook im privaten Wohnzimmer, kann die Anwesenheit des Chefs daraus einen gläsernen Anbau des Firmengebäudes machen. Für das Internet gilt dasselbe, was der Fernsehmoderator Robert Lembke einst dem Alkohol nachsagte: Es »konserviert alles, ausgenommen Würde und Geheimnisse«.

Die meisten Chefs sind als (Facebook-)Freunde unglaubwürdig. Kann ein Freund abmahnen? Nein. Kann ein Freund zwangsversetzen? Nein. Kann ein Freund entlassen? Nein. Aber ein Chef kann das! Und ist es ein »Freundschaftsdienst«, wenn man Überstunden leistet, auf Gehaltserhöhungen verzichtet und auf Mails zu allen Tages- und Nachtzeiten reagiert? Nein, das ist Ausbeutung!

Aber wenn der Chef gezielt das vermeintliche Freundesohr anspricht, wenn er Sätze sagt wie »Du wirst mich heute Nacht mit diesem Arbeitsberg doch nicht hängen lassen!« oder »Du willst mich mit deiner Gehaltsforderung doch nicht in Schwierigkeiten bringen!«: Dann wird die »Freundschaft« zu einem Instrument und macht den Mitarbeiter willig. Und billig.

Und zum Deppen!

Hamsterrad-Regel: Kündigungen sind ungerecht! Das geben Chefs sogar zu – sobald ihnen ein Mitarbeiter die Facebook-Freundschaft kündigt.

Deppen-Erlebnisse

Wie ich zu einem »SM-Chef« kam

Die wichtigste Information muss in der Betreff-Zeile einer Mail stehen. An diese Regel hielt sich unser Juniorchef, wenn er seinen Mitarbeitern mailte. Offenbar hatte er früher die Erfahrung gemacht, dass seine Mails erst nach Stunden beantwortet worden waren – was damit zusammenhängen könnte, dass die Bearbeitung seiner Anfragen meist Stunden erforderte! Und auch sonst trugen wir volle Arbeitsrucksäcke, die für Zusatzaufgaben wenig Platz ließen.

Jedenfalls ging er dazu über, seine wesentliche Botschaft ins Betreff zu schreiben. Und wesentlich war nur eines: Schnelligkeit! Deshalb machte er eine Zeitvorgabe. So lautete die Betreffzeile einer Mail, die mich um 10.17 Uhr erreichte: »Bis 11.30!« Die Aufgabe war so umfangreich, dass sie mindestens eine Stunde in Anspruch nahm.

Auf die Idee, dass ich von 10.00 bis 11.45 Uhr in einem Meeting saß, war er nicht gekommen. Stattdessen schob er um 11.32 Uhr eine zweite Mail nach: »Bis 11.40!« Ich sollte kurzfristig erklären, warum ich den Termin verfehlt hatte.

Um 11.45 Uhr – wahrscheinlich formulierte er schon an der Betreff-Drohzeit der dritten Mail (»Bis 11.46!«) – kam ich aus dem Meeting und rief ihn an. Er forderte mich auf, künftig mein Smartphone mit in die Meetings zu nehmen, um sofort auf seine Mails reagieren zu können. Dabei hätte alles, was er von mir wollte, viel Zeit gehabt. Aber als künftiger Inhaber der Firma wollte er keine Minute warten.

Dass er uns aus der Arbeit riss und unter unnötigen Druck setzte, war ihm egal.

Für dieses Vorgehen verpassten wir ihm einen Spitznamen: Wir nannten ihn den SM-Chef – wobei SM nicht für Sado-Maso stand, sondern für: »Stoppuhr-Mailer«.

Juliane Anders, Koordinatorin

Wie ich den Schwarzen Peter per Mail erhielt

Unser Projekt war baden gegangen. Im Führungskreis wurde nun über die Gründe diskutiert. Ich hatte das Projekt koordiniert, war aber kein Mitglied des Führungsteams. Deshalb ging die Maildiskussion an mir vorbei. Bis jemand auf die Idee kam, mich in den Verteiler zu nehmen – ohne diskrete Rücksicht auf das, was schon geschrieben worden war.

Die oberste Mail war langweilig. Aus Neugier scrollte ich viele Mails nach unten. Auf einmal las ich meinen Namen. Mein Chef hatte geschrieben: »Herr Lübbers war mit der Komplexität überfordert.« Und ein paar Zeilen weiter hieß es: »Ebenso hat sich seine Einschätzung hinsichtlich des Zeitbedarfs als zu optimistisch herausgestellt.«

Mir blieb die Spucke weg! Ich hatte meinem Chef ins Gewissen geredet, dass wir mehr Zeit brauchen und das Projekt nicht unterschätzen sollten. Und nun delegierte er die Schuld an mich! Ich druckte den Mailwechsel aus und marschierte in sein Büro:

»Was ist das hier?«, sagte ich – und klopfte auf die Ausdrucke.

Er rückte seine Lesebrille zurecht und las die reklamierte Passage. »Das ist nur Politik. Nehmen Sie es nicht ernst.«

»Ich empfinde das als Verleumdung! Ich möchte, dass Sie es richtigstellen. Sonst schreibe ich eine Mail mit der Wahrheit.«

Er stand auf und ging drohend einen Schritt auf mich zu. »Übertreiben Sie es nicht! Wenn Sie mich öffentlich beschuldigen, kann ich Ihnen keine Rückendeckung mehr versprechen.«

Keine Rückendeckung mehr! Als hätte er mich bislang beschützt! In der Annahme, ich bekäme seine Mail nie zu Gesicht, hatte er mich verleumdet. Wahrscheinlich nicht zum ersten Mal. Gerne hätte ich ältere Mailwechsel gelesen.

Hans Lübbers, Versicherungsangestellter

Chef-Agent:

Der Spion, der aus der Firma kam

In diesem Kapitel erfahren Sie unter anderem ...

- warum privates Surfen für die Firmen ein (Kündigungs-)Segen ist,
- weshalb der vermeintliche Trainee ein Detektiv sein kann,
- wie Mitarbeiter von versteckten Kameras belauert werden
- und wie Franz Josef Strauß einem Bewerber zum Verhängnis wurde.

Das Netz, dem keiner entrinnt

Der Brief an die Mitarbeiter war drastisch formuliert: Die lokale Geschäftsleitung des Elektronik-Riesen Media Markt wollte einen »Drecksack (...) überführen«, der sein Unwesen auf den Toiletten der Firma trieb. Dabei war ihr jedes Mittel recht, sie drohte sogar mit einem Gen-Test. War es ein Sexualverbrecher, den die Firma dingfest machen wollte? Nicht ganz: Angeblich hatte ein Mitarbeiter mehrfach Nasenpopel an die Tür der Herrentoilette einer Wolfsburger Filiale geschmiert.[75]

Die Firma handelte nach dem Motto: Ein Mitarbeiter darf uns nichts verheimlichen, nicht mal seine Erbanlagen! Die Mitarbeiter hatten Glück, dass die Medien von der Sache Wind bekamen und der illegale Gen-Test nicht stattfand.

Doch Glück haben auch die Unternehmen: Die meisten Mitarbeiter liefern ihnen freiwillig einen genetischen Fingerabdruck – durch die Art, wie sie ihre Firmencomputer nutzen. Alle Homepages, die sie aufrufen, alle Privatmails, die sie tippen, lassen Rückschlüsse auf ihre Persönlichkeit zu. Diese Daten werden auf den Servern der Firma wie in einer Asservatenkammer gespeichert – ein üppiger Vorrat an Entlassungsgründen, auf den der Chef bei Bedarf zurückgreift.

Die meisten Firmen sind schlau genug, die private Nutzung des Internets nicht ausdrücklich zu verbieten, was die Mitarbeiter mit einer Erlaubnis verwechseln. Und während einer meint, sich privat im Internet zu bewegen, verrät er der Firma einfach alles: wie hoch sein Kredit ist (Nutzung eines Kreditrechners), wie es um seine Ehe steht (Besuch der Homepage eines Scheidungsanwalts) oder dass er psychische Probleme hat (Recherche nach einem Verhaltenstherapeuten, auch wenn er nur nach der passenden Adresse für seinen brüllenden Chef gesucht hat!).

Dass die digitale Asservatenkammer skrupellos zum Einsatz kommt, erlebten zwei Mitarbeiter des Callcenter-Betreibers Teleperformance in Brandenburg.[76] Jahrelang war es üblich, dass die Mitarbeiter privat im Internet surften, wenn die Arbeit es zuließ. Doch als die Belegschaft auf die Idee kam, einen Betriebsrat zu gründen, war Schluss mit lustig: Kurz vor der Wahl wurden zwei Kandidaten vor die Tür gesetzt. Die Firma warf ihnen privates Surfen vor. Die Beweise waren protokolliert.

Und schon ging unter den anderen Betriebsrats-Kandidaten das Zittern los: Hatten nicht auch sie privat das Internet benutzt? Wann würde das Schwert der Entlassung auf sie niedersausen? So sprang einer nach dem anderen ab. Die Wahl fiel aus!

»Wir hätten doch nicht gesurft, wenn wir gewusst hätten, dass wir damit eine Kündigung riskieren«, sagte einer der Entlassenen. Das kann der Grund sein, warum es ihnen niemand ausdrücklich gesagt hat.

Ich kenne Unternehmen, in denen die Geschäftsleitung den Vorschlag der IT-Abteilung ablehnte, Seiten mit privaten Inhalten zum Surfen zu sperren. Schadet es den Firmen, wenn ein Mitarbeiter während der Arbeit surft, sofern er all seine Aufgaben dennoch zuverlässig erledigt? Nein. Nützt es ihnen, wenn sich die digitale Asservatenkammer mit Kündigungsgründen füllt? Durchaus!

Die Kammer füllt sich spielend: 90 Prozent aller Mitarbeiter mit Internet-Arbeitsplatz surfen und mailen auch privat, wie der Bonner Informationsdienst »Neues Arbeitsrecht für Vorgesetzte« diversen Studien entnahm.[77]

Entlassung 2.0 funktioniert so: Wie die Polizei ins Vorstrafenregister schaut, ehe sie einen Verdächtigen verhört, so schauen sich Chefs das Surfverhalten an, ehe sie die Kündigung an einen unerwünschten Mitarbeiter schreiben. Wer sich nichts zu Schulden hat kommen lassen, außer täglich dreimal in die Online-Sportnachrichten zu schauen, hat sich doch etwas zu Schulden kommen lassen. Immer öfter wird das Surfverhalten als Entlassungsgrund vorgeschoben und gerichtlich durchgewinkt.

Aber manchmal schießt sich die Firma auch ins eigene Knie. Zum Beispiel wurde der Vertriebsmitarbeiter eines Kosmetikherstellers zu seinem Chef zitiert: Er habe sich während seiner Arbeitszeit in Verbraucherforen herumgetrieben – dafür sollte es eine Abmahnung geben. Der Mitarbeiter aber protestierte: »Mein Teamleiter hat mich ausdrücklich damit beauftragt, dort positive Kommentare über unsere Produkte zu schreiben.« Die Abmahnung musste zurückgenommen werden.

Natürlich stecken die Firmen ihre Nase auch in den Mailverkehr, und das nicht zu knapp: Rund zwei Drittel aller Unternehmen mit mehr als tausend Mitarbeitern prüfen die ausgehenden Mails oder planen es.[78] Wer eine Mail schreibt, muss immer damit rechnen, dass es einen Empfänger mehr als in der offiziellen Leiste gibt.

Als König der Schnüffler darf bis heute der ehemalige Bahnchef Hartmut Mehdorn gelten. Mit allen Mitteln wollte er unterbinden, dass Kritik an seinem Unternehmen zu Journalisten oder Politikern vordrang. Unter dem Vorwand, er wolle Betriebsgeheimnisse wahren, ließ er bis Mitte 2008 den kompletten E-Mail-Verkehr der Bahn, Millionen von Mails, auf mehr als 100 Suchbegriffe filtern.[79]

Sobald ein Mitarbeiter arglos ein Wort aus diesem Raster in seiner Mail verwendete – möglicherweise den Begriff »Fehlentscheidung« –, landete seine Mail auf dem Schreibtisch der Fahnder, auch wenn er nur eine Schiedsrichterentscheidung vom letzten Wochenende kritisierte, nicht seinen heiligen Arbeitgeber.

Dass Firmen im Spionagerausch vor nichts Halt machen, nicht einmal vor dem Computer eines Betriebsratsvorsitzenden, beweist ein Fall bei der schwäbischen Bäckereikette Ihle.[80] Auf dem Rechner des Betriebsratsvorsitzenden hatte die Firma ein Kontrollprogramm installiert. Jeden Anschlag der Tastatur konnten die Spione verfolgen, zum Beispiel den vertraulichen Austausch zwischen dem Betriebsratsvorsitzenden und Mitarbeitern.

Doch angeblich war die Firma nicht als Gesetzesbrecher, sondern als Gesetzeshüter unterwegs: Man wollte den Betriebsratsvorsitzenden überführen, dass er seine Arbeitszeitkonten manipuliert. Doch der Verdächtige wies vor Gericht darauf hin, dass viele Menschen Zugang zu seinem Computer gehabt hätten. Klingt plausibel – wie sonst hätte das Spionageprogramm installiert werden können?

 Hamsterrad-Regel: Privates Surfen am Arbeitsplatz ist erlaubt, solange eine Firma Kündigungsgründe sammelt. Danach führt es zum Rauswurf.

Ein Detektiv in Harlem

Vier Wochen lang sollte der neue Trainee im Warenlager des Reifenherstellers bleiben. Der Prokurist hatte ihn persönlich eingeführt: »Eigentlich fangen Trainees ja in der Verwaltung an. Aber mir ist es wichtig, dass der Kollege hier gleich die Basis kennenlernt.« In den Ohren der Versandmitarbeiter klang das, als würde der Stadtführer einen New-York-Besucher erst durch die Slums von Harlem lotsen – »Sehen Sie, hier gibt's auch Elendsviertel!« –, um ihm die Fifth Avenue umso schmackhafter zu machen.

Der Trainee fiel auf durch sein Alter, denn er war schon Ende 30, und seine Gesprächigkeit, denn er rückte jedem auf die Pelle, der nicht schnell genug flüchtete. Am Montag wollte er die Ergebnisse der Bundesliga diskutieren. Am Dienstag fahndete er nach jemandem, der die Talkshow »Hart, aber fair« kommentierte. Und am Mittwoch spazierte er mit der Tageszeitung umher und stieß mit den Schlagzeilen Gespräche an.

Meist biss er sich in einen Gesprächspartner fest und ließ ihn erst dann wieder los, wenn dieser zur Toilette ging, hoch genug auf eine Leiter kletterte oder einen Schlagbohrer anwarf.

Nach einigen Tagen kam er verschwörerisch auf einen älteren Kollegen zu: »Sag mal, wie sind die Waren hier eigentlich gesichert?«

»Gesichert? Wie meinst du das?«

»Na, wer verhindert eigentlich, dass ich mir etwas in die Tasche stecke und damit in den Feierabend spaziere?«

»Dein Anstand, hoffentlich!«, gab der Kollege zurück.

»Aber nicht jeder ist anständig. Weißt du, ob gelegentlich jemand etwas mitnimmt?«

Der Kollege versicherte, die Mitarbeiter seien an einer einwandfreien Inventur interessiert, nicht an ihrer persönlichen Bereicherung.

Ähnliche Anläufe unternahm der Trainee bei anderen Mitarbeitern. Wenn er damit nicht landen konnte, schaltete er auf das Gesprächsverhalten eines Meinungsforschers um: »Sag mal, wer in der Geschäftsleitung ist eigentlich der beste Typ? Und wer der größte Affe?«

Doch so plötzlich, wie er gekommen war, verschwand der Trainee wieder. In der Verwaltung ist er niemals angekommen. Ein paar Wochen später zitierte der Geschäftsführer den Lagerleiter zu sich: »Ihre Mitarbeiter sind nicht ausgelastet.«

»Wir machen seit Monaten Überstunden!«

»Und wie kommt es dann, dass Ihre Mitarbeiter jeden Montag stundenlang über die Bundesliga quatschen?«

Der Trainee war ein Privatdetektiv gewesen. Mit seiner Hilfe hatte der Geschäftsführer gegen seine Mitarbeiter ermittelt. Aber der Detektiv stieß wider Erwarten nicht auf eine Räuberbande. Und weil er seinen Auftraggeber wohl nicht enttäuschen wollte, hat er den Grund für eine Rüge selbst inszeniert: Er hielt die Mitarbeiter durch seine Gespräche von der Arbeit ab – und schwärzte sie dann für ebendiese Gespräche an!

Dieser Fall ist keine Ausnahme: Tausende von Firmen setzen jedes Jahr Detektive gegen ihre eigenen Mitarbeiter ein. Wer das Angebot der Wirtschaftsdetektive im Internet anschaut, bekommt eine Vorstellung davon, was sich Chefs in schlaflosen Nächten über ihre Mitarbeiter zusammenfantasieren.

Zum Beispiel bietet die Hamburger Detektei Hirsch an: »Mitarbeiterüberwachung (…) bei Missbrauch der Lohnfortzahlung im Krankheitsfall, unerlaubter Nebentätigkeit, Schwarzarbeit, Konkurrenztätigkeit eigener Mitarbeiter.«[81] Völlig klar: Der typische Mitarbeiter liegt nicht im Krankenbett, sondern am Strand, arbeitet nicht während der Arbeitszeit, sondern danach (Schwarzarbeit!). Und natürlich ist er auch noch ein Spion der Konkurrenz, der Betriebsgeheimnisse in solchen Mengen verkauft wie ein Bäcker seine Brötchen.

Doch die Verbrechen der Mitarbeiter gehen angeblich noch weiter: »Unsere Detektive und Ermittler decken Diebstahls-, Betrugs- und Unterschlagungsdelikte Ihres Personals auf«, ebenso »Abrechnungs-Betrug, Spesen-Betrug und Reisekostenmanipulation«. Anders gesagt: Wenn ein Mitarbeiter klauen kann, klaut er. Wenn er betrügen kann, betrügt er. Aber wenn er arbeiten könnte, arbeitet er natürlich nicht – weil ihn gerade die Manipulation seiner Reisekosten zu sehr in Anspruch nimmt …

Mit welchen Augen muss ein Chef, der solche Fantasien hegt, seine Mitarbeiter wahrnehmen? Wahrscheinlich schaut er »Aktenzeichen XY« jedes Mal in der Erwartung, gleich die aus den Personalakten vertrauten Passbilder seiner Mitarbeiter als Fahndungsfotos zu sehen: Betrüger, Diebe, Fälscher!

Die Frage ist nur: Wer, wenn nicht der Chefs selbst, hat diesen Haufen eingestellt? Warum ist es ihm nicht gelungen, anständige Mitarbeiter in seine Firma zu holen? Oder liegt es vielleicht gar nicht am Personal – nur an der fortgeschrittenen Paranoia in seinem Kopf?

Jedenfalls springen ihm die Detekteien auch bei der Auswahl der Mitarbeiter zur Hilfe, denn sie bieten »diskrete Personal-Überprüfungen oder Referenz-Überprüfungen Ihrer Bewerber«. Der Neue muss die Firma noch nicht mal betreten haben, schon wird er als potenzieller Verbrecher betrachtet, dem man einen Detektiv auf den Hals hetzen muss. Herzlich willkommen!

Der Mitarbeiter gilt als Blaumacher und Spesenräuber, Warendieb und Arbeitsverweigerer. Keinen Schritt kann man ihn gehen, keinen Handgriff tun lassen, ohne ihm dabei auf die Finger zu schauen.

Und die technischen Möglichkeiten, ihn zu kontrollieren, waren nie besser als heute. Zum Beispiel hat mir der Verwaltungsmitarbeiter eines Süßwarenherstellers folgendes Erlebnis erzählt: Sein Chef rief ihn zu sich ins Büro. Mit ernster Miene sagte er: »Sie wissen, dass privates Telefonieren bei uns in der Firme strikt untersagt ist?«

»Ja, das ist mir bekannt.«

»Dann erklären Sie mir bitte, warum Sie allein im letzten Monat zwölfmal Ihre private Festnetznummer angerufen haben!«

»Wie kommen Sie auf diese Zahl?«

»Mir liegen die Telefondaten vor.«

»Sie haben geschnüffelt?«

»Ich habe auswerten lassen. Das ist mein gutes Recht. Ich bezahle diese Telefonate. Zwölf Privatgespräche – stimmt das?«

Der Mitarbeiter grübelte: »Zwölfmal. Hm.«

»Ich kann Ihrem Gedächtnis gerne auf die Sprünge helfen: Am 2. Juni um 17.20 Uhr. Am 4. Juni um 17.25 Uhr. Am 5. Juni um 18.15 Uhr. Am …«

Als der Mitarbeiter die Zeiten hören, ging ihm ein Licht auf: »Das waren Tage, an denen ich spontan Überstunden machen musste. Das habe ich meiner Frau am Telefon gesagt.«

»Das hätten Sie ja auch von Ihrem privaten Handy tun können!«, mahnte der Chef.

Die Telefondaten eines Mitarbeiters durchschnüffeln? Kein Problem! Ihm so viel Arbeit aufladen, dass er sie nur mit Überstunden schafft? Aber immer! Doch wenn der Mitarbeiter seiner Familie per Firmentelefon mitteilen will, dass er mal wieder eine Stunde später nach Hause kommt? Ein Verbrechen!

Vielleicht ist das der Grund, warum vor allem unseriöse Chefs ihre Mitarbeiter als Betrüger sehen: weil sie von sich auf andere schließen. Weil sie skrupellos gegenüber ihren Mitarbeitern sind, rechnen sie mit deren Skrupellosigkeit. Weil sie das Letzte aus den Mitarbeitern rauspressen, befürchten sie, selbst ausgepresst zu werden.

Wer die Kunst der Ausbeutung beherrscht, unterliegt der Gefahr, sie auf andere zu projizieren. Wie sagte der amerikanische Staatsmann Benjamin Franklin so schön: »Wer der Meinung ist, dass man für Geld alles haben kann, gerät leicht in den Verdacht, dass er für Geld alles zu tun bereit sei.«

Hamsterrad-Regel: Ein Mitarbeiter gilt als unschuldig, bis ein Detektiv das Gegenteil bewiesen hat. Ein Detektiv wird so lange beschäftigt, bis dieser Beweis erbracht ist.

Deppen-Erlebnisse

Wie mich Franz-Josef Strauß den Job kostete

Vielleicht hätte ich schwindeln sollen. Doch ich war ehrlich, als ich im Vorstellungsgespräch gefragt wurde: »Wenn Sie ein Politiker der deutschen Geschichte sein dürften – welcher wären Sie gerne?« Ich sagte: »Willy Brandt, denn ohne seine Ostpolitik hätten wir noch die Mauer in Deutschland und womöglich den Kalten Krieg.«

Meine Gesprächspartner, die beiden Geschäftsführer eines Metallbetriebes in Bayern, warfen sich einen vielsagenden Blick zu. Und legten gleich eine Frage nach: »Angenommen, Sie würden viele Millionen erben – an wen würden Sie spenden?« Ich überlegte und sagte dann: »Ich würde damit eine Umweltschutzorganisation unterstützen.«

»Aber Umweltschutz schafft keine Arbeitsplätze!«, rutschte es einem der Geschäftsführer heraus.

»Doch«, sagte ich, »Arbeit ist genug da. Es fehlt nur an Geld, sie vernünftig zu bezahlen.«

Das Gespräch ging schnell und kühl zu Ende. Die Sekretärin bestellte ein Taxi für mich. Ich musste noch zehn Minuten in der Empfangshalle warten. Um mir die Zeit zu vertreiben, ging ich auf und ab. Da fiel mir eine Bronzebüste neben dem Eingang auf. Breite Schultern, fülliges Gesicht. Na nu, den Kerl kannte ich doch! Es war Franz-Josef Strauß, der ehemalige CSU-Vorsitzende und Ministerpräsident von Bayern. Offenbar wurde der strammkonservative Politiker hier als Hausheiliger gehandelt.

Hätten mich meine Gesprächspartner gefragt: »Welche politische

Meinung vertreten Sie?« – ich hätte sie vor Gericht zerren können. Doch sie fragten mich, welcher Politiker ich gerne gewesen wäre und an wen ich als Millionär spenden würde. Damit deckten sie meine politische Gesinnung auf, ohne mich explizit danach gefragt zu haben.

Der Job ging natürlich an einen anderen Kandidaten – sicher einen, der beim Betreten der Firma die Büste registriert und dann gesagt hatte: »Am liebsten wäre ich Franz Josef Strauß gewesen!«

Matthias Issel, Ingenieur

Wie mich meine Firma als Schuldnerin versklavte

Unsere Firma, ein erfolgreicher Mittelständler, überraschte uns mit einem großzügigen Angebot: Wer sich ein Haus zulegen wollte, konnte bei der Firma einen Kredit beantragen. Die Konditionen waren etwas günstiger als bei den Banken. Etliche Kollegen, auch ich, nahmen das Angebot in Anspruch.

Die Personalabteilung führte die Kreditgespräche. Dabei musste ich offenlegen, wie viel Eigenkapital ich und mein Mann besaßen, was er verdiente und welche Kredite bereits liefen. Auf dieser Basis bekam ich einen Kredit von 20 000 Euro, rückzahlbar über zehn Jahre. Allerdings enthielt der Vertrag eine Klausel: Die Abzahlung in Raten galt nur so lange wie das Arbeitsverhältnis. Das hieß: Sobald ich die Firma verließe, würde die Restsumme mit einem Schlag fällig.

Bei uns herrschte hohe Fluktuation. Immer wieder kam es vor, dass begehrte Mitarbeiter kurzfristig zur Konkurrenz wechselten. Doch nun, seit die Firma ihre Kreditfessel einsetzte, nahm die Wechselfreude ab. Und nicht nur das: Die Schuldner der Firma wurden wie Leibeigene behandelt! Bei jeder Überstunde hatten wir Vortritt. Und in der Gehaltsverhandlung bissen wir auf Granit.

Einmal habe ich mich bei meinem Chef über diese »Sonderbehandlung« beschwert, worauf er sagte: »Wenn es Ihnen nicht passt, dann kündigen Sie doch einfach!« Und hämisch fügte er hinzu: »Sofern Sie sich das erlauben können!« Er wusste: Ich konnte es nicht! Er hätte mir die Höhe meiner Verschuldung und die Raten der anderen Kredite auf den Cent genau sagen können.

Das scheinbar großzügige Angebot, die Mitarbeiter mit Krediten zu unterstützen, war in Wirklichkeit eine Falle: Wer sich darauf einließ, musste finanziell die Hosen runter- und sich dann alles gefallen lassen.

Auch wenn ich ein paar Cent an Zinsen sparte: Der Preis für diesen Kredit war entschieden zu hoch!

Jessika Bäumler, Fachberaterin

Aufstand bei Aldi

Hat sie? Oder hat sie nicht? Sicher ist: Die Leiterin der Frankfurter Aldi-Filiale saß in ihrem Büro, als der Betriebsrat gewählt wurde. Sicher ist: Von dort konnte sie per Joystick eine Kamera im Lagerraum steuern. Und sicher ist auch: In jenem Lagerraum sollte eine »geheime« Wahl stattfinden. Etliche Mitarbeiter fühlten den Blick ihre Firma auf dem Kugelschreiber brennen, während sie ihr Kreuz setzten.[82]

So ging die Wahl dann auch aus; Aldi legte sich einen Betriebsrat *nur* aus Filialleitern zu! Das ist so, als sollte eine Monarchie durch demokratische Wahlen reformiert werden – aber am Ende werden, unter dem Druck der königlichen Truppen, nur Mitglieder des Königshauses an die Macht »gewählt«.

Der König ist tot – es lebe der König!

Diese Wahl war der Höhepunkt einer unappetitlichen Schlacht. Sechs Monate lang hatten drei Aldi-Mitarbeiter für einen Betriebsrat gekämpft – aus Notwehr, denn Aldi hatte sie angegriffen. Ein neuer Filialleiter hatte Diebstähle nicht auf Obdachlose zurückgeführt, die öfter mal mit Wodka-Flaschen unter dem Mantel erwischt wurden – sondern auf drei Arbeitskräfte. Eine Kleinigkeit fehlte ihm zwar, die Beweise, aber das kümmerte ihn nicht. Öffentlich erhob er seine Vorwürfe und drohte mit einer Versetzung.

Das Maß war voll! Und so strebten die drei Beschuldigten an, was Aldi mit aller Kraft in seinen Filialen verhindern will: einen Betriebsrat. Der Bedarf war groß. Zur Wahlversammlung strömten fast alle 40 Wahlberechtigten.

Doch die revolutionären Umtriebe fanden unter Aufsicht statt, in die Liste der Aufständischen trug sich auch die Königin persönlich ein: die Regionalleiterin. Und mehrere Filialleiter, Mitglieder des Königshauses, führten bei der Versammlung in aggressivem Ton das Wort. Natürlich gegen den Betriebsrat. Kein Mensch brauche ihn. Schließlich sei man mit dem Königshaus, sprich ihnen selbst, bislang gut gefahren.

Unter den Augen ihrer Obrigkeit, die jedes Wort registrierte, knickten die revolutionären Truppen ein: 31 Mitarbeiter sprachen sich gegen einen Betriebsrat aus, drei enthielten sich.

Der Putschversuch war gescheitert – und die Putschisten mussten um ihr Arbeitsleben bangen: Fünf Tage nach der gescheiterten Wahl bekam einer der verhinderten Betriebsräte Post von seiner Königin. Plötzlich erinnerte sich die Regionalleiterin an einen Vorfall, der schon einen Monat zurücklag: »Am (…) 10.03.2011 waren Sie zum Arbeitsbeginn um 6 Uhr eingeteilt und eingeplant. Erst zehn Minuten nach dem eigentlichen Arbeitsbeginn, also gegen 6.10 Uhr, meldeten Sie sich telefonisch in der Filiale und teilten mit, dass Sie Durchfall hätten und nicht zur Arbeit erscheinen könnten. Mit Ihrem Verhalten haben Sie erheblich gegen Ihre arbeitsvertraglichen Pflichten verstoßen.«

Warum sich Mitarbeiter üblicherweise nicht direkt um 6 Uhr krankmelden, hätte sie durchaus wissen können: Zu dieser Zeit sperrt die Frühschicht den Laden gerade erst auf und kümmert sich zunächst um andere Dinge als um klingende Telefone. Und möglicherweise hatte der Mitarbeiter – Stichwort Durchfall – um 6 Uhr ein noch dringenderes Geschäft als diesen Anruf zu erledigen. Und was war an einer Krankmeldung mit zehn Minuten Verspätung eigentlich eine »erhebliche« Pflichtverletzung?

Doch das Königshaus schlug systemtisch mit Abmahnungen zu, zeitgleich gegen eine weitere Betriebsrats-Kandidatin: Angeblich hatte sie, wiederum einen schlappen Monat zuvor, bei einem Testkauf eine Jacke über der Lenkstange eines Einkaufswagens übersehen, Wert: 7,99 Euro. Stimmte das wirklich? Und warum kam die Abmahnung dann erst jetzt?

Tatsächlich sind bei Aldi scharenweise Testkäufer unterwegs, als Kunden getarnte Spione der Firma, die sich der Kasse in böser Absicht nähern: Sie wollen Waren nach draußen schmuggeln. Dabei tricksten sie mit allen Mitteln der Diebeskunst: Schieben dünne Wurstpackungen unter Kartons, schmuggeln teure Getränkeflaschen zwischen billige oder fahren die unbezahlten Produkte in einem Kinderwagen aus dem Laden.

Immerhin beweist die Firma durch solche Aktionen ihre kriminelle Energie; sie denkt und handelt wie ein Kleinkrimineller, aber natürlich für einen guten Zweck: um Mitarbeiter des schlimmsten aller Delikte zu überführen, der Unaufmerksamkeit. Dabei hat eine Kassiererin, deren Stau vor der Kasse allmählich so lang wird, dass er im Verkehrsfunk gemeldet werden müsste, vielleicht noch eine wichtigere Aufgaben, als jeden Kunden auf Diebesgut abzuklopfen wie eine Sicherheitsbeamtin an der Flughafenschleuse.

Die Testkäufer sind Teil einer perfiden Unternehmenspolitik. Wie der ehemalige Aldi-Manager Andreas Straub in seinem Buch »Aldi – Einfach billig!« berichtet, ist es Ziel, möglichst viele Mitarbeiter durch Abmahnungen so dicht an den Rand einer Kündigung zu drängen, dass sie vor lauter Angst bereit sind zu jeder Drecksarbeit, jeder unbezahlten Überstunde, jedem Untertanen-Dienst fürs Königshaus.[83] Und, bei Bedarf, ganz leicht kündbar.

»Diese Testkäufe finden exzessiv statt, und es wird auch manipuliert«, berichtet Aldi-Insider Straub. »Man konnte bei Detektiven auch extra schwierige Testkäufe für bestimmte Mitarbeiter bestellen.«[84] Wie oft ein Mitarbeiter aufs Glatteis gelockt wird, bestimmt seine Königin. Sicher kein Zufall, dass die Regionalleiterin die Kasse der angehenden Betriebsrätin knapp 20 Mal mit Testkäufern attackierte. Doch es gelang ihr einfach nicht, der Mitarbeiterin so viele Fehler unterzujubeln, dass man sie hätte kündigen können.

Deshalb versetzte sie die Kassiererin in eine andere Aldi-Region, über 40 Busstationen entfernt. In dieser Verbannung würde es ihr unmöglich sein, den Betriebsrat weiter voranzutreiben. Doch das Arbeitsgericht Darmstadt schritt ein: Es holte die Mitarbeiterin zurück, denn die Gründung des Betriebsrates dürfe nicht behindert werden.

Am alten Arbeitsplatz wurde die Kassiererin terrorisiert. Jeden Urlaubstag, den sie genehmigt haben wollte, musste sie begründen wie ein Sträfling seinen Antrag auf Freigang. Sogar Elternabende musste sie schriftlich nachweisen.

Den Todesstoß, die verbale Hinrichtung, übernahm die Königin am Ende persönlich: Sie erklärte die Mitarbeiterin für geisteskrank. Alle in der Filiale würden sie hassen. Die Frau kippte seelisch um. Die Ärzte im Krankenhaus diagnostizierten einen »Nervenzusammenbruch nach Mobbing«.

Dennoch kämpften die drei Revoluzzer weiter für den Betriebsrat! Doch Mitte Juli – alle drei waren in Urlaub – geschah Merkwürdiges: Kurzfristig wurde eine neue Wahlversammlung für den Betriebsrat einberufen, wieder nahm die Königin teil. Drei Filialleiter landeten im Wahlvorstand. Diese Königstreuen durften vor der

Wahl von Filiale zu Filiale touren. Ihre drei überrumpelten Kontrahenten konnten sich zwar aufstellen lassen, saßen aber an ihren Arbeitsplätzen fest.

Und dann fand die Wahl statt. In dem Lagerraum mit Kamera. Das Ergebnis ist bekannt.

 Hamsterrad-Regel: Der Unterschied zwischen einem Vampir und einem Discounter: Der eine fürchtet das Licht, der andere seine Mitarbeiter. Zur Gattung der Blutsauger gehören sie beide.

Achtung, versteckte Kamera!

Wenn ein Prominenter reingelegt und dabei mit versteckter Kamera gefilmt wird, lautet die Frage danach: »Verstehen Sie Spaß?« Und die Promis lachen (fast) immer mit, denn ihre Strapazen werden reich entschädigt: mit einem TV-Auftritt zur besten Sendezeit – und dem Applaus des amüsierten Publikums.

Wenn ein Mitarbeiter mit versteckter Kamera gefilmt wird, ist die Wahrscheinlichkeit groß, dass er *keinen* Spaß versteht. Denn nicht Applaus oder Ruhm erwarten ihn, eher Anpfiff oder Kündigung. Chefs filmen nicht zur Unterhaltung, sondern um ihre Leute einzuschüchtern und auszuspionieren, gerne bis aufs Klo, wie Lidl es vorgemacht hat. In Weihnachtsreden werden Angestellte als »Mitunternehmer« gefeiert und zum eigenverantwortlichen Handeln animiert. Doch im Alltag ziehen etliche Firmen den strengen Blick des Aufsehers vor, gerne auch per Kamera.

Wer sich in den Aldi-Filialen (und bei anderen Discountern) umschaut, wird oft Kameras an der Decke bemerken. Angeblich geht es darum, Ladendiebstahl durch Kunden zu verhindern. Aber wenn ein Mitarbeiter »zufällig« bei der Verfehlung gefilmt wird, wie er einmal Luft holt statt neue Kisten mit Waren, darf er sicher sein: Der Chef hat's registriert!

Da wird der Arbeitsplatz zum Big-Brother-Container, einem Raum ohne Intimität und Rückzugsfläche. Niemand kann sich in der Nase bohren oder unterm Arm kratzen, ohne fürchten zu müssen, dass der Chef die Szene in Nahaufnahme verfolgt. Jedes Wort, jede Geste, jeder Handgriff, mit welchem Kollegen man sich abgibt und mit welchem besser nicht: All das will im Arbeits-Container gut überlegt sein.

Der Mensch legt das Menschliche ab, er wird zur Arbeitsmaschine. Er folgt nicht mehr seiner Natur – etwa was die Pausenzeiten angeht –, sondern nur noch den mutmaßlichen Wunschvorstellungen seiner Firma. Pausenlose Überwachung führt zu pausenloser Arbeit. Das ist wohl so gewünscht.

Und natürlich überlassen es die Filialleiter nicht dem Zufall, was die Kameras einfangen! Eine hessische Aldi-Filiale machte Schlagzeilen, weil die Filialchefs ihre Kameras auf verdächtige Zonen der besonderen Art gezoomt hatten: auf Miniröcke, Frauenschenkel und tiefe Ausschnitte. Während die Kundinnen nichtsahnend einkauften, rückten ihnen die Voyeure per Kamera auf den Leib. Und um den Spaß perfekt zu machen, tauschten die Filialleiter ihre Videoausbeute auf Datenträger aus.[85]

In welchen Situationen zoomen Filialleiter ihre Mitarbeiter ins Bild? Wer kann sicher sein, dass nicht jedes Zucken seiner Gesichtsmuskeln gegen ihn verwendet wird? Und zeichnet die Firma womöglich in Stasi-Manier auf, was die Mitarbeiter in persönlichen Gesprächen über die Arbeitsbedingungen sagen? »Wo der Bürger keine Stimme hat, haben die Wände Ohren«, sagt die Schweizer Literaturwissenschaftlerin Jeannine Luczak.

Zum Beispiel galt das in einer hessischen Bäckerei. Dort hatte eine

Mitarbeiterin ihre Chefin als »faules Biest« bezeichnet, während sie vertraulich mit einer Kollegin plauderte. Ihr Pech: Die mitlaufende Kamera hatte ein Mikrofon und speicherte auch den Ton. Die Chefin, diesmal gar nicht faul, schritt sofort zur Tat: Kündigung![86]

Das hessische Landesarbeitsgericht entschied, die Aufzeichnung sei als Kündigungsgrund nicht verwertbar; die Mitarbeiterinnen hätten von der Vertraulichkeit ihres Gespräches ausgehen können. Doch der Betrieb beschäftigte weniger als fünf Arbeitnehmer. Deshalb galt kein Kündigungsschutz – und die ausspionierte Mitarbeiterin musste dennoch ihren Bäckerhut nehmen.[87]

Auch bei Aldi gibt es Kameras, die bewusst auf Mitarbeiter zielen. Der Ex-Aldi-Manager Andreas Straub berichtet: »Man hat in einer Filiale, in der es Probleme bei der Inventur gab, versteckte Mini-Kameras über den Kassen und im Büro installiert, um lückenlos alles zu überwachen. Ein Detektiv wurde beauftragt, die Anlage heimlich zu installieren und die Filme auszuwerten.«[88]

In anderen Fällen fürchtete Aldi Süd, dass Mitarbeiter beim Ausladen von Waren den eigenen Kofferraum mit dem Lager verwechseln könnten.[89] Deshalb wurden Kameras in Brandmeldern bei den Laderampen versteckt. Doch als der Skandal aufflog, gab sich Aldi unschuldig: Mitarbeiter und Lieferanten hätten von der Überwachung gewusst (denn sonst wäre sie illegal gewesen, da kein konkreter Verdacht vorgelegen hatte!).

Auf die naheliegende Frage, warum die Kameras dann sorgfältig versteckt worden waren, wusste die Firma keine Antwort. Damit war alles gesagt!

Im Januar 2013 bekamen die Firmen-Spione unverhoffte Schützenhilfe: Die schwarz-gelbe Koalition legte einen Gesetzesentwurf vor, der wie ein Attentat auf die Rechte der Arbeitnehmer wirkte. Die Hürden für eine öffentliche Kameraüberwachung senkte er bis zur Beliebigkeit ab. Schon zu »Qualitätszwecken« – was alles und nichts heißen kann! – soll es erlaubt sein, Aufnahmen zu machen, zu speichern, zu sichten und im Zweifel gegen Mitarbeiter zu verwenden.

Derselbe Entwurf sieht vor, dass Callcenter künftig heimlich die Telefonate ihrer Mitarbeiter belauschen dürfen. Er gestattet Firmen, Bewerber mit Suchmaschinen im Internet auszuspähen (was bislang durch die Rechtspflicht zur Transparenz eingeschränkt war), sie im Vorstellungsgespräch nach ihren Vermögensverhältnissen zu fragen und Mitarbeiter zu ärztlichen Untersuchungen zu kommandieren. Und ganze Belegschaften müssen nun damit rechnen, dass ihr Arbeitgeber sie mit einem Instrument der Terroristenjagd, der Rasterfahndung, bis ins Privatleben überprüft, sofern ein Verdacht besteht auf Untreue, Vorteilsnahme oder Bestechlichkeit.

Herta Däubler-Gmelin (SPD), Ex-Justizministerin und Aufklärerin bei Fällen von Firmen-Spionage, nennt den Entwurf eine »Lizenz zum Spitzeln«. Er trage »Verachtung für die Grundrechte von Mitarbeitern geradezu auf der Stirn«, verwende die »üblichen Propagandatricks« und solle nur »gute Stimmung bei der Wirtschaft (…) machen.«[90]

Aldi und Co. werden sich freuen. Kamera frei!

Hamsterrad-Regel: Arbeitsplätze sind *nicht* mit dem Big-Brother-Container zu vergleichen; das Fernsehen zahlt bessere Honorare!

Deppen-Erlebnisse

Wie sich Detektive über mein Berufsleben hermachten

Dass ich ins Visier von Ermittlungen geraten war, erfuhr ich von meinem Ex-Chef, inzwischen ein Freund. Zuvor hatte ich mich um eine gehobene Position bei einem internationalen Bankhaus beworben.

169

Das erste Vorstellungsgespräch war gut gelaufen. Da rief mein Ex-Chef bei mir an:

»Sag mal, Dieter, was hast du denn Schlimmes verbrochen?«

»Verbrochen? Ich? Nichts!«

»Heute hat mich eine Detektei angerufen. Die wollte hören, ob du goldene Löffel klaust.«

»Du machst Spaß!«

»Ich schwör es dir! Die haben gefragt, unter welchen Umständen du hier weggegangen bist. Und wie ich deinen Charakter so einschätze.«

»Was hast du geantwortet?«

»Ich habe gesagt: Wenn Sie etwas über ihn wissen wollen, dann fragen Sie ihn direkt. Soll ich Ihnen die Handynummer geben? Da war das Gespräch schnell vorbei.«

Ich fand heraus: Alle meine Ex-Arbeitgeber waren mit solchen Anrufen belästigt worden. Ebenso hatten die Detektive meinen Doktorvater behelligt und mehrere Fortbildungsinstitute gelöchert. Eine Großermittlung, bei der jeder Stein meines Berufslebens umgedreht wurde, wohl in der Hoffnung, etwas Unappetitliches darunter zu finden.

Über ihren Auftraggeber schwiegen sich die Detektive am Telefon aus. Ob ich als Versicherungsbetrüger verfolgt wurde, als Heiratsschwindler aufgefallen war oder von Gläubigern gejagt wurde, blieb der Fantasie der Angerufenen überlassen.

Dabei war mein einziges Delikt, dass ich mich bei einer Firma beworben hatte, die das Ausspionieren eines Menschen für eine freundliche Begrüßung hielt!

Ich war anderer Meinung – und zog meine Bewerbung zurück.

Dr. Dieter Haube, Bankmanager

Wie meine Krankheit durch einen Trick öffentlich wurde

Das Angebot der Firma an uns Privatversicherte war großzügig: Wir konnten künftig einen Zuschuss zu unseren Arztrechnungen beantragen. Mehrfach schickte ich Rechnungen an die Personalabteilung. Aber mehrfach wurde mir per Standardformular mitgeteilt, die Übernahme der Kosten sei »in diesem Fall« nicht möglich. Offen blieb, in welchen Fällen und nach welchen Kriterien die Firma Kosten übernehmen würde.

Nach einigen Anläufen gab ich es auf und reichte meinen Rechnungen nicht mehr ein. Monate später machte meine Bandscheibe mal wieder Ärger. Die Firma bekam eine Krankschreibung, ohne Angabe von Gründen. Nach sieben Tagen kam ich zurück. Mein Chef sagte: »Na, wieder Schwierigkeiten mit der Bandscheibe?«

Noch nie hatte ich von meinen Problemen mit der Bandscheibe erzählt! Woher wusste er davon? Die Firma hatte anscheinend die Arztrechnungen genutzt, um die Gesundheit ihrer Mitarbeiter auszuspionieren. Bei mir gab es zwei Rechnungen zum Thema Wirbelsäule: eine vom Orthopäden und eine vom Krankengymnasten.

War ein Mitarbeiter mit Depression nicht ein Risikofaktor? Sollte eine Frau, die sich auf ihre Fruchtbarkeit untersuchen ließ, noch vor Beginn einer drohenden Schwangerschaft entlassen werden? Und war einer wie ich, den schon mit Mitte 30 die Wirbelsäule plagte, nicht ein potenzieller Dauerkranker, den es loszuwerden galt?

Die Firma hat mir keine Rechnung bezahlt. Aber ich musste die Rechnung für meine Naivität bezahlen – ich hätte diese intimen Dokumente der Firma nicht anvertrauen dürfen!

Jörg Scholz, Bankett-Leiter

Die Frauen-Falle:

Nett, fleißig, ausgenutzt

In diesem Kapitel erfahren Sie unter anderem ...

* warum Frauen angeblich immer *gefördert*, aber fast nie *befördert* werden,
* weshalb 94 Prozent der Führungsmänner meinen, weibliche Eigenschaften böten im Top-Management keinen Mehrwert,
* warum Firmen tödlich beleidigt sind, wenn eine Mitarbeiterin schwanger wird
* und wie ein Zoodirektor seine Mitarbeiterinnen zurück ins Tierreich schleuderte.

Oben ohne: Warum Frauen an der Spitze fehlen

Als der Niederlassungsleiter sich schlafen legte, hatte er noch zwölf Prozent Frauen in Führungspositionen – am nächsten Morgen waren es 15 Prozent. Über Nacht war ihm ein rettender Einfall gekommen. Bald würde er als »Frauenförderer« gelten.

Am Tag zuvor hatte die Zentrale des Konzerns ihre Niederlassungen aufgefordert, den Anteil der Frauen in Führungspositionen zu melden. In der Zentrale lag man bei 14 Prozent und wollte das vergleichen. Der Niederlassungsleiter hoffte, diese Quote zu übertreffen. Doch sein Personalleiter, Klient von mir und erst ein Jahr in der Firma, musste ihn nach einigem Rechnen enttäuschen: »Wir liegen bei 12 Prozent.«

»So ein Ärger!«, knurrte der Niederlassungsleiter, »was können wir da tun?«

»Wir müssen uns in die Beförderungspolitik der Abteilungen einmischen. Die aufsteigenden Männer reichen ihre Posten wie Erbhöfe an andere Männer weiter!«

»Nein, ich meine: Was können wir *jetzt* tun, um der Zentrale bessere Zahlen zu melden?«

»Wir können doch nicht schummeln! Wir müssen bei jeder Führungskraft angeben, welche Position sie bekleidet.«

Es dauerte eine Nacht lang, bis dem Chef die Lösung kam. Fröhlich eilte er am nächsten Morgen an den Schreibtisch des Personalleiters: »Lassen Sie uns Ihre Personalliste einmal durchgehen. Also, hier zum Beispiel, Sandy Becker – die arbeitet doch direkt dem Bereichsleiter zu.«

»Ja, sie ist Assistentin.«

»Na also! Da haben wir doch schon eine weitere Führungskraft!«

»Wie meinen Sie das?«

»Sie ist Office Managerin! Wir tragen sie in die Aufstellung der Führungskräfte ein.«

Unter dem ungläubigen Staunen seines Personalchefs ging der Niederlassungsleiter die Liste der 850 Angestellten durch und »beförderte« eine Frau nach der anderen. Natürlich nur auf dem Papier.

Für ihn war das mit keinerlei Kosten verbunden – aber mit der Chance, bei der Zentrale als Vorreiter in Sachen Frauenförderung aufzufallen. Am Ende hatte er eine Quote von 15 Prozent erreicht und war zufrieden. Die Frauen bekamen davon nichts mit.

Doch was änderte sich an der Beförderungspraxis? Nichts. Immer wieder intervenierte der Personalchef, wenn Männer sich die Pöstchen zuschoben, an geeigneten Frauen vorbei. Aber beim Niederlassungsleiter fand er kein Gehör. Warum auch? Die Quote war erreicht!

Fragen Sie 100 deutsche Unternehmen, ob sie mehr Frauen in Führungspositionen wollen, und 101 Unternehmen werden Ihnen antworten: »Nichts lieber als das! Frauenförderung ist für uns Herzenssache!« So viel Engagement spiegelt sich in der Statistik wider!

Die Organisation für wirtschaftliche Entwicklung und Zusammenarbeit (OECD) erkennt an: Was Frauen in Führungspositionen angeht, ist Deutschland die Nummer 1 in Europa. Die Nummer 1 im Diskriminieren! Nirgendwo sonst werden Frauen so viel schlechter als Männer bezahlt; im Schnitt bekommen sie 21,6 Prozent weniger. Und rekordverdächtig ist es auch, dass sich unter 100 Vorständen nur vier Frauen finden. Zum Vergleich: In Norwegen verdienen Mitarbeiterinnen nur 8,4 Prozent weniger. Und von 100 Managern sind 40 weiblich, seit 2006 eine entsprechende Quote eingeführt wurde.[91]

Die deutschen Unternehmen pinseln ihre Fassade rosa an, sie versprechen Frauen freie Bahn nach oben. Dennoch bleiben die meisten im Erdgeschoss hängen. Dort werden sie von ihren männlichen Chefs für Arbeiten eingespannt, die größtmöglichen Aufwand, aber kleinstmöglichen Ruhm versprechen. Mit vorzüglicher Qualifikation (meist haben sie bessere Noten als Männer), mit großer Gewissenhaftigkeit (meist achten sie auf Perfektion) und noch größerer Bescheidenheit (meist lassen sie den Chef ihre Erfolge als die seinen verkaufen) halten sie die Räder der Firma am Laufen.

Und sogar Akademikerinnen müssen damit rechnen, dass der Chef sie einspannt, um den Tisch im Meeting-Raum zu decken, den Kaffee zu kochen oder noch rasch einen Blumenstrauß für die Frau des Vorstands zu besorgen. »Und könnten Sie mir noch schnell eine Kopie machen? Und den Flug für morgen buchen?« Klar doch!

Aber wenn es um die Macht, das Geld, die Wurst geht, dann bleiben die Männer unter sich. Ihre Netzwerke knüpfen sie wie Spinnennetze übers ganze Land, schachern sich wichtige Pöstchen zu und schotten sich gegen Frauen ab. Wenn sie ihre Köpfe vor dem Meeting zusammenstecken, um schon im Vorfeld zu beschließen, was später angeblich erst beschlossen wird, sucht man nach dem Kopf einer Frau vergeblich. Doch sobald eine Frau ihren Standpunkt im Meeting vertritt, hört ihr entweder keiner zu. Oder ihre Worte werden so lange ignoriert, bis einer aus der Männerrunde genau dasselbe sagt – und dafür stürmischen Applaus der Kollegen erntet: »Bravo, Karl-Heinz, eine vorzügliche Idee!«

Männer scheinen sich einig, dass eine gehobene Führungskraft dreierlei braucht: Durchsetzungsstärke, Kompromisslosigkeit und Bartwuchs! Und ihr erster Knigge-Paragraf, den sie im Umkehrschluss anwenden, wurde von dem Macho Clint Eastwood verfasst: »Wenn eine Frau nicht spricht, soll man sie auf keinen Fall unterbrechen.«

Weil die Männer sich für gute Chefs halten, suchen sie Beförderungskandidaten nach ihrem Vorbild. Eingestellt wird nach dem Ähnlichkeits-Prinzip. In einer Studie der German Consulting Group behaupteten 94 Prozent der männlichen Führungskräfte, »weibliche Talente« stellten im Top-Management keinerlei Mehrwert dar. Die wichtigsten Eigenschaften seien typisch »männlich«.[92]

Wie es auf Bergen eine Waldgrenze gibt, gibt es auf den deutschen Hierarchiegipfeln eine Frauengrenze. Nur ausnahmsweise und meist zu Repräsentationszwecken wird eine Frau von Männerhand ganz oben eingepflanzt – oft eine schwache Frau, die zwar zwischen den Herren sitzt, aber nicht dazwischenredet.

Dass Frauenkarrieren nur spärlich wachsen, lässt sich auch auf der zweiten und dritten Führungsebene beobachten. Denn die unteren Chefs orientieren sich am Verhalten, nicht an den Sonntagsreden ihrer Oberbosse. Wie glaubwürdig wären ein paar besoffene Typen, die in der Bar ein Glas nach dem anderen kippen und sich derweil gegen Alkohol aussprechen? Und wie glaubwürdig sind grauhaarige Vorstands-Herrenrunden, die bei Zigarettenqualm ihre Männerzoten reißen und sich derweil für »mehr junge Frauen in Führungspositionen« aussprechen? Eben!

Hamsterrad-Regel: Frauen sind an der Spitze höchst erwünscht – zum Beispiel an der Spitze der Überstunden-Statistik.

Der Zoodirektor und die Zuchtstuten

Manchmal werde ich von Unternehmen engagiert, um zwischen Betriebsräten und Geschäftsführung zu vermitteln. Letztes Jahr rief mich eine Firma in Hessen an, nachdem der Betriebsrat gemahnt hatte: Mehr Frauen müssen in die Führung! Der Inhaber (68), ein Herr mit rotem Einstecktuch, bat mich: »Finden Sie mal heraus, warum bei uns kaum Frauen nach oben kommen!«

Das Vorgespräch fand in seinem Büro statt. Die wichtigste Frage stellte ich zuerst: »Wie stehen Sie eigentlich zu dem Wunsch Ihres Betriebsrates?«

»Das unterstütze ich! Ich fordere meine Führungskräfte schon lange auf, mehr Frauen nach oben zu holen. Aber bislang trägt es noch keine Früchte.«

»Was genau haben Sie selbst unternommen, um Frauen zu fördern?«

Ein Lächeln huschte über sein Gesicht, er griff einen Ordner vor sich: »Hier! Das ist ein Strategiepapier zu diesem Thema. Wir wollten Ihre Meinung dazu hören. Mein Assistent hat zwei Wochen lang daran gebastelt.«

Ich wurde hellhörig. »Sind Sie mit Ihrem Assistenten zufrieden?«

»Ja, er ist ausgezeichnet. Noch besser als der letzte.«

»Was ist aus dem letzten geworden?«

»Er leitet jetzt eine Filiale in Frankreich.«

»Und der Assistent davor?«

»Der ist Stellvertreter bei uns in der Entwicklung.«

Im arglosen Ton eines Großvaters, der stolz über seine Enkel plaudert, erzählte er mir von den beachtlichen Karrieren seiner vergangenen Assistenten. Als er fertig war, schien er Verbal-Applaus zu erwarten. Doch ich fragte trocken:

»Und wie viele Assistentinnen haben Sie bislang eingestellt?«

Das Lid seines linken Auges begann zu flackern. »Also, ich glaube, ich meine ...« Er kratzte sich am Kinn.

Ich fragte weiter: »Und wie viele Ihrer ehemaligen Assistentinnen sitzen heute in Führungspositionen?«

Er fing sich wieder. »Ich hatte schon immer männliche Assistenten. Aber glauben Sie mir, es bewerben sich kaum Frauen.«

»Das kann ich mir nicht vorstellen. Ich wette, jemand sortiert die Bewerbungen vor: Weil Sie immer Männer hatten, bekommen Sie Männer empfohlen.«

Eine Rückfrage bei seiner Sekretärin bestätigte diesen Verdacht. Derselbe Mann, der ein Programm zur Frauenförderung aufsetzen wollte, betrieb eine florierende Aufzucht männlicher Alphatiere, angeblich aus »schlechter Gewohnheit«, wie er nun behauptete. Er versprach mir, diese Gewohnheit zu verändern. Und ich versprach ihm, sein Unternehmen *danach* zu beraten. Im Moment sah ich dafür keine glaubwürdige Grundlage.

Man stelle sich vor, wie viele hochqualifizierte Frauen sich um diese Assistenz schon beworben, aber dann über die Absage gewundert haben. Und nicht nur das! Wie gehen Männer damit um, wenn sie in Karrieredingen eine Absage bekommen? Sie schimpfen auf die Firma, den Chef, die anderen. Und was tun Frauen? Sie schauen selbstkritisch in den Spiegel und fragen sich: »Liegt es vielleicht doch an mir?«

In Dutzenden von Büchern können Frauen nachlesen, dass der größte Stolperstein auf dem Weg nach oben ihre eigenen Schwächen sind. Das männliche Verhalten wird zum Maßstab erklärt. Und was

Frauen von den Männern unterscheidet, gilt niemals als Vorzug – sondern als Fehler!

Die Bücher listen die Schwächen der Frauen auf: Angeblich treten sie wie Mäuschen auf, statt wie Männer vor lauter Selbstbewusstsein aus dem Anzug zu platzen. Angeblich blühen sie als Arbeits-Stiefmütterchen vor sich hin, immer darauf hoffend, dass ihr Chef sie für eine Beförderung pflückt – statt seine Hand durch aktive Selbst-PR zu sich zu lenken. Und angeblich lassen sie sich in der Gehaltsverhandlung mit Almosen abspeisen, während die Männer das Chefbüro erst dann verlassen, wenn die Erhöhung nach ihren Wünschen ausfällt.

All das ist oft richtig (siehe nächstes Kapitel). Und doch erweckt es einen falschen Eindruck. Bei steigendem Bierpegel heißt es am Chefstammtisch dann: »Die Frauen sind doch selber schuld!« Damit wollen die Firmen von ihrer eigenen Rolle ablenken. Aber wie kommt es eigentlich, dass die Lautesten befördert werden – und nicht die Besten? Wie kommt es, dass Gehaltserhöhungen nicht von der Arbeitsleistung abhängen – sondern vom Auftreten in einer Verhandlung? Und wie ist es um die Personalführung bestellt, wenn sich Chefs von den Nebelkerzen männlicher Selbst-PR den Blick auf die Qualitäten ihrer Mitarbeiterinnen rauben lassen?

Frauen werden nicht zu Deppen gemacht, weil sie es von Haus aus sind, sondern weil die Systeme der Firmen kläglich versagen – weil sie noch immer auf Männer fixiert sind wie ein hungriger Affe auf die Banane. Damit schaden die Unternehmen den Frauen. Aber auch sich selbst! Denn mit dem Anteil der Frauen in der Führungsetage wächst der Erfolg. Die amerikanische Frauenorganisation Catalyst wies nach, dass in den größten Aktiengesellschaften der USA die Eigenkapitalrendite um 53 Prozent über dem Schnitt liegt, sofern Frauen im Management stark vertreten sind. Und für Europa rechnete die Unternehmensberatung McKinsey nach: Wo unverhältnismäßig viele Frauen in der Führungscrew sitzen, sind die Gewinne um 48 Prozent höher.[93]

Wer aus diesen Zahlen schließt, Firmen sollten sich künftig vor Frauen verbeugen, liegt damit richtig. Und ausgerechnet ein Zoodirektor, Bernhard Blaszkiewitz aus Berlin, machte vor, wie so eine »Verbeugung vor den Damen« – wie er es später nannte – aussehen kann.[94] Der Zoo-Chef hatte einen Brief an mehrere Empfänger verfasst. Seine Mitarbeiterinnen würdigte er auf besondere Weise: Er setzte »0,1« vor den Namen. Das ist die zoologische Bezeichnung für weibliche Tiere, vor allem für Zuchtstuten.

Der Direktor drehte das Rad der Evolution nach hinten, schleuderte die Frauen zurück ins Tierreich, zu Eseln, Affen, Stuten. Dass er ihr natürliches Gehege nicht in der Chefetage sah, sondern auf den hinteren Rängen der Alltagsarbeits-Galopprennbahn, lag auf der Hand. Und weil er ein echter Gentleman war, verzichtete er darauf, sich auch vor seinen Mitarbeitern zu verbeugen: Die Bezeichnung für männliche Tiere, »1,0«, sparte er sich vor deren Namen.

Dem Zoodirektor brauste ein Sturm der Entrüstung um die Ohren. Weil er seine Diffamierung schwarz auf weiß festgehalten hatte. Das versetzte die Frauen in die Lage, zu protestieren und ihn zu einer öffentlichen Entschuldigung zu zwingen.

Doch das typische »0,1«, das auf der Stirn der Mitarbeiterin steht, ist unsichtbar. Die alltäglichen Benachteiligungen sind leicht zu spüren, aber nur schwer nachzuweisen. Wie soll eine Mitarbeiterin sich gegen eine Diffamierung wehren, die es angeblich nicht gibt? Perfiderweise gibt sich das typische Unternehmen ja als Frauenförderverein aus, der Mitarbeiterinnen bevorzugt (be-)fördert.

Und manchmal stimmt das sogar. Aber nur auf dem Papier – falls eine Anfrage aus der Zentrale das erfordert …

Hamsterrad-Regel: Frauen haben so viele Förderer, dass man die *Be*förderer ruhig den Männern überlassen kann.

Deppen-Erlebnisse

Meine Erlebnisse mit Schwangerschafts-Spionen

Wer als Frau von Ende 20 in ein Vorstellungsgespräch geht, weiß genau, dass die Firma nur eines interessiert: Plant sie Kinder (und fällt aus)? Oder plant sie keine (und arbeitet durchgehend)? Weil die Firmen nicht direkt fragen dürfen, schleichen sie sich von hinten an. Die kuriosesten Versuche von Schwangerschafts-Spionage habe ich schon erlebt. Ein Personalchef wollte von mir – ich bin Architektin – wissen:

»Mal angenommen, Sie würden Ihr eigenes Haus planen. Beschreiben Sie die einzelnen Räume einmal!« Er hätte auch gleich fragen können: »Planen Sie drei, vier oder fünf Kinderzimmer?«

Ein anderes Mal wies mich eine Fachvorgesetzte, scheinbar großzügig, auf eine Kindertagesstätte zwei Straßen weiter hin: »Die haben eine so lange Warteliste, dass wir Plätze für unsere Mitarbeiterinnen schon vor der Geburt reservieren.« Damit wollte sie mich wohl zu einem umfassenden Geständnis über meine Familienplanung bringen, vielleicht: »Reservieren Sie gleich mal zwei Plätze für mich.« Womit der Arbeitsplatz sicher nicht mehr für mich reserviert gewesen wäre.

Und der Personalchef eines Mittelständlers hatte tückisch gefragt: »Können Sie sich vorstellen, eines Tages auf Teilzeit umzustellen?« Sicher war keine Altersteilzeit gemeint, sondern eine Teilzeit aufgrund von Kindern. Ich antwortete, dass ich mich bewusst auf eine Vollzeit-Stelle beworben hätte.

Im weiteren Verlauf des Gespräches versuchte er es noch einmal: »Kürzlich bin ich Vater geworden«, erzählte er fröhlich, »es gibt ja nichts Schöneres als ein Kind.« Diesen Satz ließ er im Raum stehen wie eine offene Tür, die ich nun durchschreiten sollte mit einer eigenen Meinung.

In solchen Fällen ist man als Frau verraten! Stimmt man zu, gilt das schwerste aller Verbrechen, der Kinderwunsch, als gestanden. Vertritt man eine andere Meinung, denkt der Gesprächspartner: »Sie bestreitet das sicher aus gutem Grund!«

Bei vielen Stellen, die ich nicht bekam, obwohl sehr dafür geeignet, fand ich später im Internet heraus: Junge Männer haben den Vorzug bekommen. Wetten, dass nicht einer von ihnen gefragt wurde: »Können Sie sich vorstellen, eines Tages auf Teilzeit umzustellen?«

Silke Sigurt, Architektin

Wie unser Produktionsleiter mit »Schätzchen« spricht

Unser Produktionsleiter, ein bulliger Mann von Mitte 50, hat eine widerliche Angewohnheit: Junge Mitarbeiterinnen, die ihm gefallen, spricht er als »Schätzchen« an – und behandelt sie auch so. Zum Beispiel rückt er bis auf Kussnähe heran, wenn er einen Auftrag bespricht. Seine behaarte Hand legt sich auf den Arm der Mitarbeiterin. Und sein Blick ist immer provokant tief, mal in die Augen, mal in den Ausschnitt.

Er tut alles, um seinen »Schätzchen« körperlich näherzukommen. Zum Beispiel führt er die Hand von Mitarbeiterinnen, die er an einer Maschine einweist (was völlig unnötig ist). Oder er läuft, scheinbar versehentlich, in eine Mitarbeiterin. Oder er breitet bei der morgendlichen Begrüßung die Arme aus und drückt sich ein verdattertes »Schätzchen« an die Brust. Natürlich lässt er die Frau erst wieder los, wenn ihr schon der Hilfeschrei auf den Lippen liegt.

Vor Jahren hat sich eine Kollegin über den Produktionsleiter beschwert. Doch der Vize-Chef der Firma meinte nur: »Er ist halt ein jovialer Typ, da dürfen Sie nicht alles auf die Goldwaage legen!« Anders gesagt: Nicht unser Chef war zu zudringlich, sondern wir zu sensibel!

Ich bin übrigens kein »Schätzchen« mehr. Eines Tages, als er mich überfallartig umarmen wollte, trat ich ihm mit voller Wucht auf den Fuß. Seither nennt er mich »Blümchen-rühr-mich-nicht-an«. Dieser Name gefällt mir, denn er rührt mich tatsächlich nicht mehr an!

Rita Baum, Fabrikarbeiterin

Der Puppen-Trick

Was passiert mit Arbeiten, um die Männer sich drücken: mit Listen, die zu führen, mit Protokollen, die zu schreiben, mit Praktikanten, die einzuweisen sind? Der Chef eilt damit zu einer Frau. Und wenn er sie fragt:»Wären Sie bitte so nett ...«, dann weiß er schon, dass sie so nett sein wird – egal was er ihr zumutet!

Es anderen recht zu machen, brav und bescheiden zu sein, Probleme zu lösen, statt sie zu bereiten: Das haben Frauen ein Leben lang gelernt. Noch immer werden Mädchen anders als Jungen erzogen. Prügelt ein Junge sich, erntet er Achtung als Raufbold – seine Schwester bekommt zu hören: »Das tut ein Mädchen nicht!« Fegt der Junge mit seinem Fahrrad über die Straße, gilt er als mutig und sportlich – das Mädchen wird ermahnt: »Fall nicht hin, sei vorsichtig!« Läuft der Junge davon, wenn er Gartenarbeit machen soll, sehen ihn seine Eltern als »wild« – dem Mädchen wird gesagt: »Sei nicht unartig!«

Sicher gibt es viele Eltern, die ihre Kinder moderner erziehen, aber die Tendenz ist immer noch dieselbe: Wer mit Puppen spielt, lernt Einfühlung und Zurückhaltung. Wer den Fußball tritt, lernt Wettkampf und Angriff. Mädchen werden eher zum Bravsein, Jungen zum Wildsein erzogen.

Diese Appelle aus der Sozialisation prägen sich wie eine Tonspur im Gehirn ein, als so genanntes Eltern-Ich.[95] Solche vergangenen Erfahrungen steuern gegenwärtiges Verhalten. Reflexhaft tut ein Erwachsener, was von ihm (seit Erziehungszeiten) erwartet wird – und unterlässt, was er wirklich tun möchte (siehe ab Seite 282).

Die Chefs, raufende Jungs von einst, wissen genau, wer bei Arbeitsangriffen das leichtere Opfer ist: die Frauen. Wenn sie ihm eine Bitte erfüllen können, dann entgleitet ihnen ein reflexhaftes »Ja«. Frauen wollen nett sein. Und Chefs nutzen das aus. Auch wenn sich die Arbeit auf dem Tisch der Mitarbeiterin schon turmhoch stapelt, schleppen sie einen Nachschlag herbei, gerne versüßt durch ein manipulatives Kompliment wie: »Ich weiß ja, wie gut Sie im Multitasking sind!«

Frauen machen keinen Wind, sondern ihre Arbeit. Klaglos. Und weil sie nicht klagen – wie viele Männer –, denkt der Chef: »Da geht noch was!« Und so rollt der Fluss der unangenehmen Arbeiten zielsicher auf den Schreibtisch der Mitarbeiterin zu.

Aber sind die Frauen deshalb schlechter Laune? Nein, sie gelten im Büro als Klimaschützerinnen. Sie bauen Kollegen wieder auf, die am Boden liegen. Sie gehen dazwischen, wenn sich zwei Kollegen in den Haaren liegen. Und sie sorgen dafür, dass von fünf Geburtstagen nicht vier vergessen werden.

Aber während sie das Klima schützen, brennen sie selber aus. Zum Beispiel hat mir eine Klientin erzählt, sie habe den Streit zwischen zwei Kollegen geschlichtet. Die beiden hatten sich nicht einigen können, wer einen unliebsamen Messebesuch an einem Wochenende übernehmen sollte. Sie regelte das so: »Ich habe den Termin selbst übernommen. Dann war Ruhe!« Solche Schlichterinnen wünscht Mann sich!

Ich kenne Frauen, die das Arbeitspensum einer ganzen Mannschaft aufgeladen bekommen. Für den Vorgesetzten ist das Luxus! Erstens weiß er, dass Frauen die von ihm delegierten Aufgaben in hoher Qualität erledigen. Zweitens muss er sich mit keinem Mann herumstreiten, der sie mal wieder nicht machen will, natürlich unter Verweis auf wichtigere Projekte, die er angeblich gerade laufen hat. Und drittens kommen ausgelastete Frauen nicht auf dumme Gedanken, zum Beispiel, dass sie nach Gehaltserhöhungen, Beförderungen und Dienstwagen fragen. Um diese Privilegien dürfen sich die Männer raufen wie einst die Jungs auf dem Schulhof. Ein Mädchen tut das nicht!

Die häufigste Aussage, die ich von schlecht bezahlten Frauen im Gehaltscoaching höre: »Mein Chef muss doch sehen, was ich alles leiste!« Sieht er auch! Aber er schließt daraus eben nicht: »Weil sie viel leistet, muss sie mehr verdienen!« Sondern: »Weil sie viel leistet, *ohne* zu jammern, verdient sie offenbar genug.«

Ein weiterer Satz von Frauen in der Gehaltsberatung: »Ich will meinen Chef doch nicht in Schwierigkeiten bringen!« Das ist höchst empathisch. Aber auch höchst unklug! Denn ist es wirklich besser, selbst Schwierigkeiten zu haben, durch Unterbezahlung, als sie dem Chef zu bereiten, durch Forderung eines gerechten Gehaltes?

Die meisten Chefs vergeben die Gehälter nach dem Feuerwehr-Prinzip: Gelöscht wird dort, wo jemand Alarm schlägt. Und den Alarm schlagen vor allem die Männer. Der Gehaltsfluss steuert zielsicher in ihre Taschen. Der Arbeitsfluss trifft die Frauen.

Viele Frauen gehen mit Zweifeln in die Gehaltsverhandlung.[96] Vor allem Konjunktive sind es, die ihre Forderungen zu Versuchsballons machen, aus denen der Vorgesetzte schnell die Luft lässt:

»Ich glaube, es wäre allmählich Zeit für eine Gehaltserhöhung«, sagt die Mitarbeiterin.

»Aha, das glauben Sie also«, antwortet der Chef entspannt.

Sie, noch unsicherer: »Nun ja, vielleicht sollten Sie berücksichtigen, dass ich bereits drei Jahre zum selben Gehalt arbeite.«

»Und Sie sollten berücksichtigen: Der Gehaltsetat gibt das im Moment einfach nicht her. Wenn ich Ihnen mehr geben wollte, müsste ich es Ihren Kolleginnen wegnehmen. Wollen Sie das?«

»Das nicht, aber ...«

»Im Moment ist nichts drin. Vielleicht in einem Jahr wieder.«

Das war's. Chefs merken sofort, ob jemand zu allem entschlossen ist, also auch zu einem Wechsel, falls er seine Gehaltserhöhung nicht bekommt, wie manchmal die Männer. Oder ob es sich nur um ein scheues Pfeifen im Walde handelt, wie oft bei den Frauen. Durch die tastende Sprache (»glaube«, »wäre«, »allmählich«, »vielleicht«) hat der Chef gespürt: Ich kann ablehnen ohne Konsequenzen! Und der gelogene Hinweis auf die Kolleginnen, denen das Geld scheinbar geraubt werden müsste, bremst empathische Frauen aus.

Sogar weibliche Führungskräfte werden unter Wert bezahlt: Sie verdienen ein Drittel weniger als männliche Chefs. Eine Vorgesetzte wird im Schnitt abgespeist mit einem Stundenlohn von 27,64 Euro brutto, Männer bekommen 39,50 Euro.[97]

Mit den Frauen kann man es ja machen! Denken Chefs.

Und weil sie gewohnt sind, »es« mit den Mitarbeiterinnen machen zu können, fordern männliche Alphatiere gelegentlich Dienste, die laut Arbeitsvertrag nicht vorgesehen sind: Liebesdienste!

Immer wieder berichten mir Mitarbeiterinnen, dass sie von ihren Chefs sexuell belästigt werden. Das geht los mit Blicken, wenn der Chef beim Diktat die fehlenden Worte im Ausschnitt seiner Sekretärin sucht. Das geht weiter mit Anzüglichkeiten, etwa dem Spruch, mit dem ein Chef seine Assistentin seinen Managerkollegen in launiger Runde vorgestellt hat: »Ihr seht, warum ich sie eingestellt habe! Sie ist so gebaut, dass sie meinen Anforderungen gewachsen ist.« Dröhnendes Gelächter.

Und das endet mit Übergriffen wie bei einer jungen Marketing-Mitarbeiterin, die Taxi mit ihrem Chef fuhr und seine Hand plötzlich von ihrem Oberschenkel wischen musste. Wochenlang stellte ihr der Chef mit schlüpfrigen Bemerkungen nach, bis sie den Betriebsrat einschaltete und sich versetzen ließ.

Wie weit verbreitet sexuelle Belästigung an den Arbeitsplätzen ist, enthüllte Ende der 1980er Jahre die »Dortmunder Studie«, für die 4000 Frauen befragt wurden: Sieben von zehn Frauen gaben an, sie seien im Beruf schon einmal sexuell belästigt worden. Jede zweite Frau hatte mit schlüpfrigen Bemerkungen zu kämpfen, jede dritte mit unsittlichen Angeboten, und jede fünfte wurde sogar durch Busengrabscher belästigt.[98]

Meist steht das Opfer in der Hierarchie niedriger als der Täter. Sexuelle Belästigung ist Chefsache.

 Hamsterrad-Regel: Wenn sich für eine Arbeit kein Blöder findet, weiß der Vorgesetzte, was zu tun ist: Er sucht eine Blöde!

Nur Arbeits-Babys schaukeln!

Das einzige Baby, das eine Frau schaukeln darf, ist ihre Arbeit. Aber wehe, sie bekommt Scharlach, Keuchhusten oder ein Kind! Wenn Frauen ausfallen, wird mit einem Schlag klar, wie viel Arbeit über ihren Schreibtisch rauschte. Darum dürfen sie nicht ausfallen!

Scharlach und Keuchhusten sind verzeihlich, weil eine Frau sich das nicht aussucht. Eine Schwangerschaft aber gilt als Sabotageakt, als Hochverrat an der Arbeit – keine Entscheidung für ein Kind, sondern gegen die Firma!

Zwar stimmt es, dass der Klagechor der deutschen Wirtschaft pausenlos vom Nachwuchsmangel singt: Die Azubi-Stellen verwaisen, die Hochschul-Abgänger tröpfeln nur noch aus den Universitäten. Aber dieses »Nachwuchsproblem« soll lösen, wer will. Die eigenen Mitarbeiterinnen haben nur Geschäftsergebnisse zu gebären.

Gedacht ist die Sache so: Die Arbeit, gerne bis Mitternacht, soll

Frauen vom Kinderkriegen abhalten – aber nicht das Kinderkriegen die Frauen von der Arbeit!

Etwas schaukeln und an ihre Brust drücken dürfen die Frauen: ihre Arbeit! Etwas stillen dürfen sie auch: den Delegier-Hunger ihres Gruppenleiters. Und wenn es schreit, dürfen sie springen: zu ihrem Bereichsleiter, der sie mit einem Spezialauftrag behelligt.

Babys aber haben einen unheilbaren Mangel: Man kann sie nicht am Arbeitsplatz bekommen! Der Nachwuchs wird als Störfaktor gesehen, weil er Zeit und Aufmerksamkeit fordert. Beides gebührt der Arbeit!

Wenn Frauen sich für ein Kind entscheiden, reagieren Firmen beleidigt. Hat sich die Gesellschaft nicht darauf geeinigt, die Arbeit auf den Altar zu stellen? Definieren sich Menschen nicht immer mehr über ihren Beruf? Und richten sie ihr ganzes Leben nicht an der Arbeit aus wie ein klassischer Seefahrer seinen Kurs am Kompass?

Wie kann es dann sein, dass Frauen aus der Reihe dieser Arbeitskolonne ausscheren? Die Firmen reagieren eifersüchtig, wenn jemand entdeckt, dass es noch etwas Schöneres als die Arbeit geben könnte – etwa ein eigenes Kind! »Eifersucht ist die Angst vor dem Vergleich«, schrieb der Schweizer Autor Max Frisch. Je mehr eine Firma ihre Daseinsberechtigung aus der Bilanz und nicht aus ihrer Tätigkeit an sich bezieht, desto mehr betrachtet sie Kinder als Konkurrenz.

Und überhaupt: Welche Signalwirkung geht von einer Mutter auf den Rest der Belegschaft aus? Angenommen, sie setzt die Prioritäten in ihrem Leben neu, geht um 17 Uhr nach Hause und schwärmt nicht mehr von ihrer Nachtschicht, sondern von ihrem Nachwuchs – untergräbt das nicht die Arbeitsmoral der Truppe?

Doch wenn der Klapperstorch einen Mann anfliegt, gibt sich die Firma unbesorgt. Ein frischgebackener Vater kniet sich noch tiefer in die Arbeit rein, um seiner neuen Verantwortung gegenüber der

Familie gerecht zu werden. Niemand fragt ihn, wie er beides miteinander vereinbaren kann.

Dagegen heißt es im Mutter-Kreuzverhör: »Kind und Beruf, wie wollen Sie das unter einen Hut bekommen?« Der Verdacht: Kümmert sie sich zu sehr um das Kind, leidet die Arbeit. Kümmert sie sich zu sehr um die Arbeit, leidet das Kind. Rabenmutter oder Rabenmitarbeiterin – sie hat die Wahl.

Meist läuft es auf eine Teilzeitstelle hinaus. Zum Beispiel offeriert der Chef nach langem Zögern eine 60-Prozent-Stelle. Die Mitarbeiterin ist dankbar, die Chance auf Teilzeit zu bekommen. Und sie tut alles, um die Arbeit auch zu bewältigen. Niemand soll ihr nachsagen, sie arbeite als Mutter nur mit halber Kraft.

Natürlich ist sie in eine Falle getappt: Ihre Arbeitszeit wurde auf 60 Prozent reduziert, die Arbeitsmenge ist aber bei 100 Prozent geblieben! Und so führt die Mutter den USB-Stick wie den Schnuller mit sich, um an ihren freien Tagen und in langen Nächten die offene Arbeit nachzuholen – sofern sie nicht gerade zu einem Termin in die Firma muss, der ohne Rücksicht auf sie außerhalb ihrer Arbeitszeiten angesetzt wurde. Zwischen Kind und Job zerreißt sie sich, immer mit dem Gefühl, keinem von beiden gerecht zu werden. Nur der Chef jubiliert: Er kommt 100 Prozent Arbeit für 60 Prozent Gehalt.

Böse Überraschungen bei der Rückkehr in den Job sind zu erwarten. Als Spiegel Online mit berufstätigen Müttern über den »Karrierekiller Kind« sprach, dominierten die Horror-Geschichten: Eine Mutter berichtete, dass ihre Mails und Anrufe von der Firma wochenlang nicht beantwortet wurden – vielleicht hoffte man, sie verzichte freiwillig auf die Stelle. Eine andere Frau bekam zwar eine Teilzeitstelle, wurde aber von der Führungskraft zur Sachbearbeiterin degradiert – 25 Prozent Gehalt weniger! Und eine weitere Mutter bekam eine Teilzeit-Stelle angeboten, jedoch lag der Arbeitsplatz in einer anderen Stadt, für sie unerreichbar.[99]

Eine herbe Enttäuschung erlebte auch Barbara Steinhagen, damals tätig im Marketing des Musikkonzerns Sony BMG.[100] Ihr Chef sollte aufsteigen. Und sie war für seine Nachfolge vorgesehen. Schon mehrfach hatte sie ihn vertreten. Als bekannt wurde, dass sie schwanger war, traf der Ritterschlag der Beförderung einen Kollegen. Ihr Chef meinte: »Sie haben sich eben für das Kind und gegen die Karriere entschieden.«

Tatsächlich hatte sich der Vater, ein Selbständiger, um die Erziehung gekümmert. Und Barbara Steinhagen wollte direkt wieder in die Führungsaufgabe einsteigen. Sie fühlte sich diffamiert und klagte. Das Landesarbeitsgericht Berlin-Brandenburg entschied zweimal zugunsten der Firma: Die Indizien reichten angeblich nicht aus. Aber das Bundesarbeitsgericht kassierte die Urteile – und mahnte an, den Diskriminierungs-Schutz schwerer zu gewichten. Schließlich bekam Barbara Steinhagen Recht – und rund 17 000 Euro als Entschädigung.[101]

Es hätte noch teurer kommen können! Der Schweizer Pharmariese Novartis musste 152,5 Millionen Dollar an Mitarbeiterinnen seiner US-Tochter NPC zahlen, per Vergleich, nachdem ihn ein US-Gericht verurteilt hatte. Die Firma hat sich das volle Programm der Diskriminierung erlaubt: Frauen unterbezahlt, sie bei Beförderungen übergangen und als Schwangere unfair behandelt.[102]

Übrigens: Auf die Klage von Barbara Steinhagen hatte Sony BMG nach Art des Hauses reagiert: Der Konzern pfiff auf das Gesetz und feuerte die Frau während des Mutterschutzes. Was das wohl vor einem US-Gericht gekostet hätte?

 Hamsterrad-Regel: Karriere mit Kind ist kein Problem in Deutschland – sofern es das Kind einer anderen und die Karriere der Nanny ist.

Deppen-Erlebnisse

Wie ich von der Managerin zur Putzhilfe wurde

Es war eine Ungeschicklichkeit unseres Inhabers, die zu einer Überschwemmung führte. Als er eifrig über eine Strategie referierte, fegte er mit dem rechten Arm seinen Kaffeebecher um. Eine schwarze Brühe ergoss sich über den Konferenztisch.

Im Raum waren acht Manager, ich die einzige Frau darunter. Flinke Hände evakuierten blitzschnell ihre Unterlagen vom Tisch, um die spätere Lektüre nicht zu unfreiwilliger Kaffeesatz-Leserei geraten zu lassen. Der Geschäftsführer sprang auf, als der Kaffee schon auf seine Hose tropfte.

Mit einem Achselzucken entschuldigte er sich und schaute auf den überfluteten Tisch. Dann wandte er sich an mich: »Frau Heier, wären Sie so nett, sich darum zu kümmern?« Unfassbar! Ich gehörte zu den erfahrensten Führungskräften im Raum. Aber der Chef kam nicht auf die Idee, einen Jungmanager um Hilfe zu bitten. Er kam nicht auf die Idee, selbst zu wischen. Er rief niemanden vom Hausservice. Nein, er sprach ausgerechnet mich an! Als wäre ich eine Putzhilfe, die sich in diesen Managerkreis nur verirrt hat.

Bis dahin war ich mir sicher gewesen, als vollwertiges Mitglieder der Führungsrunde anerkannt zu sein. Seit diesem Tag habe ich Zweifel.

Astrid Heier, Abteilungsleiterin

Warum ein Vier-Stunden-Tag für mich sechs Stunden hat

Lange hatte ich gezögert, eine Halbtagsstelle anzunehmen, weil ich als Mutter zweier kleiner Kinder sehr eingespannt bin. Aber das Angebot einer halben Stelle als Kundenbetreuerin überzeugte mich, auch weil der künftige Chef versicherte: »Das ist ein Traumjob für Sie! Bei uns können Sie jeden Tag um 9 Uhr kommen und um 13 Uhr gehen.«

Dieses Versprechen hielt er ein. Was er mir verschwiegen hatte: Ich sollte Kunden auch außerhalb dieser Zeiten beraten. Das erfuhr ich charmanterweise durch meine eigene Visitenkarte, dort hieß es unter meinem Namen, wie später auch in meiner Mailsignatur: »Beratungszeit: 9 bis 20 Uhr.« Mein Chef erklärte mir: »Diese Zeiten gelten für alle Mitarbeiter. Bitte lassen Sie Ihr Diensthandy vorsichtshalber an.«

Dreimal dürfen Sie raten, wann die meisten Privatkunden Zeit für Beratungstelefonate haben. Wenn sie nach Hause kommen, ab 17 Uhr. Fast jeden Abend hing ich am Telefon. Das Essen auf dem Herd brannte an. Im Hintergrund schrien die Kinder. Und meine Verabredungen konnte ich knicken.

Meine »Halbtagsstelle« bestand aus einem halben Tag, den ich gegen Bezahlung in der Firma arbeitete, und mindestens zwei Stunden, die ich durch Telefonate zu Hause dranhängen musste, natürlich gratis.

Ein Traumjob war das in der Tat – aber nur aus Sicht meines Chefs!

Delphine Dumont, Kundenbetreuerin

Ausbildung in der Hölle:
»Was Sie hier lernen, ist Lohn genug!«

In diesem Kapitel erfahren Sie unter anderem ...

- warum eine junge Frau, die Journalistin werden wollte, fast Sklavin geworden wäre,
- weshalb der typische Azubi wenig über seinen Beruf, aber viel über Ausbeutung lernt,
- warum der Praktikumsbericht, wäre er ehrlich, ein Horrorbericht sein müsste
- und wie ein Auszubildender von seinem Chef als Privatgärtner eingespannt wurde.

Die Ausbeutungs-Maschine

Maximiliane Rüggeberg kochte vor Wut![103] Was hatte sie mit ihren 22 Jahren nicht schon alles unternommen, um Journalistin zu werden. Gebüffelt am Gymnasium, für eine Endnote mit einer Eins vorm Komma. Rangeklotzt für ihren Bachelor in Medienwissenschaften, wieder Note eins. Geschrieben für Tageszeitungen, seit sie 16 war. Kein Praktikum gescheut, keine Fortbildung versäumt, keine Qualifikation ausgelassen.

Und was hatte es genützt? Nichts! Denn ihr größter Wunsch blieb unerfüllt: Sie fand kein *vernünftiges* Volontariat! Dabei wollte sie diese zweijährige Ausbildung zur Redakteurin unbedingt machen. Am 6. August 2012, nach etlichen Reinfällen, ging sie zum Angriff über. In ihrem Weblog, wo sie als »marue23« schreibt, rechnete sie ab mit der »Ausbeutungsmaschine Journalismus«.[104]

Dabei erhob sie ihre Stimme für Tausende: »(...) Was ich momentan in den Bewerbungsverfahren erlebe, ist so unglaublich, frech und unverfroren, dass ich mir unbedingt Luft machen muss. Auch weil ich weiß (…), dass es genug junge Leute gibt, die genauso behandelt worden sind und sich nicht trauen, den Mund aufzumachen.«

Während sich die meisten Bewerber über Absagen empören, empörte sich die Bewerberin Rüggeberg über Zusagen. Die Angebote der Verlage waren so schlecht, so heimtückisch und ausbeuterisch, dass sie am liebsten »schreiend aus dem Büro gelaufen« wäre. Zum Beispiel bei einer großen Tageszeitung. Dort hatte man sie ins Kreuzverhör genommen und sinngemäß gefragt: »Welche Erfahrungen bringen Sie mit?«, »Wie sieht Ihre Ausbildung aus?«, »Warum wollen Sie ausgerechnet hier anfangen?«

Mit Engelszungen redete sie, bis der Chefredakteur überzeugt war. Doch was er zusagte, war *kein* Volontariat, sondern »zunächst« eine Hospitanz in einer Lokalredaktion. Ausgerechnet sie, die als freie Mitarbeiterin seit sechs Jahren für eine Lokalredaktion arbeitete, sollte dasselbe Feld erneut beackern.

Noch dreister war das Gehaltsangebot: Die Zeitung wollte sie mit 1000 Euro brutto abspeisen, knapp 60 Prozent des Volontärs-Tarifs. Und am dreistesten: Die Hospitanz garantierte ihr das Volontariat nicht, sondern sollte eine Art Vorrunde sein, die sie hätte überstehen müssen, um sich für die Endrunde zu qualifizieren – im Gladiatorenkampf um das Volontariat!

Gleichzeitig stellte die Zeitung Ansprüche: Rüggeberg sollte sich verpflichten, am Redaktionssitz eine Wohnung zu nehmen. Aber wie hätte sie die von 700 Euro netto bezahlen sollen? Der Chefredakteur meinte: »Wir wissen, davon kann man kaum leben, aber verstehen Sie das bitte nicht als Ausbeutung.« Wie denn sonst?

Beim nächsten Anlauf stellte sich Rüggeberg bei einem Verlag vor, der ihr im Vorfeld eine Hausarbeit aufgegeben hatte: Sie musste einen Fachartikel von 4000 Zeichen verfassen, natürlich honorarfrei:

»Also recherchierte ich wie verrückt, telefonierte mit Experten und schrieb mir die Finger wund.«

Scheinbar eine gute Investition, denn sie bekam die Zusage und freute sich »wie ein Schneekönig«, auch weil das Gehalt stimmte: »(…) sogar die Bezahlung war in Ordnung. ›Wir zahlen ungefähr Tarif‹, hieß es. ›Also so ungefähr 1700 Euro?‹, hakte ich nach. ›Joa‹, die Antwort.«

Endlich geschafft! Rüggeberg feierte Abschied in der Lokalredaktion, wo sie als Freie gearbeitet hatte. Alle freuten sich mit ihr, gratulierten zu der Stelle. Das Hochgefühl währte, bis sie eine Bombe in ihrem Briefkasten fand: den Vertrag!

Das Gehalt war auf 1500 Euro geschmolzen – zwölf Prozent weniger als Tarif! Dafür gab es einen saftigen Aufschlag bei den Arbeitszeiten: Nicht nur 42 Arbeitsstunden pro Woche sollten »mit dem Gehalt bereits abgegolten« sein, sondern 25 Überstunden pro Monat dazu. Diese Zeit war sicher nicht nötig, um den Beruf zu lernen – eher schon, um jene Löcher in der Personaldecke zu stopfen, die Kürzungen in den letzten Jahren gerissen hatten. Überall im Land gibt es schon Redaktionen und Agenturen, in denen mehr billige Volontäre als normal bezahlte Ausgelernte ranklotzen.

Die junge Journalistin rechnete nach: Dieser Vertrag hätte rund 200 Arbeitsstunden pro Monat bedeutet – und einen Arbeitslohn von acht Euro brutto pro Stunde. Womit schon wieder ein Traum vom Volontariat geplatzt war. Allmählich verstand sie Robert Lembkes Definition von Journalisten: »Menschen, die in einem anderen Beruf mit weniger Arbeit mehr Geld verdient hätten.«

Rüggeberg war verzweifelt. Erst recht, als ein weiteres Angebot kam, diesmal von einer Agentur in Düsseldorf: Mit 1000 Euro sollte sie für ein Volontariat abgespeist werden. Wie – wenn nicht unter einer Rhein-Brücke – hätte sie von diesem Gehalt in einer der teuersten Städte Deutschlands leben sollen?

In ihrer Abrechnung mit der »Ausbeutungsmaschine Journalismus« mutmaßt sie, warum sich so viele Jungjournalisten zu Deppen machen lassen: »Aus Angst, am Ende gar nichts zu finden, nehmen sie die dreistesten Angebote an und schweigen sich über die Arbeitsbedingungen aus.« Ihr Fazit: »Das ist Ausbeutung.«

Und so schrie eine 22-jährige Noch-nicht-Volontärin ins Land hinaus, was sonst nur hinter dem Rücken der Verleger geflüstert wird: »Niemand, der einen universitären Abschluss hat, sollte es nötig haben, für 1000 Euro brutto arbeiten zu müssen, selbst als Berufseinsteiger.« Die Ausgebeuteten sollten aufbegehren: »Denn wenn wir immer nur ›Ja‹ sagen und den Mund halten, wird sich nichts ändern.«

Dass ihre Geschichte doch noch ein Happy End nahm, liegt an »joachim1965«, im realen Leben Joachim Braun, der unter ihren Blogeintrag einen Kommentar schrieb: »Liebe ›marue23‹, ich bin Chefredakteur des ›Nordbayerischen Kurier‹ in Bayreuth. Wir sind eine kleine, aber feine Tageszeitung und haben zum 1. Oktober eine unbesetzte Volontärsstelle.« Mit Tarifgehalt. Und ohne Überstunden-Klausel.

Am 21. August twitterte Rüggeberg: »Ich bin Volontärin. Hurra!«

 Hamsterrad-Regel: Für »Unverschämtheit« gibt es diverse Synonyme, eines davon lautet: »Ausbildungsvertrag«.

Azubi – der Depp vom Dienst

Wer befürchtet, Azubis lernen in Deutschland nichts, übersieht eine wichtige Lektion: Sie lernen Ausbeutung für Fortgeschrittene, wenn auch nur in der passiven Rolle. Vorbei die Zeiten, als es noch Lehrherren gab, die erstens Herren waren und zweitens etwas über ihren

Beruf lehrten. Vorbei die Zeiten, als eine Ausbildung noch so kostbar war, dass der Lehrling ein »Lehrgeld« mitbrachte.

Einige Firmen verkünden stolz: »Wir behandeln unsere Azubis als vollwertige Teammitglieder!« Aber »vollwertig« heißt nur, dass Azubis mit voller Kraft arbeiten müssen und volle Verantwortung für Fehler tragen. Ein volles Gehalt bekommen sie nicht! In der Regel müssen sich Azubis mit 600 bis 800 Euro bescheiden.[105] Bei 160 Stunden im Monat kommen sie auf einen Stundenlohn von etwas über vier Euro, also meilenweit unter jedem Mindestlohn. Nur Praktikanten sind noch billiger (siehe nächstes Kapitel).

Es gibt zwei Sorten von ausgenutzten Azubis: denjenigen, der vom ersten Tag an als vollwertige Arbeitskraft eingespannt wird, zum Beispiel im Einzelhandel, im Hotelgewerbe oder in Redaktionen (nicht umsonst waren für Maximiliane Rüggeberg 25 Überstunden pro Monat vorgesehen!). Und denjenigen, der den ganzen Tag Dinge tut, die wenig mit seiner Ausbildung zu tun haben.

Dabei darf die Tätigkeit des typischen Azubis durchaus als abwechslungsreich gelten: Post frankieren, Kopien machen, Blumen kaufen, Bote spielen, Autos waschen, Telefonate durchstellen, Karteikarten sortieren, Akten schreddern, Tische decken, Kaffee kochen und manchmal sogar die Toilette putzen – all das gehört dazu.

Unangenehme Aufgaben werden nach unten durchgereicht. Was sonst keiner tun will, bleibt hängen am Azubi, dem Zwerg in der Hierarchie. Nun hat er zwei Möglichkeiten: Er tut, wozu er aufgefordert wird, damit lässt er seine eigentliche Ausbildung schleifen. Oder er protestiert dagegen, was mit Sicherheit dazu führt, dass der Chef auf die heutige Jugend schimpft und ihm eine schlechte Erziehung unterstellt.

Ein Auszubildender aus dem Frankfurter Raum hat Folgendes erlebt: Er fing bei einem Mittelständler an, um den Beruf des Industriekaufmanns zu lernen. Schon bei der Ausschreibung hatte er sich gewundert, dass »fortgeschrittene Computerkenntnisse und Interneterfahrung« gefragt waren. Was es damit auf sich hatte, erfuhr er am ersten Arbeitstag: »Wir sind ein kleiner Betrieb«, sagte der Chef. »Hier muss jeder alles machen. Und von Ihnen wünsche ich mir, dass Sie sich nebenbei ein wenig um die Computerangelegenheiten kümmern.«

Das klang nicht schlecht, denn er war Computerfreak! Statt den ganzen Tag über Bilanzen zu brüten, würde er an Computern basteln können. Doch der scheinbare Segen entpuppte sich als Fluch: »Ich war kaum im Büro, da rief schon der erste Kollege: ›Jan, ich habe mir einen Virus eingefangen, kommst du mal rüber!‹ Und der nächste rief: ›Und wenn du fertig bist, richtest du mir dann den Drucker ein?‹ Und wieder ein anderer: ›Mein Laptop lässt sich nicht mehr hochfahren – schaust du mal?‹«

Die Firma hatte 150 Angestellte, aber keinen eigenen Informatiker. Diese Rolle übernahm der Azubi (wie schon sein Vorgänger). Das kostete nicht 55 Euro die Stunde wie beim Computerservice, das war fast umsonst!

Und so fing die Ausbildung erst gar nicht an, obwohl der Azubi jeden Tag zur Arbeit kam: »Bald war keine Rede mehr davon, dass ich eigentlich hier war, um Industriekaufmann zu lernen. Niemand erklärte mir eine Bilanz. Niemand zeigte mir Buchhaltung. Niemand erläuterte mir, wie eine Kalkulation funktioniert und wie man ein Angebot schreibt.« Vielmehr werkelte der angehende Kaufmann von früh bis spät an Computern herum. Täglich gab es Probleme, weil die Computer uralt waren und die Software-Programme schon fossilen Wert aufwiesen. Manche Dokumente, die von Kunden geschickt wurden, ließen sich mit der veralteten Software nicht einmal mehr öffnen. Anscheinend war die Firma zu geizig, ihre Geräte auf den neusten Stand zu bringen.

Daher schien es wie eine gute Nachricht, als der Geschäftsführer verkündete: »Wir bekommen neue Computer!« Aber wer war dafür zuständig, die Daten von den alten auf die neuen Computer zu spielen? Wer musste die Drucker anschließen, die Mitarbeiter in die neuen Geräte einweisen? Und wer war wochenlang mit der Einführung beschäftigt und wurde angeschnauzt, wenn etwas nicht klappte? Der Azubi!

Die Rechnung bekam er in der Berufsschule präsentiert: »Die Lehrer setzten voraus, dass wir Grundkenntnisse aus den Firmen mitbringen. Aber ich hatte null Ahnung. Und so fiel dann auch mein Zwischenzeugnis aus.«

Der Chef reagierte gelassen, als er die vielen Vierer und die vereinzelten Fünfer sah: »Sie sind halt ein Praktiker! Hier in der Firma erlebe ich Sie als wertvoll.«

Doch die Eltern des Jungen, die mir seine Geschichte erzählt haben, machten nun Druck: Er dürfe nicht länger mitspielen. Also sagte er zu seinem Chef: »Ich werde durch die Prüfung fallen, wenn ich hier nicht endlich etwas lernen kann. Ich möchte mich nicht mehr um die Computer kümmern!«

»Aber unter anderem dafür habe ich Sie doch eingestellt!«, sagte sein Chef. »Das stand doch in der Stellenausschreibung!«

»Aber ich will hier einen Beruf lernen. Ich bin Auszubildender!«

»Vor allem sind Sie frech! Sie verweigern gerade die Arbeit.«

Von diesem Tag an sah ihn der Chef als Unperson. Und die Kollegen waren sauer, weil er sie mit ihren Computerproblemen angeblich »hängen ließ«. Niemand hatte Zeit für seine Fragen. Und wenn er Aufgaben bekam, wurden sie so schlecht erläutert, dass er sie nur falsch machen konnte. Die Noten in der Berufsschule blieben schlecht. Der Chef reagierte nicht mehr gelassen, er schimpfte: »Für was hab' ich Sie eigentlich freigestellt?!« »Freigestellt« war gut!

Nach sechs Wochen war der junge Mann zermürbt: Er warf seine Ausbildung hin! So geht das oft: Jeder vierte Lehrling in Deutschland brach 2011 seine Ausbildung ab, wie eine Auswertung des Bundesinstituts für Berufsbildung ergab.[106] Offensichtlich hängt es mit dem wachsenden Arbeitsdruck zusammen; zu Beginn der 1980er Jahre hatte nur jeder Siebte hingeschmissen. In einigen Berufen steigt mittlerweile die Mehrheit der Azubis aus, etwa bei den Kellnern und den Umzugshelfern (je 51 Prozent). Bei den Köchen und Wachleuten ist es knapp die Hälfte (49,5 Prozent).

Das liegt nicht an der mangelnden Ausdauer, nicht an der Schreib- und Rechenschwäche der Azubis, wie Firmen gern behaupten – das liegt vor allem an der Ausbildungsschwäche der Firmen! Aus gutem Grund kommen die meisten Azubis in Berufen abhanden, in denen sie sofort als Arbeits-Packesel beladen und an die Grenzen ihrer Belastbarkeit getrieben werden, wie beispielsweise als Umzugshelfer. Nicht ausbilden, sondern ausnutzen: Nach diesem Slogan agieren immer mehr Firmen.

Eine Azubi im Einzelhandel erzählt, ihre Ausbildung in der Filiale eines großen Discounters bestehe darin, Waren ein- und auszuräumen. Die Filiale hat zu wenig Personal. Nicht einmal Pause kann sie machen, das Essen muss nebenbei laufen, sonst tickt ihre Chefin aus. Als wieder mal Unterricht in der Berufsschule anstand, meinte die Filialleiterin: »Ich brauch dich hier. Kannst du die Schule nicht absagen?«

»Absagen« hieß: Sie sollte eine Krankheit vorschwindeln – und dennoch arbeiten. Damit versäumte sie nicht nur den Unterricht, sondern arbeitete ohne Versicherungsschutz, weil sie offiziell gar nicht da war. Ihre Chefin kümmerte das nicht. Allerdings nur so lange, bis die Azubi schlechte Noten aus der Berufsschule mitbrachte. Dann bekam sie als Dank zu hören: »Du bist wirklich nur zum Kistenstapeln zu gebrauchen!« Etwas anderes hatte sie in der Tat nicht gelernt!

Der Ex-Aldi-Manager Andreas Straub berichtet: »Schnell bemerkt die Unternehmensleitung allerdings, welches Potenzial zur Kostensenkung in den Auszubildenden steckt. Die Zahl der Azubis wird Jahr für Jahr ausgeweitet. Der Schnitt bei uns liegt mittlerweile bei drei bis vier Azubis pro Filiale. Dies entspricht oft mehr als 25 Prozent der gesamten Filialbesetzung. In einzelnen Filialen werden bis zu 40 Prozent der anfallenden Stunden durch Auszubildende abgedeckt.«[107]

Und die Auszubildende einer Behörde in Hamburg wurde an ihrem ersten Arbeitstag als »Kazubi« begrüßt. Auf ihre Frage, was das heiße, kommandierte sie der Chef zur Kaffeemaschine. Dort durfte sie während ihrer Ausbildung jeden Tag antreten. »Kazubi« meinte: »Kaffee-Zubringerin«.

 Hamsterrad-Regel: Die Ausbildungen in Deutschland lassen keinen Wunsch offen. Chefs wünschen sich: Kaffee, Kopien, Überstunden!

Deppen-Erlebnisse

Wie ich für eine Wurst den Rasen meines Chefs mähte

Mein Chef überraschte mich, als er mich zu sich nach Hause einlud: »Wir grillen heute Abend, komm doch einfach vorbei.« Als Azubi war ich miserabel bezahlt, schon die Aussicht auf ein kostenloses und üppiges Abendessen lockte mich.

Um 18 Uhr klingelte ich an seinem Gartentor. Der Chef sprang mir mit einer Entschuldigung entgegen: »Das zieht sich leider noch etwas hin. Willst du dich in der Zwischenzeit nützlich machen?«

»Klar«, sagte ich – und sah mich in Gedanken, wie ich Kohlen in den Grill schaufelte, das Feuer anfachte und mir auf dem kurzen Dienstweg schon mal ein kaltes Würstchen einverleibte, denn ich hatte so richtig Hunger! Doch er führte mich zu seinem Geräteschuppen und rollte den Rasenmäher raus: »Einmal das Grundstück, bitte. Und vorsichtig an den Rändern, damit du nicht in die Blumenbeete kommst.«

Das Grundstück war riesig! Aber ich hatte ihm den Gefallen schon zugesagt, es gab kein Zurück. Ich knatterte mit dem Mäher los. Es war heiß, ich schwitzte. Benzindampf umnebelte mich. Mein Chef hatte sich derweil in seine Villa zurückgezogen. Erst als der letzte Quadratmeter gemäht und ich klitschnass war, tauchte er wieder auf.

Nun warf er den Grill an. Doch er hatte wohl nur mit drei Essern kalkuliert: Auf vier Personen – ihn, seine Frau, seine Tochter und mich –, kamen nur drei Stücke Fleisch und drei Würstchen. Aus Höflichkeit begnügte ich mich mit einer Wurst. Später kam ich nach Hause, wie ich gegangen war: hungrig.

Nach einem Monat sagte mein Chef: »Das letzte Grillen war nett – willst du morgen noch mal kommen?« Aha, sein Rasen musste mal wieder gemäht werden! Ich lehnte dankend ab.

Torben Wenger, Steinmetz-Lehrling

Wie unsere Firma durch einen »Azubi-Preis« viel Geld spart

Seit über 20 Jahren schreibt unsere Firma einen Preis für Azubis aus. Er ist mit 1000 Euro dotiert und soll die jungen Leute anregen, ihren Horizont zu erweitern. Einmal war der Preis an soziales Engagement geknüpft und ging an einen Azubi, der erblindeten Senioren Bücher vorlas. Ein anderes Mal war er für kulturelles Engagement ausgesetzt, und es gewann eine junge Frau, die im Betrieb eine Theatergruppe organisiert und an der örtlichen Bühne ein Stück aufgeführt hatte.

Als Personalleiterin war ich stolz auf diesen Preis: Er zeigte, dass unser Horizont über das Firmengelände hinausreichte. Doch vor zwei Jahren trug mir die neue Geschäftsleitung auf: »Dieses Jahr schreiben wir den Preis für ›digitale Leistungen‹ aus. Fordern Sie die Azubis auf, Konzepte zu entwickeln, wie wir die junge Zielgruppe auf unserer Homepage noch gezielter ansprechen können.«

»Moment«, sagte ich, »der Preis bezog sich doch immer auf Leistungen außerhalb der Firma, nicht auf Dienstleistungen für sie!«

»Das ändert sich jetzt«, sagte mein Vorgesetzter. »Und jeder muss was einreichen!«

Der Aufschrei unter den Azubis war groß: Wie sollten sie diese Mehrarbeit schultern, obwohl sie vor lauter Tagesarbeit kaum zu ihrer eigentlichen Ausbildung kamen? Die Vorschläge für die Homepage reichten sie wie Klassenarbeiten ein: lustlos und unter Zwang. Nur ein junger Internet-Freak hatte Spaß an der Sache gehabt. Sein Konzept war brillant wie von einer Werbeagentur. Er bekam die 1000 Euro.

Die Firma machte ein gutes Geschäft: Bei einer Agentur hätte das Konzept ein Vielfaches gekostet. Seither wird der Preis jedes Jahr mit dienstlichen Leistungen verknüpft. Früher war er eine soziale Tat – heute ist er eine Sparmaßnahme.

Brigitte Heine, Personalleiterin

Der Praktikanten-Horror

Angenommen, Sie wollen einen jungen Maurermeister beauftragen, für Sie ein Haus zu bauen. Offiziell würde das 150 000 Euro kosten. Doch nun sagen Sie zu ihm: »Ich bin mir nicht sicher, ob Sie schon qualifiziert genug sind, ein Haus zu bauen.«

»Aber ich bin doch Meister!«, protestiert der Maurer.

»Das will nichts heißen«, sagen Sie. »Es geht hier um die Praxis!«

Nach einem längeren Disput fragt der Maurer: »Wie kann ich Sie überzeugen?«

»Fangen Sie einfach mal mit dem Mauern an. Zum Selbstkosten-Preis. Wenn mir Ihre Arbeit gefällt, kommen wir ins Geschäft.«

Die Auftragslage ist schlecht, deshalb lässt sich der Maurer darauf ein. Er legt das Fundament, zieht die Grundmauern, legt Stein auf Stein. Und immer wieder fragt er Sie: »Können wir jetzt den Vertrag abschließen?«

Freundlich antworten Sie: »Das sieht schon sehr gut aus! Wenn Sie so weitermachen, ist Ihnen der Vertrag sicher.«

Diese Worte spornen ihn an. Er mauert und mauert, hofft und hofft. So lange, bis Ihr Haus den ersten Stock erreicht hat. Und Sie ihm immer noch den Vertrag verweigern. Jetzt fühlt er sich über den Tisch gezogen. Und springt ab.

Immerhin, der erste Stock steht! Gekostet hat es Sie fast nichts. Nun wenden Sie denselben Trick erneut an, bei einem anderen jungen Maurermeister. So geht es noch drei-, viermal. Am Ende steht Ihr Haus. Fast zum Nulltarif.

Das gibt's nicht, sagen Sie? Und ob! Genau so nutzen viele Firmen ihre Praktikanten aus. Auch wenn ein Bewerber blitzgescheit ist, vier Sprachen spricht und sein Studium mit Noten abgeschlossen hat, von denen sein künftiger Chef nur hätte träumen können: Oft bekommt er keinen offiziellen Auftrag zum Hausbau, keinen Festvertrag – sondern er soll sich erst mal als Praktikant beweisen.

Aber was veranlasst sogar Akademiker, sich auf einen solchen Rückschritt einzulassen? Die Not! In einigen Berufszweigen konkurrieren viele Abgänger um wenige Arbeitsplätze, zum Beispiel in den Geisteswissenschaften. Die Türen der Firmen wirken wie verrammelt. Wer einen Fuß dazwischen bekommt, schätzt sich glücklich. Besser Praktikant als Taxifahrer!

Die Not des Praktikanten ist das Glück der Firma: Weil er weiß, dass er seinen Arbeitgeber schnell überzeugen muss – denn andere Abgänger rütteln schon an der Tür! –, stürzt er sich in seine Aufgabe wie ein Lemming ins Meer. Seinen Feierabend macht er »nach Auftragslage«, will heißen: nie pünktlich! Wenn ihn Freunde nach

18 Uhr erreichen wollen, rufen sie vorsichtshalber im Büro an. Und auch am Wochenende kann es passieren, dass er noch mal »in der Firma vorbeischaut« – und dort hängenbleibt bis zum Abend.

Wie der Maurer dachte, in einen regulären Auftrag zu investieren, so denkt er: »Ich investiere in meine Zukunft, in eine Festanstellung!« Doch am Ende, wenn die Kohlen aus dem Feuer geholt sind, gibt ihm die Firma keinen festen Arbeitsvertrag, sondern den Laufpass. Und der nächste Praktikant rückt nach.

Wer einen Maurermeister so behandelt, muss mit einer Klage rechnen; dieses Verhalten wäre sittenwidrig. Wer einen Praktikanten so behandelt, übt gängige Praxis aus; dieses Verhalten wird toleriert.

Aber ist es nicht billige Ausbeuterei, hochqualifizierte Arbeitskräfte weit unter Hilfsarbeiterlohn einzuspannen? Ist das nicht ein durchschaubarer Trick, um Tarifverträge zu umgehen? Und gibt es nicht jede Menge Firmen, denen es nicht am Geld fehlt, die Praktikanten ordentlich zu bezahlen, sondern nur an der Moral? Firmen, für die jeder Gewinn ein guter Gewinn ist, auch wenn er auf Kosten der Schwächsten geht? Firmen, die einfach ignorieren, worin Humanität laut Albert Schweitzer besteht: »darin, dass niemals ein Mensch einem Zweck geopfert wird«?

Leider ist das gesunde Rechtsempfinden in Deutschland einer bedingungslosen Anbetung der Wirtschaft gewichen, vor allem in der Politik. Wenn eine Firma nur andeutet, bald einen regulären Arbeitsplatz zu schaffen, fallen ganze Parlamente vor ihr auf die Knie. Die Politik ist eine Geisel der Wirtschaft geworden, weil Politiker Arbeitsplätze versprechen, die nur Unternehmer schaffen können.

Also sagt der Unternehmer: »Ein Praktikum erhöht die Chancen, dass wir einen festen Arbeitsplatz schaffen.« Und der Gesetzgeber lässt ihn gewähren. Zwar stimmt es, dass einige Firmen Praktikanten übernehmen. Aber es stimmt auch, dass immer mehr Unternehmen Planstellen verwaisen lassen, weil Praktikanten die billigere Lösung sind. Warum einen regulären Maurer für viel Geld engagieren, wenn der vogelfreie das Haus für einen feuchten Händedruck baut?

»Was Sie hier lernen, ist Lohn genug«, dröhnt es aus der Chefetage. Der einzige Tarifvertrag, der das Gehalt eines Praktikanten regelt, heißt: Willkür. Die Praktikanten-Gehälter sind ein Fall für den Armutsbericht: Knapp die Hälfte der Praktikanten geht leer aus, der Rest muss sich mit durchschnittlich 600 Euro im Monat begnügen. Die Länge eines Praktikums würde reichen, mehrere Häuser zu bauen: Sie liegt im Schnitt zwischen fünf und sechs Monaten.[108]

Für alle Berufsgruppen werden mittlerweile Mindestlöhne diskutiert. Warum nicht für Praktikanten? Ein Gebot der Fairness wäre es, eine Untergrenze zu definieren, bei Ausgelernten oder Studierten nicht allzu weit vom tariflichen Einstiegsgehalt entfernt. Wenn der junge Maurermeister unter der Hand fast genauso viel bekommt wie bei einem offiziellen Auftrag, dann sinkt der Reiz, ihn ohne Vertrag schuften zu lassen.

Oft werden Praktikanten doppelt ausgebeutet, denn die Firmen verweigern ihnen nicht nur ein ordentliches Gehalt, sondern auch die Chance, etwas für ihr weiteres Berufsleben zu lernen. Manchem Praktikanten dürften die Tränen kommen, wenn er im »Leitfaden für ein faires Praktikum« des Deutschen Gewerkschaftsbundes liest: »Das Praktikum dient in erster Linie dem Erwerb beruflicher Kenntnisse, Fertigkeiten und Erfahrungen. Das Lernen steht im Vordergrund (…). Wenn die Arbeitsleistung dem Erwerb beruflicher Erkenntnisse überwiegt, hat der (…) Praktikant Anspruch auf vollen Lohn (§ 138 II BGB).«[109]

Ginge es nach dieser Richtlinie, würden sich die Gehälter der meisten Praktikanten über Nacht verfünf- oder verzehnfachen. Denn was die Firmen ihnen im Alltag zumuten, hat nichts mit Lernen zu tun, dafür mit Schuften und mit Leiden – davon handelt das nächste Kapitel.

Hamsterrad-Regel: Wer einen Menschen auf der Straße überfällt, ist ein Räuber. Wer einen Praktikanten ausnimmt, ist ein Arbeitgeber.

Mittagspause verboten!

Wer wissen will, wie Arbeitgeber ihre Praktikanten zu Deppen machen, kann das nachlesen: auf der Internetseite fairwork-ev.[110] Dort tauschen sich Praktikanten darüber aus, was sie in Firmen erlebt und erlitten haben – Horrorberichte, die der Wirtschaft ein schlechtes Zeugnis ausstellen und die angeblichen »Nachwuchssorgen« der Firmen in ein völlig neues Licht rücken. Hier eine kleine Auswahl:

Dass die Nacht nicht zum Schlafen, sondern zum Arbeiten da ist, musste der Praktikant eines Radiosenders erfahren: »*Fairness: Naja. Nachtschichten werden mit Praktikanten besetzt – von 21 Uhr bis 5 Uhr, teilweise allein. (…) Übernahme nicht möglich! Aber wer gut ist, darf sicher weiter unbezahlt dort arbeiten.*«

Die Praktikantin einer Messe besuchte die Niederlassung in Toronto, wo sie nicht nur als Sekretärin eingespannt, sondern auch noch vom Chef angebaggert wurde: »*Praktikant(in) ersetzt volle Stelle, und zwar die einer einfachen Sekretärin. Man lernt weder beruflich etwas noch für das Studium Praktisches hinzu. Es entstand aufgrund der einfachen Tätigkeit (Telefonate durchstellen, E-Mails schreiben etc.) rasch der Eindruck, dass hier eine vollbezahlte Sekretärin auf kostengünstige Art und Weise dauerhaft durch immer wieder wechselnde Praktikanten ersetzt werden soll!!!*

Gewarnt seien vor allem Studentinnen und Absolventinnen, denn der

Chef hat nicht gern vom »Freund« / »Ehemann« gehört, obwohl selbst verheiratet …!«

Und der Praktikant eines Instituts für Forschung und Beratung musste »ca. 70 Wochenstunden« ranklotzen, für 300 Euro (mit Uni-Abschluss) oder Nulltarif (ohne Uni-Abschluss). Gelernt hat er dabei nichts außer dem Verzicht auf die Mittagspause und die Rolle als Sündenbock: *»Der Praktikant arbeitet in Vollzeit plus massig Überstunden, ohne etwas (…) beigebracht zu bekommen. Es wird einem zwar das Recht eingeräumt, eine Mittagspause zu machen, nimmt man dieses Recht jedoch wahr, wird man komisch angeguckt. Man könne doch auch kurz ein Brot am Schreibtisch essen. (…) Der größere Teil der Arbeit war äußerst stupide. Stundenlange Zahlen- und Buchstabenkolonnen in den Computer hacken, Kisten schleppen, Akten sortieren, Fahr- und Kurierdienste. Dann wiederum sollte ich als Praktikant, ohne vorherige Einweisung, nicht ganz einfache Arbeiten mit großer Verantwortung übernehmen. (…) Machten ich oder die anderen Praktikanten einen Fehler, wurde man angeraunzt. Verbesserungsvorschläge (…) wurden ignoriert. Ich rate jedem dringend davon ab, hier ein Praktikum zu absolvieren. Ich habe mich ausgebeutet gefühlt.«*

Dass der Arbeitstag schon mal 15 Stunden lang ist und Überstunden schnell geklaut sind, erlebte der Praktikant eines Medienunternehmens: *»Fairness ist (…) ein Fremdwort. Überstunden werden nur durch Freizeit ausgeglichen, wenn sie am Wochenende abgeleistet wurden. Alle Überstunden während der Woche verschwinden im Nichts, auf Veranstaltungen sind Schichten von bis zu 15 Stunden üblich, die ebenfalls nicht abgegolten werden, nicht einmal die Pausen sind garantiert. Insgesamt ist der Ton (…) rau und die Praktikantenstellen nicht darauf ausgelegt, zu lernen, sondern zu arbeiten. Sehr enttäuschend, das Ganze.«*

Und ein angesehenes Auktionshaus gibt den Praktikanten zu verstehen, dass sie in der Hackordnung ganz unten stehen: »*Hochmütiger Ton gegenüber den Praktikanten und höchst unkollegial! Definitiv keine Wertschätzung. Man wird regelrecht ausgenutzt. Der Ausbildungsgedanke ist verloren gegangen. (…) Im Laufe von fast zwei Jahrzehnten wird ein Praktikant an den nächsten gereiht und als eine Art Aushilfe angesehen. Die Firma hat eine Übernahme nicht im Sinn.*«

Eine interessante Erklärung, warum er keinen Kaffee kochen, aber zeitweise mit fünf anderen Praktikanten zusammenarbeiten musste, liefert der Praktikant einer Tageszeitung: »*Absolutes Praktikanten-Praktikum, sprich: Schreiben von ein, zwei Polizeimeldungen am Tag, der Rest ist oftmals Zeit absitzen! Doch nicht alle Klischees werden erfüllt, denn Kaffeekochen muss man dann doch nicht. Wahrscheinlich, weil das Kaffeetrinken in den Redaktionsräumen – außer für die Chefs – verboten ist. (…)*

Man bekommt kaum etwas erklärt bzw. Feedback; mit mir waren zeitweise fünf (!!!) weitere Praktikanten am Start, denen es (…) allen so erging wie mir. Kein faires Gehalt; kein fairer Umgang, kein faires Praktikum.

Habe (…) gehört: ›*Sie müssen nur ein unbezahltes Praktikum machen, dann können Sie als Volontär bei uns einsteigen.*‹ *Nach dem Praktikum gab es eine niveaulose Absage von der Sekretärin.*«

Doch es kann noch schlimmer kommen! Wer ein Praktikum macht, muss mit allem rechnen – auch damit, dass er gemobbt und zur Putzhilfe degradiert wird wie die Praktikantin eines Konzerthauses: »*Die Vorgesetzte mobbte ihre Praktikantinnen durch unprofessionelles und respektloses Verhalten wie Anschreien und persönliche Beschimpfungen. Am ersten Tag warnte mich meine Vorgängerin, dass unsere Chefin sehr aggressiv werden könnte, dies bestätigte sich im Verlauf des Praktikums. Es wurden weder eine ausreichende Einarbeitung noch klare Arbeitswei-*

sungen von ihr gegeben. Bei Fehlern verlor die Vorgesetzte mehrmals die Beherrschung. Darüber hinaus verlagerte sie Aufgaben wie Putzen des Büros, die keine Praktikantentätigkeiten sind.«

Wenn es stimmt, dass Praktikanten in einen Beruf hineinschnuppern, dann kann man gut verstehen, dass es vielen schon nach wenigen Wochen stinkt …

 Hamsterrad-Regel: Die Übernahmechancen eines Praktikanten sind ausgezeichnet! Zum Beispiel darf er die volle Verantwortung übernehmen, wenn im Quadratkilometer um ihn herum ein Fehler passiert.

Deppen-Erlebnisse

Wie ich am Ende meines Praktikums ein »fantastisches« Angebot bekam

Am Ende meines Praktikums in einer Marketing-Agentur kam die Inhaberin auf mich zu: »Eine so gute Praktikantin wie Sie habe ich seit Jahren nicht gehabt. Bei Ihnen könnte ich mir einen Festvertrag vorstellen.« Das war ein Wort! Zumal der Arbeitsmarkt nicht gerade auf mich wartete, denn ich war frisch studierte Germanistin. Alles hatte ich gegeben bei meinem Praktikum, Wochenenden auf Messen verbracht, abends noch Präsentationen für die Inhaberin erstellt und auch nach Feierabend meine Mails gecheckt. Und nun winkte tatsächlich eine Belohnung!

Erfreut fragte ich zurück: »Heißt das, Sie bieten mir eine Festanstellung an?«

»Noch nicht«, sagte sie. »Aber ich lade Sie ein, weitere drei Monate bei uns zu verbringen.«

»In welchem Arbeitsverhältnis?«

»Wie bislang – aber mit Perspektive auf Übernahme.«

Eigentlich war ich davon ausgegangen, diese Perspektive die ganze Zeit gehabt zu haben. Warum sonst hätte ich mir für 250 Euro im Monat ein Bein ausreißen sollen, über ein halbes Jahr hinweg? Aber der Vorschlag klang, als hätte ich mein großes Ziel fast erreicht. Ich schlug ein.

Zwei Wochenenden später lernte ich in einer Studentenkneipe eine junge Frau kennen, die ebenfalls als Praktikantin in der Agentur gearbeitet hatte. Sie erzählte von ihren Erfahrungen. Am Ende ihres Praktikums habe die Inhaberin gesagt: »Eine so gute Praktikantin wie Sie habe ich seit Jahren nicht gehabt.« Sie habe mit einer Festanstellung gewinkt und eine »Einladung« für ein weiteres Vierteljahr ausgesprochen. »Und danach hat sie mir noch mal eine Verlängerung angeboten«, erzählte die junge Frau weiter. »Natürlich wurde nie eine Festanstellung daraus.«

Nun wusste ich, was mich erwartete!

Christine Wörner, Germanistin

Warum ich mich weigerte, Nachhilfelehrerin zu werden

Lange hatte ich mich gewundert, warum mich der Teamleiter im Vorstellungsgespräch so ausführlich nach meinen Französisch-Kenntnissen gefragt hatte, ehe er mich als Praktikantin anheuerte. Im Alltagsgeschäft war nur Englisch gefragt. Nach vier Wochen kam er auf mich zu:

»Sie haben doch Romanistik studiert und sprechen perfekt Französisch?«

»Recht gut, ja.«

»Ich leider gar nicht. Und das ist ärgerlich, denn mein zwölfjähriger Sohn hat in Französisch Schwierigkeiten. Er könnte eine gute Nachhilfe gebrauchen.«

Er ließ eine Gesprächspause, wohl in der Hoffnung, ich spränge mit einem Angebot hinein. Doch das tat ich nicht. Also sprach er weiter: »Ich dachte, Sie könnten meinem Sohn zweimal die Woche Nachhilfe geben.«

Sein Angebot sah so aus: Ich sollte dienstags und donnerstags schon um 15 Uhr gehen dürfen, um dann für 1½ Stunden seinen Sohn zu unterrichten. Kostenlos, denn für mein Praktikum bekam ich keinen Cent! In der Firma konnte ich immerhin etwas für mich lernen. Aber was sollte mir ein zwölfjähriger Nachhilfeschüler beibringen?

Als ich ablehnte, schüttelte er den Kopf: »Und ich dachte, Sie sind an einer Übernahme interessiert. Da bin ich aber von Ihnen enttäuscht!«

Das basierte auf Gegenseitigkeit. Nur hatte es für ihn keine Konsequenzen – aber ich stand nach dem Praktikum ohne Festanstellung da.

Laura Dengel, Romanistin

Der Senioren-Hass:
Vom Abflug der Alten

In diesem Kapitel erfahren Sie unter anderem ...

- warum Stämme ihre Ältesten verehren, Firmen sie jedoch vertreiben,
- wie Junge gegen Alte aufgehetzt und als Mobber missbraucht werden,
- warum Bewerber über 50 beste Chancen haben, wenn auch nur auf Absagen
- und wie es *in* einem Vorstellungsgespräch zu einem kuriosen Hörtest kam.

Opi, raus mit dir!

Naturvölker verehren ihre Stammesältesten. Alle hören zu, wenn sie erzählen, und tun, was sie empfehlen. Die Stammesältesten gelten als weise. Wenn einer stirbt, steigen Trauergesänge zum Himmel.

Ein Klagelied wegen der alten Mitarbeiter dringt auch aus deutschen Firmen. Aber nicht, weil sie gestorben, sondern weil sie noch am Leben sind, sprich auf der Gehaltsliste! Und um der natürlichen Personalsterblichkeit nachzuhelfen, verwenden die Unternehmen ein Gift der besonderen Art: den Vorruhestand.

Was die Firmen an den Älteren stört, ist nicht die Zahl der Lebensjahre, sondern die Zahl auf dem Gehaltszettel. In Deutschland gilt immer noch das Prinzip der Seniorität; mit dem Alter wächst die Vergütung. Wenn ein Hochschulabgänger als 25-Jähriger mit 40 000 Euro einsteigt und jedes Jahr 2 Prozent mehr bekommt, verdient er mit 50 rund 66 000 Euro. Und nun fragt sich der Milchmädchen-Manager: »Warum soll ich für einen Alten 65 Prozent mehr bezahlen?«

Um als »alt« zu gelten, reicht es in manchen Branchen, das 35. Lebensjahr überschritten zu haben. Zum Beispiel brennen bei den meisten Unternehmensberatern noch keine 30 Kerzen auf der Geburtstagstorte, wenn die Firma sie rausdrängt, um Jüngere und damit Billigere nachrücken zu lassen. Ähnlich rau sind die Sitten in der Internet-Branche, in der Werbung und im Mode-Handel (siehe Seite 230 f.). Greenhorns werden hofiert, Stammesälteste abserviert.

Aber das Abservieren ist gar nicht so einfach! Ältere Mitarbeiter sind wie Atommüll: Sie bereiten Entsorgungsprobleme! Je mehr Dienstjahre einer geleistet hat, desto ausgeprägter ist sein Kündigungsschutz. Die Firma kann ihn nicht einfach entlassen, sonst winkt ihn das Arbeitsgericht durch den Hinterausgang wieder rein. Und ein Ticket nach Gorleben hilft auch nicht weiter. Gefragt sind Wege der sanften Entsorgung.

Zum Beispiel heißt es im Rundschreiben eines großen Verpackungsherstellers: »Wir wollen uns bei langjährigen Arbeitskräften, die sich für die Firma verdient gemacht haben, mit dem Angebot bedanken, dass sie schon einige Jahre vor dem offiziellen Renteneintritt ausscheiden können.«

Die Stammesältesten sind weise genug, die wahre Botschaft zu lesen: »Ihr alten Saftsäcke, das ist eure letzte Chance! Entweder ihr nehmt unser schäbiges Angebot für einen Auflösungsvertrag an – oder wir ekeln euch raus!«

Interessanterweise entspringt der Jugendwahn den Vorstandsetagen. Grauhaarige Männer, oft jenseits der 60, überlegen fieberhaft, wie sie Mitarbeiter ab 50 loswerden (sich selbst natürlich ausgenommen!) und überdurchschnittliche Gehälter von der Lohnliste streichen können (ihr eigenes Millionengehalt natürlich ausgenommen!).

Wann immer sich die Gelegenheit bietet, spreche ich Manager auf diesen Widerspruch an. Dann kommt es zu Dialogen wie diesem:

»Ich verstehe das nicht! Auf der einen Seite fordern Sie junge Mitarbeiter, auf der anderen Seite hat keine Abteilung einen so hohen Altersdurchschnitt wie Ihre Vorstandsetage: Wie passt das zusammen?«

»Bei uns im Management ist das etwas anderes! Man sammelt ein Leben lang Erfahrungen, um sie an der richtigen Stelle einzusetzen.«

»Aber das ist bei Mitarbeitern doch genauso!«

»Nein! Mitarbeiter dürfen nicht einrosten. Unser Unternehmen braucht neue Ideen. Und das Wissen muss bei Fachkräften auf dem aktuellen Stand sein.«

»Das heißt: Manager wie Sie dürfen einrosten? Brauchen *keine* neuen Ideen? Und *kein* Wissen auf dem aktuellen Stand?«

Spätestens jetzt wird der Manager unwirsch: »Der Kapitän darf älter sein als die Crew! Das ist doch ganz normal. Und das ist ein Vorteil bei der Kopfarbeit!«

Aha, daher weht der Wind! Die Mitarbeiter werden noch immer als ausführendes Organ gesehen, als kopflose Lakaien, die das Deck schrubben, die Galeere rudern und hübsch den Mund halten sollten – während die Kopfarbeit im Management verrichtet wird!

Der Wert einer Erfahrung hängt davon ab, wer sie gemacht hat. Was ein Manager im Laufe der Jahre erlebt hat, verschmilzt in seinem Kopf zu Erfahrungsgold. Aber was ein Mitarbeiter erlebt hat, schwappt als unnütze Erfahrungsbrühe durch seinen Schädel.

Dieser Standpunkt geht arrogant darüber hinweg, dass die meisten Mitarbeiter heute Spezialisten sind, die ihr Fach besser als jeder Manager beherrschen. Der Kopf ist ihr Werkzeug, das Wissen ihr Kapital. Und die Erfahrung dient als goldenes Bindeglied, um das Wissen an den richtigen Stellen mit der Arbeitspraxis zu verlinken, zum Vorteil der Firma (ein Bindeglied, das Berufsanfängern oft fehlt, weshalb sie ihr Wissen nur schwer nutzen können).

Wer in einer Firma viel erlebt und gesehen hat, seine Arbeit und seine Kunden seit Jahrzehnten kennt, der verfügt über große Schätze an unternehmensspezifischem Wissen – und kann ein gehobenes Gehalt mehr als wert sein!

Wenn man sich die Firma als ein Land vorstellt, dann sind ältere, langjährige Mitarbeiter die Ureinwohner. Sie sprechen noch die Landessprache, nicht den eingeschleppten Dialekt. Sie kennen ihre Firma bis in den letzten Winkel, die Kultur, die Eigenarten, die praktischen Abkürzungen auf Arbeitswegen, nach denen der Neuling erst Jahre suchen muss. Sie sahen etliche Manager kommen und gehen. Gehört haben sie, was diese Manager versprachen, und gesehen, was daraus geworden ist.

Niemand kann so gut wie sie einschätzen, was zu einer Firma passt: welche Mitarbeiter, welche Geschäftsfelder, welche Ideen. Niemand weiß besser, was die langjährigen Kunden wollen und wie man mit ihnen umgeht. Vor allem wissen sie genau, an welchen Kreuzungen sich die Praxis von der Theorie verabschiedet: wo ein Projekt haken, ein Termin platzen, eine Strategie auf Grundeis laufen wird.

Diese langjährigen Mitarbeiter sind nicht »Teil des Unternehmens«, wie es in Reden heißt: Sie *sind* das Unternehmen. Es pulst in ihren Adern. Und ihr Kopf ist das Archiv. Wenn ein Manager eine neue Strategie ankündigt, müssten die Börsenanalysten nur ein paar langjährige Mitarbeiter fragen: »Kann's was werden?« Wenn die Ureinwohner die Köpfe schütteln: Verkaufsempfehlung! Dasselbe Bauchgefühl beweisen Ältere beim Urteil über Personalentscheidungen. Oft führt der neue Chef einen Kollegen mit Trommelwirbel ein, aber die Ureinwohner sagen: »Der passt nicht zu uns.« In drei von vier Fällen scheitert der Neue tatsächlich. Der Chef merkt das ebenfalls. Zwölf Monate später!

Wenn eine Familie ihre Omi ins Heim abschiebt, ist das herzlos.

Wenn Firmen ihre Älteren rausdrängen, ist das hirnlos. Ältere Mitarbeiter sind nicht auf Mitleid angewiesen, nicht auf Almosen und Gnadenbrot. Aber die Firma ist angewiesen auf ältere Mitarbeiter, auf ihre Erfahrung und ihr Können. Der Chef, der sie bedenkenlos feuert, merkt das ebenfalls. Aber wieder erst dann, wenn es zu spät ist (siehe nächstes Kapitel)!

 Hamsterrad-Regel: Es gibt zwei Wege, wie ein Mitarbeiter sterben kann: den natürlichen Tod – und den Vorruhestand.

Die unerwünschte Geh-Hilfe

Die Revolution frisst ihre Kinder. Und der Jugendwahn frisst manchmal seine Manager. Ein Lied davon singen kann der Klinik-Direktor Jekabs Leititis.[111] Sein Vertrag mit einer Kölner Klinik lief 2009 aus. Er war 62 Jahre alt und wollte verlängern. Doch sein Arbeitgeber setzte ihm einen 41-Jährigen als Nachfolger vor die Nase.

Den Jüngeren qualifizierte vor allem eines: dass er jünger war! Diese Meinung ließ der Aufsichtsratsvorsitzende in der Presse durchblicken: Der junge Direktor könne die Klinik »langfristig in den Wind stellen«. Der bisherige Klinikchef sei zu alt, um eine »Führungskontinuität« über die nächsten fünf Jahre zu gewährleisten.

Aber wie vertrug sich diese Aussage mit dem Allgemeinen Gleichbehandlungsgesetz (AGG), das eine Diskriminierung wegen des Alters ausdrücklich untersagt? Gar nicht, meinte das Oberlandesgericht Köln – und sprach dem Direktor 36 600 Euro Entschädigung zu. Der Bundesgerichtshof (BGH) sah das genauso und schlug vor, Leititis mit noch mehr Geld zu entschädigen.

Von solchen Urteilen können die Ureinwohner der Firma, die

langjährigen Mitarbeiter, nur träumen. Ihre Ausrottung geht ohne gerichtsfeste Spuren über die Bühne. Das Management signalisiert ihnen, dass sie so erwünscht sind wie Salmonellen im Kartoffelsalat. Die Firma will sie ausscheiden! Koste es, was es wolle.

Ein Konzern in Nordrhein-Westfalen hat die alten Mitarbeiter mit folgender Strategie vertrieben: Erst haben die Vorstände gemahnt, ihr Unternehmen müsse »zukunftsfähig« werden. Damit klar war, wer in dieser Firma *keine* Zukunft mehr hatte, beschworen sie »mehr jugendliche Dynamik« und einen »Generationenwechsel«. Das klang, als sollte ein Staffelstab weitergereicht werden, ganz friedlich.

Aber so war es nicht! Die Geschäftsleitung baute Druck auf. Die Prämienziele der Abteilungsleiter wurden daran gekoppelt, die Personalkosten zu senken und zugleich den Generationenwechsel anzukurbeln. Im Klartext hieß das: »Werft Alte raus, sie sind teuer! Holt Junge rein, sie sind billig!«

Vorsichtshalber hatte man den Abteilungsleitern einen Etat für Abfindungen und Aufhebungsverträge eingeräumt. Und so mussten die Ureinwohner bei ihren direkten Vorgesetzten antanzen. Ein Klient (59) von mir, tätig im Vertriebs-Innendienst, erinnert sich, dass sein Chef ihn unvermittelt fragte: »Worauf freuen Sie sich am meisten, wenn Sie einmal in Rente sind?« Er erzählte von seinen Enkeln. Der Chef hakte gleich ein: »Und was würden Sie sagen, wenn Sie Ihre Enkel schon ab dem 1. Januar den ganzen Tag sehen könnten?« Er machte eine Pause und schob nach: »Ich hätte da ein interessantes Aufhebungs-Angebot für Sie!«

Der Vertriebs-Innendienstler war wie erstarrt – mit einem solchen Verlauf des Gespräches, mit einer unerwünschten »Geh-Hilfe«, hatte er nicht gerechnet, zumal er noch mit beiden Beinen (und oft auch bis zum Hals) in Arbeit stand. Zudem war die Abfindung mickrig, sie lag unter dem gesetzlichen Richtwert von einem halben Monatsgehalt pro Arbeitsjahr. Mein Klient winkte ab.

Ab diesem Tag wurde er nach Strich und Faden schikaniert: »Ich saß im Gespräch mit einem langjährigen Kunden. Da kam mein Chef mit einem jungen Kollegen dazu, zeigte auf ihn und sagte: ›Das ist Herr Jäger, er wird Sie ab kommendem Monat betreuen. Es ist mir wichtig, dass da mal neuer Wind reinkommt.‹ In Gegenwart des Kunden! Ich war so überrumpelt, dass ich mich nicht gewehrt habe.«

Bei den Besprechungen pfiff ihm Gegenwind um die Ohren: »Wenn ich Vorschläge machte, hieß es: ›Das ist überholt, da gehen wir heute mit anderen Mitteln ran!‹ Wenn ich Bedenken vorbrachte, hieß es: ›Vor einigen Jahren wurde das so gesehen – aber mittlerweile …‹! Und wenn ich Vorschläge zur besseren Kundenbetreuung machte, bekam ich zu hören: ›Die Generation Facebook tickt da völlig anders!‹«

Er galt als unbequem, weil er reif genug war, eine eigene Meinung zu vertreten, auch gegen Widerstände. »Es gehört zu den vielen Merkwürdigkeiten des Lebens, dass der Mensch immer bissiger wird, je weniger Zähne er hat«, schrieb der Autor Stefan Heym.

Die Kollegen des Innendienstlers reagierten mit spöttischer Arroganz. Plötzlich wurde er als seniler Opi behandelt, der den Zug der Zeit verpasst hatte und jetzt hilflos über den Bahnsteig stolperte. Mit seinen Sachargumenten setzte sich niemand mehr auseinander. Ein Arbeitslätzchen bekam er umgehängt und leicht zu kauende Arbeiten serviert: »Jahrelang war ich der Mann für die schwierigen Aufgaben gewesen – aber plötzlich bekam ich Praktikantenarbeiten auf den Tisch. Und bei wichtigen Meetings fiel ich aus dem Verteiler. Mir kam das vor wie ein Tod auf Raten.«

Auffällig war: Gerade jüngere Mitarbeiter, die nur befristete Verträge hatten, gingen ihn in Meetings an und nahmen seine Arbeitsergebnisse unter Beschuss. »Einem von ihnen – er hätte mein Sohn sein können – musste ich meine Arbeiten wie einem Lehrer vorlegen. Und er kritzelte willkürlich mit dem Rotstift darin herum. Es war eine große Demütigung.«

Später sickerte durch: Den Befristeten war in Aussicht gestellt worden, auf die Planstellen der Älteren nachzurücken. Und wer diesen »Erbfall« beschleunigen wollte, konnte ja durch schleichendes Mobbing-Gift nachhelfen. Die Vorgesetzten schauten tatenlos zu.

Am Ende musste mein Klient erneut bei seinem Abteilungsleiter antanzen. Der winkte wieder mit dem Aufhebungsvertrag, diesmal aber energischer: »Es gibt Probleme zwischen Ihnen und den jüngeren Kollegen, unüberbrückbare Differenzen. Der Betriebsfrieden in der Abteilung ist gestört. Entweder gehen Sie jetzt auf unser Angebot ein – oder wir müssen das auf einem anderen Weg regeln …«

Hatte er es nötig, sich nach all den Jahren so behandeln zu lassen? Wollte er riskieren, dass man ihn in eine seelische Krankheit mobbte? Und war es denn *seine* Aufgabe, dem Unternehmen deutlich zu machen, dass es Jahrzehnte investiert hatte in sein Wissen und seine Erfahrung, um diesen Schatz nun achtlos vor die Tür zu setzen?

Diese Firma war nicht mehr sein Land, er kein Ureinwohner mehr. Raus wollte er, nur noch raus! So nahm er die Abfindung und seinen Hut. Die meisten älteren Kollegen gingen ebenfalls.

Beim Abservieren des Klinikdirektors hatte der Aufsichtsratsvorsitzende vor der Presse eine Steilvorlage für die Diskriminierungsklage geliefert. Aber mit welchen Beweisen hätten die altgedienten Mitarbeiter dieses Konzerns aufwarten sollen? Verbale Giftpfeile hinterlassen keine nachweisbaren Spuren.

Und die Manager des Konzerns? Sicher waren sie zufrieden, weil so viele Ureinwohner gingen und Junge mit kleinen Gehältern nachrückten. Ihre Milchmädchen-Rechnung schien aufzugehen. Wie in so vielen Konzernen.

Doch zwei Jahre später machte das Unternehmen bundesweit Schlagzeilen: Ein großes Projekt hatte sich durch eine Fehlkalkulation als Millionengrab erwiesen. Die Presse rätselte, wie einem renommierten Unternehmen so laienhafte Fehler hatten unterlaufen können, »trotz jahrzehntelanger Erfahrung«?

Um die Antwort zu wissen, muss man kein Stammesältester sein: Weil die »jahrzehntelange Erfahrung« vorher entlassen worden war!

 Hamsterrad-Regel: Höflichkeit gegenüber älteren Mitarbeitern ist für die Firmen selbstverständlich: Sie helfen ihnen bereitwillig vor die Tür!

Deppen-Erlebnisse

Wie ich einem lächerlichen Hörtest unterzogen wurde

Mag sein, dass ich auf meinem Passfoto ein paar Tage jünger aussah als in Wirklichkeit (das Foto war auch schon ein paar Tage alt!). Mein Geburtsdatum hatte ich in der Bewerbung bei einem Callcenter weggelassen. Und tatsächlich: Ich bekam eine Einladung zum Vorstellungsgespräch.

Die beiden Leiter des Centers, um die 30, konnten ihr Entsetzen über den Anblick eines 60-Jährigen kaum verbergen. »*Sie* sind Herr Teiger?«, fragte der Chef ungläubig und glotzte mich an wie einen Opi, der sich auf eine Schülerfete verirrt hatte. Und sein Stellvertreter meinte: »Wir können ja einfach mal miteinander sprechen.« Als hielte er dieses Vorstellungsgespräch für reine Zeitverschwendung.

Meinen Wohnsitz verorteten die beiden offenbar hinterm Mond, denn als einer über »Facebook« redete, hielt er es für nötig, mir das soziale Netzwerk zu erklären. Wahrscheinlich dachten sie, dass ich ein Handy für einen Hundeknochen und das Internet für eine Erfindung der Hochseefischer hielt.

Wenn die beiden miteinander sprachen, schlugen sie eine normale

Lautstärke an. Sobald sie das Wort an mich richteten, sprachen sie deutlich lauter, wohl um mir deutlich zu machen, für wie taub und begriffsstutzig sie mich hielten. Ich antwortete in normaler Lautstärke.

In der zweiten Hälfte des Gespräches passierte etwas Verrücktes: Plötzlich senkte einer der Callcenter-Leiter seine Lautstärke zu einem Flüstern, als würde unser Gespräch von einer feindlichen Macht belauscht. Seine in den Raum gehauchte Frage war einfach zu beantworten:

»Können Sie mich noch hören?«

»Ja!«, sagte ich laut. »Was soll der Quatsch?«

Er sah seinen Stellvertreter an und meinte: »Seine Ohren sind in Ordnung, er wird die Kunden auch bei schlechter Leitung verstehen.« Ich kam mir vor wie eine Ratte in einem Versuchslabor. Fehlte nur noch, dass sie mir kleine Elektroschocks verpassten, um zu testen, ob meine Reflexe noch funktionierten.

Ja, sie funktionierten noch! Denn nach dem Hörtest stand ich auf und sagte: »Ich will die Position nicht.« Zwar hatte ich mit Ende 50 meinen Job verloren. Aber meine Würde hatte ich behalten. Hier wäre sie vor die Hunde gegangen!

Lars Teiger, Callcenter-Agent

Wie meine Firma sich altenfreundlich gibt, aber das Gegenteil ist
Der Zeitungsartikel schwärmte davon, dass unsere Firma sich »den Senioren verpflichtet« fühle. Mehrfach war die Rede vom »harmonischen Miteinander zwischen Jung und Alt«. Auf dem Foto war unser oberster Chef zu sehen, eingerahmt von silberhaarigen Veteranen.

Anlass für den Artikel war der »Seniorenabend«. Alle zwei Jahre lud die Firma ihre verrenteten Ex-Mitarbeiter zum Essen ein. Dieser Abend glich einer Familienfeier. Die Veteranen schwärmten in ihren Reden von einem Unternehmen, das es schon längst nicht mehr gab. Und die Presse schrieb eifrig alles Positive mit.

Nichts gegen dieses Treffen! Aber als Betriebsrätin dachte ich mir: Wenn die Firma die Älteren gut behandeln will, dann sollte sie beim aktuellen Personal anfangen! Immer wieder musste der Betriebsrat eingreifen, weil Alte gemobbt und zum Unterschreiben unsittlicher Auflösungsverträge gedrängt wurden. Allein im letzten halben Jahr hatte ich es mit einem halben Dutzend solcher Fälle zu tun gehabt.

Eine weitere Gemeinheit war das »Rotations-Prinzip«. Diese Regelung schrieb neuerdings vor, dass Abteilungen im halbjährlichen Wechsel von den Leitern und ihren Stellvertretern geführt wurden. Interessanterweise waren fast alle Stellvertreter ziemlich jung und fast alle Leiter ziemlich alt. So höhlte das Unternehmen die Macht der Älteren weiter aus.

Ich rief bei der Zeitung an und protestierte. Der Lokalchef gab sich verblüfft: »Was wollen Sie eigentlich? Der Artikel wurde von Ihrer Firma so eingereicht!« Anscheinend hatte die Pressestelle den fertigen Text mit Foto verschickt, und diese Hofmalerei war unverändert gedruckt worden.

»Berichten Sie doch mal über die Tiefschläge gegen die Alten in unserer Firma!«, schlug ich vor und erzählte davon. Der Redakteur lehnte ab: »Das geht nicht! Ihre Firma ist unser wichtigster Anzeigenkunde, wir können ihr nicht ans Bein pinkeln.«

Ersatzweise traf es die Beine der älteren Mitarbeiter!

Jana Reger, Qualitätskontrolleurin

Die Abwrack-Prämie

Der Satz ihres Chefs traf die Software-Verkäuferin (56) wie eine Ohrfeige: »Ihr Fachwissen ist überholt, Sie haben den Anschluss verpasst.« Das klang, als habe sie sich jahrelang gegen Fortbildungen gesträubt. Dabei hatte sie immer wieder Kurse für neue Software beantragt. Und immer wieder hatte ihr Chef die Jüngeren vorgezogen und ihr gesagt: »Sie sind erfahren, Sie haben das gar nicht nötig!«

Die jüngeren Kollegen kamen von den Fortbildungen als verschworene Gemeinschaft zurück, hatten zusammen gelacht, gelernt, gefeiert. Und je enger sie zusammenrückten, desto mehr fühlte sie sich als ältere Kollegin an den Rand gedrängt. Sie war noch da, gehörte aber nicht mehr dazu.

Erst recht, weil sie mit jeder neuen Produktgeneration weniger von jener Software verstand, die sie erklären und verkaufen sollte. Die Jungen waren zur Bildungselite gezüchtet worden, und ihr blieb nur die Rolle der Bettlerin: Sie musste um Unterstützung bitten, wenn sie im Beratungsgespräch mal wieder eine Frage des Kunden nicht beantworten konnte. Durfte es da wundern, dass ihr Ansehen schwand?

Und nun schwang sich der Chef zum Ankläger auf und warf ihr vor, ihr fehle jenes Wissen, das er ihr doch persönlich verweigert hatte! Ihren Protest wies er zurück: »Sie hätten da mehr am Ball bleiben sollen! Die jungen Kollegen lassen nicht locker, ehe sie grünes Licht für ihre Fortbildungen haben.«

Sein Angebot war ein »sanfter Ausstieg«, wie er das nannte: »Sie können noch ein Jahr bei uns arbeiten, auf einer 50-Prozent-Stelle. Dann haben Sie genügend Zeit, sich etwas anderes zu suchen.«

An den Fortbildungen lässt sich ablesen, wie es um die Zukunft der Älteren steht. Ehe ein Chef in einen Mitarbeiter investiert, stellt er dieselbe Frage wie vor der Reparatur eines alten Autos: »Lohnt es sich noch? Oder wäre der Schrottplatz günstiger?«

Das Spiel der Abwracker ist menschenverachtend: Erst hungern sie die älteren Mitarbeiter in Sachen Fortbildung aus, dann werfen sie ihnen das dünne Fachwissen vor. Erst drängen sie die Älteren aus dem Kreis der jungen Kollegen, dann heißt es: »Sie sind nicht integriert!« Erst werden sie zum Abschuss freigegeben, dann lautet die Klage: »Die jungen Kollegen kommen mit Ihnen nicht klar!«

Mit solchen teuflischen Taktiken ekeln sie die Älteren hinaus und kassieren dafür oft noch eine »Abwrack-Prämie«. Mal landen die Geschassten im Vorruhestand, mal im Burn-out, mal in Hartz IV, mal in der Nervenklinik – je nachdem, wie persönlich sie es nehmen, dass der krönende Abschluss ihres Berufslebens nur ein krönender Abschuss ist.

Den Fortbildungs-Entzug der Älteren belegt eine Studie des Wirtschaftsprüfungsunternehmens PricewaterhouseCoopers:[112] Während in neun von zehn Firmen Akademiker unter 35 Jahren sehr häufig oder häufig weitergebildet werden, trifft das auf Beschäftigte über 50 nur in jeder dritten Firma zu. Die Neuwagen werden für die Rennstrecke des Arbeitslebens getunt, die Schrottautos für die Metallpresse fertiggemacht.

Gleichzeitig geben in derselben Studie neun von zehn Unternehmen an, es sei schwierig, freie Stellen mit Akademikern zu besetzen. Und 85 Prozent der Unternehmen mit alternder Belegschaft gehen von einem zunehmenden Fachkräftemangel aus. Erst werden die Autos verschrottet, aber dann – oh Wunder! – fehlen sie plötzlich im Fuhrpark!

Gerade im Einzelhandel gehen Firmen dazu über, sich auf jugendlich zu bürsten. Im Verkauf setzen sie auf junge Gesichter, um junge Produkte zu verkaufen, junge Kunden zu erreichen und Gehälter zu bezahlen, die ebenfalls »jung«, sprich mickrig, sind.

Aber was tun mit Alten, die das Feld nicht räumen? Die Dienstleistungsgewerkschaft Verdi berichtet von einem Fall aus München.[113] Eine Sportartikel-Kette war der Meinung, ältere Verkäufer passten nicht mehr zu ihrem Image. Den »Senioren« wurde die Pistole auf die Brust gedrückt: Entweder ihr geht freiwillig – oder ihr fliegt! Einige Mitarbeiter ließen es drauf ankommen, so auch ein 54-jähriger alleinerziehender Vater.

Doch dann – welch Zufall! – bekam der Arbeitgeber einen Entlassungsgrund auf dem Silbertablett serviert: Der Mitarbeiter, bislang immer zuverlässig, ließ einen Arbeitsdienst einfach sausen. Fristlos flog er raus. Aber warum hatte er den Dienst versäumt? Weil ihn die Firma ohne sein Wissen in den Schichtplan eingetragen hatte!

Ähnliche Geschütze fuhr die Firma gegen weitere Ältere auf. Verdi betrachtete die Kündigungsgründe als konstruiert und sprach von einem »Jugendwahn«, der in der Textilbranche um sich greife. Zum Beispiel sind die Mitarbeiter der Modekette Zara im Bundesdurchschnitt jünger als 29 Jahre! Wie wollen Firmen einen solchen Schnitt halten, ohne Ältere, sprich alle über 30, allmählich zu entsorgen?

Wer 40 oder 50 Jahre alt ist, gilt schnell als Mängelexemplar, vom Zahn der Zeit angenagt. Aber nicht bei den Kunden! Die meisten schätzen ältere Verkäufer wegen ihrer Erfahrung und Seriosität. Das gilt besonders für die wichtigste Kundengruppe, für Menschen über 50. Sie verfügen über mehr als die Hälfte der gesamten deutschen Kaufkraft und geben jährlich 500 Milliarden Euro aus.[114]

Wenn die älteren Kunden sich einig wären, Firmen zu boykottieren, in denen ältere Mitarbeiter diffamiert werden: Über Nacht würden Millionen älterer Arbeitnehmer von ihren Arbeitgebern hofiert und mit Jobangeboten überschwemmt. Aber leider fehlt älteren Kunden das Bewusstsein, dass sie zugleich ältere Arbeitnehmer sind (oder waren).

Alt und Jung – das harmoniert beim Arbeiten, wie die Praxis vieler Firmen zeigt: Die Älteren wissen zum Beispiel genau, wie man mit schwierigen Kunden umgeht oder kritische Projekte plant. Für diese Erfahrung sind sie oft auf die Nase gefallen – und können Jüngeren solche Stürze ersparen. Die Jungen dagegen kennen sich perfekt mit den modernen Medien und den Trends aus. Wer ihre Offenheit und Experimentierfreude mit der Erfahrung der Älteren veredelt, ist für jeden Wettbewerb gerüstet.

Dass die Generationen sich gut verstehen, dafür spricht eine Studie des Personaldienstleisters Kelly Services unter mehr als 100 000 Beschäftigten in 34 Ländern.[115] 60 Prozent der Mitarbeiter unter 29 sagen ausdrücklich: Ich arbeite gerne mit anderen Altersgruppen zusammen! 74 Prozent der Arbeitnehmer über 48 unterschreiben diese Aussage.

Gemischte Teams funktionieren aber nur, wenn die Firma dahintersteht. Doch oft gibt sie den Jüngeren zu verstehen: Die Älteren sind fette Platzhirsche, sie blockieren die Etats für den Nachwuchs! Dann tobt er los, der Krieg der Generationen. Nicht, weil es so sein muss – sondern weil die Firma es so will.

 Hamsterrad-Regel: Wenn eine Firma ältere Mitarbeiter vor die Tür setzt, heißt das »Verjüngung«. Wenn diese Älteren dann fehlen, heißt das »Fachkräftemangel«.

Wenn Bewerber übers Alter stolpern

Der Bau-Ingenieur (56) war verzweifelt. Über 200 Bewerbungen hatte er geschrieben – und 200 Absagen nur deshalb nicht bekommen, weil 50 Firmen auf eine Antwort verzichtet hatten. In der Beratung sagte er: »Ich komme mir schon wie ein Stalker vor, als würde ich die Firmen mit meinen Bewerbungen belästigen!«

Dreimal hatte er es bis ins Vorstellungsgespräch geschafft. Dreimal wollte er zeigen, wie motiviert und fachlich fit er noch war. Doch dreimal hatte ihn dieselbe Frage entmutigt: »Wie kommt es, dass Sie schon 2½ Jahre arbeitslos sind?« Natürlich hörte er den Verdacht dahinter: »Sind Sie vielleicht ein Faulpelz, der sich lieber in die soziale Hängematte legt, als zur Arbeit zu gehen? Oder sind Sie so unfähig, dass sich seit 2½ Jahren alle Türen vor Ihnen verschließen?«

Am liebsten hätte er gebrüllt: »Ich bin arbeitslos, weil mir auch andere Firmen schon so dumme Fragen wie Sie gestellt haben! Ich bin arbeitslos, weil alle nur auf mein Alter schauen und nicht auf meine Qualifikation! Ich bin arbeitslos, weil jemand, der mit 53 Jahren vom Arbeitskarussell fällt, nicht mehr raufgelassen wird!«

Stattdessen sagte er: »Ich habe keine Erklärung. Ich habe eine dreistellige Zahl von Bewerbungen geschrieben.« Diese Antwort war wohl nicht überzeugend: Wieder einmal bekam er eine Absage. Vielleicht hatte man ihn auch nur zum Vorstellungsgespräch eingeladen, weil er neuerdings aufgrund des Allgemeinen Gleichbehandlungsgesetzes sein Alter und sein Passbild in der Bewerbung weglassen konnte – als wären es Schandflecken gewesen, die es zu verbergen galt!

Wahrscheinlich hatte niemand seinen Lebenslauf gründlich genug gelesen, um aus dem Abiturjahrgang 1971 die richtigen Rückschlüsse auf sein Alter zu ziehen. Die anderen Firmen beherrschten diese Kunst besser, denn die Auslassung hatte seine Bewerbungserfolge nicht gesteigert.

In der Beratung erzählte er mir: »Bei meiner letzten Arbeitssuche, mit Ende 30, habe ich auf 30 Bewerbungen noch acht Einladungen zum Vorstellungsgespräch bekommen. Ich hätte zwischen drei Jobs wählen können.«

»Wie erklären Sie es sich, dass Ihre Erfolgsquote so gesunken ist?«

»An meiner Qualifikation kann es nicht liegen! Die hat sich in meinen letzten 15 Berufsjahren noch mal verbessert: Ich habe schwierige Projekte koordiniert, ein Team geleitet und zu Fachthemen sogar Kurse gegeben.«

Der Ingenieur scheiterte nur an seinem Alter. Das AGG ist gut gemeint, aber auf die Praktiken der Arbeitgeber wirkt es sich so wenig aus wie der Erlass eines italienischen Dorfbürgermeisters auf die Methoden der Mafia. Wer über 50 ist, den fassen die meisten Firmen nicht mal mit der Kneifzange an, schon gar nicht, wenn er sich aus einer Arbeitslosigkeit bewirbt.

Immer wieder berate ich Bewerber von über 50, die in ihrem Berufsleben alles richtig gemacht haben, bis auf die Tatsache, dass sie älter geworden sind. Das ist unverzeihlich! Schon die Stellenausschreibungen können entmutigen. Da suchen »junge Teams« nach Verstärkung, da sind »unverbrauchte Köpfe« gefragt, da werden »hohes Engagement und große Flexibilität« verlangt.

Die Botschaft zwischen den Zeilen lautet: »Alte müssen draußen bleiben!«

Dabei ist es Arbeitgebern durch das AGG untersagt, Bewerber wegen ihres Alters zu benachteiligen. Und Stellenausschreibungen müssen frei von Diskrimierung sein.

Selten kommt es vor, dass ein Bewerber klagt – so ein 36-jähriger Volljurist, der sich benachteiligt sah, weil eine Berliner Klinik ausdrücklich nach »Hochschulabsolventen / Young Professionals« gesucht hatte. »Young« konnte doch nur heißen: so jung wie möglich. Zwei Berliner Arbeitsgerichte stärkten der Klinik den Rücken, doch das Bundesarbeitsgericht empfand diese Formulierung als »nicht diskriminierungsfrei« und verwies den Fall zurück.[116]

Die Arbeitgeber der Republik rufen eine Unter-50-Party aus. Wer (Erfolge) feiern will, muss jung sein. Die Älteren können ihren Arbeitsplatz ganz leicht verlieren – aber nur ganz schwer einen neuen bekommen. Erst machen die Firmen einen zum Arbeitslosen, weil er alt ist. Und dann bleibt er arbeitslos, weil er jetzt nicht nur alt ist (Sünde eins), sondern auch noch arbeitslos (Sünde zwei).

Dieser Jugendwahn spitzt sich zu: Immer mehr Berufstätige gehen vorzeitig in Rente. Von 700 000 Menschen, die 2011 in Altersrente gingen, hatten 337 000 nicht bis zum 65. Lebensjahr gearbeitet. Fast die Hälfte der Neu-Rentner muss Abschläge hinnehmen. Und von den 60- bis 64-Jährigen sind nur 29,3 Prozent beschäftigt, von den 64-Jährigen gar nur 14,2 Prozent.[117]

Die Besen der Firmen haben gründlich gekehrt, auch weil der Druck an den Arbeitsplätzen die psychischen Krankheiten zum Grund für jede dritte Frühverrentung gemacht hat. Die Arbeitswelt ist nahezu Alten-bereinigt. Und ein Zitat des englischen Erzählers William Somerset Maugham kann nicht mehr ohne Ergänzung stehen: »Wenn man genug Erfahrungen gesammelt hat, ist man zu alt, sie auszunutzen« – nein: Sie nutzen zu *dürfen!*

Wie kann das sein? Wenn die Politik fordert, Menschen sollen bis zum 67. Lebensjahr arbeiten, dann muss sie auch dafür sorgen, dass sie es dürfen. Zu einem Arbeitsverhältnis gehören immer zwei, auch eine Firma. Warum ist noch niemand auf die Idee gekommen, eine Älteren-Quote einzuführen?

Jede größere Firma sollte gezwungen sein, einen angemessen Anteil von Mitarbeitern über 50 und über 60 zu beschäftigen. Dann machen Unternehmen, die Ältere aussortieren, kein Geschäft mehr. Wer die Quote nicht erfüllt, muss eine Umlage zahlen, zugunsten jener Firmen, die Älteren gesundheitsfreundliche Arbeitsplätze und angemessene Gehälter bieten. Ein wichtiges Signal aus der Politik wäre das, nicht nur mit Blick auf das Rentenniveau, sondern vor allem mit Blick auf die Menschlichkeit in der Arbeitswelt.

Übrigens: Der Bau-Ingenieur fand doch noch eine Anstellung. Am Ende gab er ein Inserat nach folgendem Muster auf: »Ich habe viele Stärken, aber eine große Schwäche …« Und so zählte er seine Qualifikationen und seine Erfahrung auf, ehe er ganz am Ende auf seinen »Fehler« zurückkam: sein Alter von 56.

Ein Unternehmer im Schwäbischen, selbst Anfang 70, fühlte sich von der Anzeige angesprochen. Sofort hat er ihn zum Vorstellungsgespräch eingeladen und noch am selben Tag eingestellt. Manchmal halten Ältere zusammen, auch wenn einer von ihnen Manager ist.

 Hamsterrad-Regel: Ältere Bewerber sind keinesfalls benachteiligt. Sie haben sogar bessere Chancen als jüngere – auf eine Absage!

Deppen-Erlebnisse

Wie ich in einen toten Winkel befördert wurde

Die letzte Beförderung meiner Karriere war eine besondere: Ich musste meine langjährige Abteilung an einen Jüngeren abtreten und wurde zum »Abteilungsleiter für besondere Aufgaben« ernannt. Das klang gut, mein Problem war nur: Es gab keine solche Abteilung – und keine besonderen Aufgaben.

So saß ich in einem Büro am Ende des Flurs in einem alten Gebäudetrakt, ganz auf mich allein gestellt, und drehte Däumchen. Ohne Mitarbeiter, ohne Kunden, ohne Aufgabe. Und immer, wenn mir mal eine Herausforderung einfiel, bremste mich mein Vorgesetzter: »Das fällt nicht in Ihren Aufgabenbereich!«

Aber worin bestanden meine Aufgaben? So sehr ich auch suchte: Ich fand sie nicht! Allmählich wurden mir die Tage lang. Ich zählte die Vögel vorm Fenster, surfte im Internet, telefonierte mit meiner Frau. Und wenn ich der Meinung war, es müsse gleich 17 Uhr sein, belehrte mich die Uhr, dass seit dem Mittagessen erst eine Stunde vergangen war. Ich versuchte, die Zeit totzuschlagen. Doch jeder Schlag schien mein Gemüt zu treffen.

Mein Telefon schwieg. Mein Mailfach blieb leer. Niemand verirrte sich in mein abgelegenes Büro, um mit mir zu plaudern. Ich fühlte mich überflüssig und leer. Was sollte ich hier noch? Mein Kopf glich einem See kurz vorm Zufrieren, ich spürte Gedankenstarre.

Als meine Stimmung den Tiefpunkt erreicht hatte, rückte mein Chef mit einem Angebot raus: »Ich kann mich für Ihren Vorruhestand stark machen!« Auf einmal klang das für mich wie eine Erlösung! Bald kam ein Abfindungsvertrag zustande.

Die letzte Beförderung meiner Karriere war eine heimliche Beförderung vor die Tür gewesen: Man hatte mich gezielt zermürbt!

Ralf Fehrens, Abteilungsleiter

Wie mein Chef zu meinem Sohn wurde

Ich lag im Krankenhaus, schon seit einigen Wochen. Meine Firma wusste, dass ich erkrankt war, aber nicht, woran. Ich hatte Prostatakrebs und fürchtete, mit dieser Krankheit endgültig ins Abseits gestellt zu werden. Seit meinem 55. Lebensjahr war ich schon aus mehreren Verteilern gestrichen worden. Wichtige Informationen erreichten mich nicht mehr, Meetings fanden ohne mich statt. Man schob mich aufs Altengleis.

Mehrfach hatte mein Chef, ein junger Karrierist, schon bei meiner Frau angerufen: »Ich muss für die nächsten Monate planen. Wann ist denn wieder mit Ihrem Mann zu rechnen? Und wie sieht die Diagnose aus?« Meine Frau hatte stets auf die Krankschreibungen der Ärzte verwiesen und ihn abblitzen lassen.

Umso überraschter war ich, als mein Chef eines Vormittags in mein Krankenhauszimmer platzte. Er drückte mir einen Blumenstrauß in die Hand, der so schäbig war, dass ich ihn nur aus Höflichkeit in die Vase statt in den Müllbehälter steckte. Und dann fragte er:

»Schon Aussichten auf Besserung?«

»Aussicht besteht immer.«

»Meinen Sie damit: Es ist sehr ernst?«

»Ich möchte mit Ihnen nicht über meine Krankheit reden.«

»Schon gut, schon gut«, sagte er, »ich bin ja in erster Linie hier, um Ihnen gute Besserung zu wünschen.« Nach zehn anstrengenden Smalltalk-Minuten verabschiedete er sich.

Kurz danach führte der Chefarzt die Visite in mein Zimmer. Es gab nichts Neues, die Runde wandte sich schon zum Gehen, als der Chefarzt noch sagte: »Und grüßen Sie Ihren Sohn von mir.«

»Ich habe keinen Sohn«, antwortete ich.

»Aber ich habe doch gerade noch mit ihm gesprochen. Er hat sich nach Ihrem Befinden erkundigt.«

Ich schluckte, denn mir war sofort klar, wer sich als mein Sohn ausgegeben hatte.

Hans-Jürgen Speer, Geologe

Schicht im Schacht:

Wenn der Burn-out dreimal klingelt

In diesem Kapitel erfahren Sie unter anderem ...

- warum jeder vierte Mitarbeiter für Erholungspausen keine Zeit mehr hat,
- wie der Burn-out entdeckt wurde und die Arbeitswelt zum Treibhaus für ihn wuchs,
- warum es keine Burn-out-Persönlichkeiten, nur Burn-out-Firmen gibt
- und wie ein Manager, der eine Gruppe gegen Stress gründete, damit für noch mehr Stress sorgte.

Im Strudel der Arbeit

Da ist der Star-Koch, der so lange Hans Dampf in allen Küchengassen spielt, bis er vor Erschöpfung zusammenbricht: Tim Mälzer. Da ist der frisch gewählte Parteivorsitzende, der in sechs Monaten zwei Hörstürze erleidet, noch dazu einen Nerven- und Kreislaufzusammenbruch: Matthias Platzeck (SPD). Da ist der bejubelte Sieger der Vier-Schanzen-Tournee, der seine Skispringer-Karriere in einer Burn-out-Spezialklink beendet: Sven Hannawald.[118]

Wenn Prominente berichten, wie ihr Arbeitsleben sich langsam bis zum Burn-out verfinsterte, denken Millionen Arbeitnehmer: »Kommt mir bekannt vor!« Meist berichten die Promis, dass die Anforderungen sie überrollt haben: »Alle wollten etwas von mir! Der Tag hätte 48 Stunden haben müssen, um das zu schaffen.«

In den Firmen dasselbe: Die Arbeit strömt in immer größeren Fluten auf die Menschen ein, bildet Strudel und zieht sie unter die Oberfläche. Der »Stressreport 2012«, eine Studie mit mehr als 17 000

Arbeitnehmern, öffnet den Blick in einen Abgrund.[119] 43 Prozent der deutschen Arbeitnehmer sagen, der Stress habe zugenommen in den letzten zwei Jahren. Heilig ist nicht einmal mehr das Wochenende: 64 Prozent arbeiten an Samstagen, 38 Prozent an Sonn- und Feiertagen. Und das Phänomen der »pausenlosen Arbeit« muss man wörtlich nehmen: Jeder vierte Beschäftigte lässt seine Erholungspause sausen. Weil der Druck zu hoch, weil die Arbeit niemals fertig ist.

Einst war der Arbeitsfluss durch die Stechuhr kanalisiert, und der Damm des Privatlebens hielt ihn auf. Heute schießt er über die Ufer und verwüstet Menschenleben: 53 Millionen Krankheitstage pro Jahr werden verursacht durch psychische Störungen, das sind 80 Prozent mehr als vor 15 Jahren. Jede dritte Frühverrentung hat psychische Gründe. Und das Durchschnittsalter dieser »Rentner« ist erschreckend niedrig: 48 Jahre.

Die Mitarbeiter zahlen einen hohen Preis, aber auch die Firmen bluten: Der Produktionsausfall durch psychische Krankheiten liegt nach Schätzungen bei 26 Milliarden Euro – diese Summe würde zum Beispiel ausreichen, um jedem Einwohner der Millionenstadt Köln 25 000 Euro zu schenken.

Wer sich als Promi zu einem Burn-out bekennt, erntet Anerkennung. Wer es als Arbeitnehmer tut, begibt sich auf dünnes Eis. Einige Chefs sehen den Burn-out immer noch als eine Pseudo-Krankheit, die nur psychisch Labile trifft, deren Abgang natürliche Selektion ist. Der Burn-out wird zum Gehilfen einer brutalen Personalpolitik: Die Gebrandmarkten gelten als Risikofaktor.

Eine Werbekauffrau hatte ihren Burn-out offen gestanden. Scheinbar war sie bei ihrem Chef auf Verständnis gestoßen: »Sie haben in den letzten Jahren ja wirklich viel geleistet.« Sechs Monate später, als sie wieder bei vollen Kräften und in der Firma war, stand eine Beförderung an, die ihr vorher schon in Aussicht gestellt worden war. Doch ein Kollege wurde vorgezogen. Ein Mitglied der Führungscrew trug ihr zu, ihr direkter Vorgesetzter habe sie als »Wackelkandidatin« bezeichnet: »Wenn sie schon ohne Führungsverantwortung umknickt, dann erst recht mit!«

Großzügiger sind Manager, wenn der Burn-out sie selbst erwischt. Die Erkrankung geben sie erst zu, wenn ein Zusammenbruch nicht mehr zu leugnen ist, etwa weil sie die Firma im Rettungswagen verlassen oder bei der Aktionärsversammlung vom Rednerpult kippen. Dann machen sie die Not zur Tugend und geben den Drachentöter, der den Kampf mit der Arbeit zwar vorübergehend und ganz knapp verloren, aber dabei vor allem Mut und Kampfgeist bewiesen hat.

Durch diese Darstellung wird der Burn-out zum Adelstitel, den sich nur ergattert, wer auf dem Feld der Arbeitsehre bis zum Umfallen kämpft. Ich kenne eine Firma, in welcher der oberste Boss einen Burn-out einräumen musste. Und plötzlich fanden sich reihenweise weitere Manager, die eilig den Finger hoben und riefen: »Ich auch!«

Unter diesen Umständen sahen sie es als Auszeichnung, an einem »Burn-out« zu leiden. Auch wenn sie damit kein wirkliches Burn-out-Syndrom meinten, sondern nur den üblichen Arbeitsstress.

 Hamsterrad-Regel: Der Burn-out kann zwei Ursachen haben: mangelnde Belastbarkeit oder vorbildlichen Einsatz. Die erste Begründung stimmt grundsätzlich bei Mitarbeitern, die zweite bei Managern.

Das Burn-out-Zeitalter: Warum die Arbeitswelt durchdreht

In Motivationsreden sprechen Manager gern vom »Feuer der Begeisterung«, das sie unter ihren Mitarbeitern schüren wollen. Ein Held der Arbeit muss brennen für seinen Job. Aber wer löscht eigentlich, wenn die Flammen zu hoch lodern? Gegen Ausbrennen hilft keine Betriebsfeuerwehr.

Burn-out – der deutschstämmige Psychoanalytiker Herbert J. Freudenberger war es, der diesen Begriff Mitte der 1970er Jahre aus der Physik auf die Arbeitswelt übertrug. In sozialen Berufen hatte er beobachtet, wie die Helfer zu Hilflosen wurden, wie ihr hohes Engagement abglitt in Frust, Zynismus und Desinteresse, wie sie abstürzten in die vollkommene Erschöpfung von Seele, Körper und Geist: den Burn-out.[120]

Die hohe Einsatzfreude, zunächst Trumpf ihres Arbeitslebens, stach mit der Zeit das eigene Privatleben aus. Ihre Hobbys pflegten sie nicht mehr, ihre Familie vernachlässigten sie, zu ihren Freunden gingen sie auf Distanz. Ihr Leben kreiste nur noch um die Arbeit.

Alle Kunden zufriedenstellen, alle Probleme lösen, den Chef beglücken und den eigenen Idealen genügen: Zwischen diesen Anforderungen zerrieben sie sich. Am Ende sahen sie in ihrem Beruf keinen Sinn mehr und wurden zynisch. Wie Roboter spulten sie ihr Tagesprogramm ab, mieden Kontakte und bekämpften die innere Leere manchmal mit äußeren Exzessen, mit Fressorgien, Alkohol oder härteren Drogen.

Ihr Lebenslicht glich einer Taschenlampe, deren Batterie ausging; es wurde schwächer. Depressive Gleichgültigkeit lähmte ihr Leben. Bei einigen ging das Licht aus: Sie begingen Suizid.

Aber gab es dieses totale Ausbrennen nur in Pflegeberufen? War es um das seelische Gleichgewicht in anderen Zweigen der Wirtschaft wirklich besser bestellt? Oder hätte ein solches Eingeständnis von Schwäche einfach nicht zum Image der Unverwüstlichkeit gepasst, das sich die Wirtschaft selbst gab?

Nach dem Zweiten Weltkrieg hatte in Deutschland eine Generation das Sagen, die am Arbeitsplatz nichts mehr schrecken konnte. Über Schlachtfelder voller Leichen, durch zerbombte Städte waren diese Männer marschiert. Den Nazi-Terror hatten sie bestenfalls überstanden, schlimmstenfalls mitgemacht. Diese gestählte Generation marschierte los, um für das Wirtschaftswunder zu kämpfen: als Helden an der Arbeitsfront, harte Kerle, die nie vor ihrer Arbeit kapitulierten, keine Überforderung einräumten. Schon gar keine seelische!

Die Wirtschaft brummte nach dem Krieg, angeheizt durch den Marshall-Plan und steigende Exporte: Von 1950 bis 1960 verdreifachte sich das Bruttosozialprodukt.[121] In derselben Zeit sank die Arbeitslosigkeit von 11 auf 1,3 Prozent.[122]

Noch war die Arbeit bezwingbar, die Mitarbeiter verrichteten sie vor allem mit den Händen und streiften die Gedanken an sie nach Feierabend mit dem Blaumann ab. In den Büros trudelten die Aufgaben mit der Briefpost ein. Wer in Übersee agierte, durfte sich nach einem Brief schon mal zwei, drei Wochen zurücklehnen, ehe die Antwort aus New York wieder nach Nürnberg transportiert war.

Das Arbeitsverhältnis war ein Bund fürs Leben. Der Mitarbeiter warf seine Arbeitskraft in die Waagschale, und im Gegenzug bekam er einen sicheren Arbeitsplatz und ein Gehalt, das schon mal zweistellig steigen konnte, wenn die Gewerkschaften ihre Muskeln spielen ließen. Von 1950 bis 1970 kletterten die Reallöhne auf das Zweieinhalbfache.[123]

Ludwig Erhard (CDU), der füllige Zigarren-Kanzler, der 1963 auf Adenauer folgte, hatte schon 1957 in seinem gleichnamigen Bestseller »Wohlstand für alle« versprochen.[124] In den 1960er Jahren wuchs die Bedeutung der Wissensarbeiter, der Kopf entwickelte sich zum wichtigsten Arbeitsinstrument. In den Büros ging es noch gemütlich zu, die Mitarbeiter diskutierten in langen Kaffeepausen über die Themen der Zeit: den Bau der Berliner Mauer, den Vietnam-Krieg und einen langhaarigen Studentenführer namens Dutschke.

Die Arbeitnehmer waren selbstbewusst, sie wurden gebraucht.

Der Arbeitsmarkt glich einer zauberhaften Schlingpflanze, er griff sich jeden, den er bekommen konnte, auch Hilfskräfte und Gastarbeiter. Von 1960 bis Anfang der 1970er Jahre gab es fast durchgehend mehr offene Stellen als Arbeitslose, es herrschte Vollbeschäftigung.[125]

Doch 1973, mit der ersten großen Ölkrise, klang der Nachkriegs-Boom aus. Die Wachstumsraten halbierten sich, die Arbeitslosigkeit stieg in den folgenden Jahren rasant an.[126] Immer mehr Firmen packten den Rotstift aus, Arbeitsplätze wackelten, der Druck auf die Mitarbeiter wuchs.

In den 1980er Jahren rückte die Welt zusammen, die Arbeit verdichtete sich. Das Faxgerät spuckte Aufgaben in Echtzeit von Kontinent zu Kontinent. Die Firmen schielten immer mehr auf fette Gewinne. Und die Nation fiel vor der Wirtschaft auf die Knie, während die Band »Geier Sturzflug« die ironische Hymne jener Zeit sang: »Jetzt wird wieder in die Hände gespuckt, wir steigern das Bruttosozialprodukt.«

Anfang der 1990er Jahre, nach dem Fall der Mauer, öffnete sich der eiserne Vorhang zu Osteuropa. Die Firmen überschlugen sich, um als Erste Kasse zu machen. Manager gingen dazu über, Business wie Krieg zu betreiben: Feindliche Übernahmen, bis dahin vor allem auf die USA beschränkt, breiteten sich in Deutschland aus.[127] Es zählte nur noch, was sich zählen ließ. Für einen steigenden Aktienkurs taten Manager alles, auch Mitarbeiter entlassen. Die stattlichen Überschüsse klimperten in die Taschen der Aktionäre. Die Gehälter der Arbeitnehmer kamen kaum von der Stelle. Und eine Einschätzung des Schweizer Dramatikers Friedrich Dürrenmatt wurde vollends wahr: »In der Wirtschaft geht es nicht gnädiger zu als in der Schlacht im Teutoburger Wald.«

Während die Arbeitsmenge wuchs, schwand die Sicherheit der Arbeitsplätze. Das sorgte für Stress. Vermehrt tauchten Arbeitnehmer bei Ärzten auf und beklagten vier Arten von Beschwerden: emotionale Symptome – sie wurden gleichgültig, frustriert, zynisch und leicht reizbar; soziale Symptome – sie gingen dem Kontakt mit Menschen aus dem Weg, verschoben Präsenztermine, hielten keine Konflikte mehr aus und vereinsamten auch im Privatleben; intellektuelle Symptome – ihr Gedächtnis ließ nach, sie fühlten sich überfordert, entscheidungsschwach und unmotiviert; und körperliche Symptome – sie konnten nicht mehr durchschlafen, waren erschöpft, verspannt und klagten über Rückenbeschwerden.

Diese vier Arten von Symptomen kennzeichnen den Burn-out. Auf einmal kam er in die Schlagzeilen. Auf einmal galt er nicht mehr als Randphänomen in Pflegeberufen, sondern als Problem der ganzen Gesellschaft.

Dieser Trend verstärkte sich zur Jahrtausendwende, als die Arbeitswelt ohne Tempolimit durchstartete. Die Start-up-Unternehmen quollen empor wie Luftblasen aus kochendem Wasser, blauäugige Gründer stürmten aufs Parkett, und die Börsenkurse zischten in nie gekannte Höhen, um danach ebenso schnell zu verdampfen. Dank Internet war die ganze Welt nur noch einen Klick entfernt. Die E-Mail, schneller als der Wind, hängte den Brief ab. Das Handy, als Statussymbol gepriesen, machte die Mitarbeiter Tag und Nacht abrufbar.

Und die Entlassungswut koppelte sich von den Unternehmensergebnissen ab: Siemens machte 2004 einen Gewinn von 3,4 Milliarden Euro und strich 6000 Arbeitsplätze. MAN dankte seinen Mitarbeitern einen Gewinnsprung um 62 Prozent durch das Ausradieren von 1500 Stellen. Ähnlich trieben es die meisten Großunternehmen, so RWE, BASF, Schering, Postbank und die Deutsche Telekom.[128]

Dem Arbeitsmarkt des neuen Jahrtausends sind alle Sicherungen durchgebrannt. Werke werden geschlossen und an billigere Standorte verlagert, Zeitarbeiter für Hungerlöhne eingestellt, Hochschulabgänger mit befristeten Verträgen angeheuert. Und jedes Recht, das die Firmen sich herausnehmen, etwa auf Flexibilität, ist ein Recht, das den Mitarbeitern genommen wird, etwa auf Planbarkeit des eigenen Lebens. Der Acht-Stunden-Tag stirbt aus, die Arbeit übt den Würgegriff, und wo sichere Arbeitsplätze waren, sind nur Schleudersitze geblieben.

Jeder Mitarbeiter soll springen, wenn der Arbeitgeber ruft, auch in seiner Freizeit. Jeder soll täglich beweisen, dass seine Arbeit mehr Geld bringt, als seine Entlassung sparen könnte. Die Menschen arbeiten mit dem Rücken an der Wand, auch weil Übermenschliches von ihnen erwartet wird. Das Gefühl der Unzulänglichkeit, das Gefühl, nicht schnell, nicht effektiv, nicht gut genug zu sein, ist der ewige Schreibtischnachbar, und es ruft: »Sei schneller! Sei effektiver! Sei besser!«

Und nie weiß ein Arbeitnehmer, ob es jene Firma, die er morgens betritt, am Abend noch in derselben Form gibt – oder ob sie im Laufe des Tages von einem Konkurrenten geschluckt, ans andere Ende der Welt verlagert oder zum Abfallprodukt einer Fusion gemacht worden ist.

Die Arbeitswelt ruht auf keinem Fundament mehr, sie schwankt auf einem flirrenden Treibsand aus Hektik, Stress und Unsicherheit. Wohlstand für alle war einmal – die Erschöpfung aller droht. Wir leben im Zeitalter des Burn-outs.

 Hamsterrad-Regel: Niemand muss sich heute mehr zu Tode arbeiten! Es reicht völlig, wenn man es zur Vorstufe bringt: dem Burn-out.

Deppen-Erlebnisse

Wie ein Schwerarbeiter sich zum Genießer wandelte

Es war eine kleine Sensation, als mein Chef in der Teamrunde sagte: »Ach, übrigens: Ab dem 15. des kommenden Monats gönne ich mir eine Auszeit von vier Wochen. Es gibt ja noch wichtigere Dinge im Leben als die Arbeit.«

Sprach hier derselbe Mann, der nichts außer seiner Arbeit kannte, auch kein Familienleben? Der Mann, der Urlaubsanträge in Serie ablehnte, immer mit der Begründung, seine Abteilung ersticke in Arbeit? Wie könnte es sein, dass er plötzlich einen Sinn fürs süße Leben entdeckt hatte?

Und das gerade jetzt, da er sich in den letzten Monaten tiefer als je zuvor in die Arbeit gekniet hatte, nach einer längeren Krankheit. Fahrig war er, gereizt und kaum mehr ansprechbar. Einmal wollte ich sein Büro mit einer Frage betreten. Ich stand noch unterm Türrahmen, da schleuderte er mir schon entgegen: »Ich kann jetzt nicht! Was auch immer Sie wollen – die Antwort lautet: ›Nein‹!«

Umso verblüffter waren wir, dass dieser Arbeitsfanatiker sich einen Urlaubsmonat außerhalb der Reihe nahm, für »Wichtigeres als die Arbeit«. Seinem Stellvertreter sagte er, dass er unter keinen Umständen zu erreichen sei, er wolle die freie Zeit ungestört genießen.

Als er zurückkam, schwärmte er von einer Reise, die er mit alten Studienfreunden genossen habe. Aber schon nach drei Tagen war er wieder der alte Hektiker, dessen Nerven flatterten wie eine zerrissene Plastikfolie im Sturm.

Durch Zufall erfuhren wir, wo er wirklich gewesen war: Ein Ex-Kollege von uns hatte in dieser Zeit einen Freund in einer Burn-out-Klink besucht. Und wen hatte er dort auf dem Hof beim Spaziergang gesehen? Unseren Chef!

Offenbar hatten ihm die Ärzte diese Auszeit verordnet. Aber uns log er einen Reiseurlaub vor, um sich keine Blöße zu geben und uns keine falschen Anregung. Denn die Adresse der Klinik wäre ihm aus der Hand gerissen worden. Einige in unserem Team hatten eine solche »Auszeit« mindestens so nötig wie er.

Laura Schwarzkopf, Pharmareferentin

Wie ein Marathon-Manager die Betriebssportgruppe lichtete

Die Firma verkundete in einem Rundbrief: »Der beste Burn-out ist einer, den Sie gar nicht erst bekommen.« Und sie hatte sich eine Maßnahme gegen Dauerstress ausgedacht. Nein, die Arbeitslast sollte nicht gesenkt und das Personal nicht aufgestockt werden. Stattdessen hieß es: »Wir gründen eine Laufgruppe.«

In hochtrabenden Worten wurde erklärt, dass sich die Stresshormone am besten durch Ausdauersport abbauen ließen. Und als »Zeichen der Wertschätzung« gegenüber den Mitarbeitern werde diese Gruppe von einem Top-Manager persönlich geleitet. Als erfolgreicher Marathonläufer sei er für diese Aufgabe prädestiniert.

Beim ersten Laufabend waren 32 Mitarbeiter dabei. Doch nach sechs Wochen hatte es der Manager geschafft, 25 Mitarbeiter zu vertreiben, auch mich; seine Gruppe bestand nur noch aus sieben Köpfen.

Wie das kam? Er betrieb seine Gruppe, die eigentlich dem Burn-out vorbeugen sollte, nicht nach dem Erholungsgedanken. Vielmehr ging es um Höchstleistungen. Mit der Stoppuhr lauerte er am Streckenrand, trieb die Läufer an und schwärmte immer wieder von seinem Ziel: Er wollte eine Marathon-Gruppe aufbauen, um anderen Firmen – wie er sagte – »mal zu zeigen, wo der Hammer hängt«.

Schnell bot er zusätzliche Laufabende im Stadtwald an – er wünschte sich wohl eine Eskorte, die ihn bei seinem persönlichen Training begleitete. Wer gestresst aus der Firma ging, war noch gestresster, nachdem er von ihm gescheucht worden war.

Immer ging es in unserer Firma darum, das Letzte rauszupressen, Bestmarken aufzustellen, die Konkurrenz zu schlagen. Rennen, rennen, rennen. Genau diese Philosophie hätte man in Frage stellen müssen, statt sie unter dem Deckmäntelchen der Burn-out-Prävention auch noch in die Freizeit der Mitarbeiter zu transportieren.

Zum Glück haben die meisten Läufer dieselbe Richtung wie ich eingeschlagen: Sie liefen dem Marathon-Manager davon!

Jürgen Dengele, Multimediafachmann

Vom Absturz eines Projektmanagers

Der Prokurist eines Beleuchtungsherstellers bat mich um Unterstützung: Sein Projektmanager Dietmar Behr (41), lange »bester Mann«, sei »total von der Rolle«. Über Jahre hatte Behr mehrere Teams koordiniert und zu Erfolgen geführt. Doch in letzter Zeit war der Projektmanager kaum wiederzuerkennen: Er, sonst immer zuverlässig, verschwitzte Termine mit Kunden. Er, sonst immer gesellig, mied seine Kollegen und saß allein in der Kantine. Er, der sonst zügig entschied, schob Entscheidungen vor sich her.

»Ich habe ihn schon mehrfach ins Gebet genommen«, sagte der Prokurist. Doch beim ersten Mal habe der Mitarbeiter »keine Miene verzogen«. Beim zweiten Anlauf sei er gereizt aus dem Raum gestürmt. Behr, jahrelang keinen Tag krank, blieb jetzt oft mit Kopfschmerzen zu Hause, ließ seine Verspannungen massieren, und in den kleinen Pillendöschen, die auf seinem Schreibtisch standen, vermutete der Prokurist Aufputschmittel.

Auf meine Frage, wie er die Veränderung des Mitarbeiters erkläre, sagte der Prokurist: »Herr Behr ist Perfektionist. Er erträgt es nicht, wenn die Dinge von seinem persönlichen Plan abweichen. Ich glaube, er ist anfällig für einen Burn-out.«

»Und was trägt Ihre Firma dazu bei?«

»Daran kann es nicht liegen! Die meisten Mitarbeiter kommen mit den Arbeitsumständen bestens klar.«

»›Die meisten‹ heißt: einige nicht?«

»Nun ja, wir hatten schon ein paar Ausfälle. Aber das waren oft Mitarbeiter, die es aus freien Stücken übertrieben haben.«

»Vor allem Leistungsträger, nehme ich an?«

Er grübelte kurz. »Ja, kann man so sagen.«

Ich dachte mir meinen Teil, auch als er mich aufforderte: »Zeigen Sie Herrn Behr in einem persönlichen Coaching, wie man fünfe gerade sein lässt – damit er wieder ordentlich seinen Job macht.«

Dieser Auftrag kam nicht in Frage, denn ich konnte den Ingenieur nicht gegen seinen Willen coachen. Außerdem war mir klar, dass der Prokurist die Verantwortung auslagern wollte: An seiner Firma durfte es nicht liegen, nur am Perfektionsanspruch der Mitarbeiter!

Ich schlug vor, Einzelgespräche mit mehreren Mitarbeitern zu führen, auch mit Dietmar Behr. Vielleicht bekäme der Prokurist so Anhaltspunkte, wo es hakte. Und vielleicht würde Behr dann von sich aus ein Coaching wünschen. Murrend ließ der Prokurist sich darauf ein.

Mein erstes Gespräch mit Dietmar Behr verlief schleppend. Sein Mund war wie zugeklebt, wahrscheinlich hielt er mich für einen Spitzel der Geschäftsführung. Doch am nächsten Tag kam er auf mich zu, und sein Gesicht deutete ein Grinsen an: »Ich habe über Sie im Internet gelesen. Offenbar sehen Sie die Firmen ja ziemlich kritisch.« Wir setzten uns erneut zusammen. Nun redete er Klartext: »Ich werde mit der Arbeit einfach nicht mehr fertig. Im Grunde brauche ich gar nicht erst anzufangen, ich habe schon verloren.«

»Was meinen Sie mit ›verloren‹?«

»Wir können die Termine nicht mehr halten! Ich habe zehn Jahre lang keinen Termin versäumt. Alle meine Projekte waren pünktlich. Aber seit wir Aufträge aus China haben, geht fast jeder Termin daneben. Das ärgert mich maßlos.«

»Was ist anders als früher?«

»Durch die Aufträge aus China haben wir wesentlich mehr zu tun, bestimmt 50 Prozent mehr Arbeit. Aber wir haben nur 10 Prozent mehr Mitarbeiter bekommen. Es fehlt an allen Ecken und Enden Personal.«

»Was bedeutet das für Sie im Alltag?«

»Ich habe zwei Möglichkeiten: Entweder mache ich meine Arbeit schlampig, weil so wenig Zeit ist – das will ich aber nicht! Oder ich mache sie gründlich, obwohl so wenig Zeit ist – dann verfehle ich meine Termine.«

»Wie reagiert Ihr Vorgesetzter, wenn Sie schlampig arbeiten?«

»Erst winkt er alles durch. Aber sobald der Kunde sich beschwert, heißt es: ›Die Aufträge aus China bekommen wir nur wegen unserer Qualität. Wir können uns keinen Pfusch erlauben!‹«

»Und was passiert, wenn Sie gründlich sind und den Termin sausen lassen?«

»Dann heißt es: ›Wir sind bekannt für unsere Pünktlichkeit – jeder Lieferverzug ist eine Geschäftsschädigung‹!«

»Das klingt, als könnten Sie es nur falsch oder falsch machen.«

Zum ersten Mal in unserem Gespräch kamen seine Hände in Bewegung und klopften zustimmend auf den Tisch: »Genauso ist es! Wenn ich schlampig arbeite, verrate ich meinen eigenen Anspruch. Wenn ich Termine verfehle, ebenso!«

Nun wollte ich noch mehr über die Rolle der Firma erfahren: »Wie kommt es eigentlich, dass die Termine so eng gesetzt werden?«

»Die Geschäftsleitung nimmt die Aufträge an, ohne Rücksicht auf die Kapazitäten. Und in unserer Produktion stehen viele Maschinen, die eigentlich schrottreif sind. Immer wieder gibt es Lieferverzögerungen, weil die Maschinen ausfallen. Das macht mich vollkommen wahnsinnig. Am liebsten würde ich morgens im Bett bleiben und hier nie mehr aufkreuzen!«

Nach Gesprächen mit anderen Mitarbeitern, die ähnlich verliefen, war mir klar: Es lag nicht an der Belegschaft, dass der Stress sie würgte – es lag daran, dass die Firma bei ihren Terminzusagen äußerst großzügig war, aber beim Personal und bei den Maschinen äußerst geizig. Die Mitarbeiter sollten richten, was nicht zu richten war. Der Burn-out ging nicht zufällig um, er hielt eine persönliche Einladung der Geschäftsleitung in den Händen.

Entsprechend fiel meine Rückmeldung an den Prokuristen aus. Ich bot ihm an, mit seiner Belegschaft Vorschläge zu entwickeln, wie sich die Arbeit besser organisieren ließe und welche Investitionen dazu notwendig seien. Er versprach, darüber nachzudenken.

Ich habe nie wieder von ihm gehört.

 Hamsterrad-Regel: Eine Henne hat nichts mit dem Ei zu tun, das sie legt – eine Firma nichts mit den Burn-outs, die sie produziert.

Wandern in der Wüste – so kommt es zum Burn-out

Stellen Sie sich vor, ein Wüstenwanderer bricht auf zur nächsten Oase, um seinen Durst mit frischem Wasser zu stillen. Die Sonne brennt auf seinen Nacken, der Sand glüht unter seinen Schuhen. Doch weil ihm frisches Wasser winkt, marschiert er immer weiter durch die beschwerliche Trockenheit.

Dann die Enttäuschung: Die Oase ist ausgetrocknet. Erschöpft sinkt er auf den Boden. Eigentlich wollte er hier Kraft für den Rückweg tanken. Doch nun wird ihm klar: »Die Dürre ist dieses Jahr besonders groß! Ich muss *noch* rascher laufen, um die nächste Oase zu erreichen, ehe auch sie ausgetrocknet ist.«

Erneut eilt er in die Wüste, mit schnelleren Schritten und größerem Durst. Er beißt die Zähne zusammen, ignoriert seine Schmerzen, denkt nur noch ans rettende Wasser. Sein erster Anlauf war erfolglos – deshalb legt er, obwohl schon angeschlagen, in den zweiten Anlauf noch mehr Kraft.

Der Marsch zur zweiten Oase scheint ihm endlos. Als er ankommt, stellt er fest: Die Dürre war wieder schneller. Seine Beine sind so schwer, dass er kaum noch laufen kann. Sein ganzer Körper schreit nach Wasser. Und doch weiß er: »Zur dritten Oase muss ich *noch* schneller laufen! Damit mir die Dürre nicht erneut zuvorkommt. Damit ich trinken kann, ehe ich zusammenbreche.«

Noch einmal läuft er in die glühende Wüste. Seine Beine versagen. Auf halbem Weg bleibt er liegen.

Eine langwierige Arbeitsaufgabe ist wie eine Wüstenwanderung: Sie kostet Kraft und Energie. Und was für den Wüstenwanderer das Wasser der Oase, ist für den Mitarbeiter der Arbeitserfolg. Ein Budget will er einhalten, einen Termin erreichen, einen Kunden zufriedenstellen. Gelingt ihm das, kann er sich am Erfolg laben wie der Durstige am Wasser. Er wird von seinen Strapazen erlöst und tankt neue Energie – erst recht, wenn seine Leistung Anerkennung findet, zum Beispiel durch den Chef.

Dann hat sich der Marsch durch die Arbeitswüste gelohnt, dann kann er sich entspannen. Die Energie, die der Mitarbeiter für den Erfolg aufgewendet hat, und jene, die er aus ihm bezieht, halten sich die Waage; seine Energiebilanz ist ausgeglichen.

Aber was geschieht, wenn der Mitarbeiter trotz größtem Einsatz sein Ziel nicht erreicht? Wenn er alles tut, um einen Termin einzuhalten, der aufgrund unrealistischer Vorgaben nicht einzuhalten ist? Wenn er wie verrückt kämpft, um dem Kunden einen reibungslosen

Ablauf zu gewährleisten, der aber aufgrund der Konzern-Bürokratie nicht zu gewährleisten ist? Wenn er alles daransetzt, in seinem Team ein gutes Klima zu erzeugen, aber durch stetige Personalkürzungen kein solches Klima erzeugen kann?

Dann gerät er in denselben Teufelskreis wie der Wüstenwanderer: Weil er sein Ziel, sagen wir den Termin, im ersten Anlauf verfehlt, verstärkt er seine Anstrengung. Er arbeitet noch länger, noch härter, noch konzentrierter – obwohl seine Kraftreserven schon vermindert sind. Und weil er härter arbeitet, schwinden seine Kraftreste noch schneller.

Ein Arbeitserfolg könnte ihn retten. Aber was er mit voller Kraft nicht schaffte – den unrealistischen Termin zu halten –, schafft er mit halber Kraft noch weniger. Obwohl der Chef natürlich behauptet: »Das ist zu machen! Strengen Sie sich mehr an!« Der Mitarbeiter beißt auf die Zähne, powert noch mehr. Mit letzter Kraft läuft er erneut aufs Ziel los – bis er, wie der Wüstenwanderer, zusammensackt, wenigstens psychisch.

Harte Arbeit allein zieht noch keinen Burn-out nach sich. Es gibt Forscher, die 15 Stunden am Tag in ihrem Labor tüfteln, Schriftsteller, die ihren Schreibtisch nur zum Schlafen verlassen – und die doch ausgeglichen sind, weil sie aus ihrem Arbeitserfolg neue Energie ziehen. Dasselbe kann für körperliche Arbeit gelten, wie schon Albert Einstein wusste: »Holzhacken ist deshalb so beliebt, weil man bei dieser Tätigkeit den Erfolg sofort sieht.« Aber welche Erfolge sieht der heutige Büroarbeiter?

Harte Arbeit führt vor allem dann zum Burn-out, wenn jemand alles gibt, aber nichts zurückbekommt, weder Erfolg noch Anerkennung.

Dass schlechter Führungsstil noch stärker zum Burn-out beiträgt als eine hohe Arbeitsbelastung, geht aus amerikanischen Studien hervor.[129] Diesen Befund kann ich für Deutschland bestätigen. Unrealistische Anforderungen erzeugen Stress, dem sich Mitarbeiter nur schwer entziehen können. Wenn Beschäftigte von ihrem Vorgesetzten nur eingespannt, aber nicht einbezogen werden, wenn sie Entscheidungen umsetzen müssen, die ihrem Selbstanspruch widersprechen und wenn ihnen der kalte Atem des Sparwahns in den Nacken bläst, während die Qualität ihrer Arbeit für zweitrangig erklärt wird – dann verliert ihr Berufsleben die wichtigste Energiequelle: den Sinn!

Oft sind Mitarbeiter nur noch Figuren auf dem Schachbrett, die nicht selbst über ihre Arbeitszüge entscheiden können, psychisch mattgesetzt. Wer sich als Krankenschwester vom Chefarzt scheuchen lassen, deshalb Patienten vernachlässigen und gegen seine Ideale handeln muss, ist einer höheren Burn-out-Gefahr ausgesetzt als dieser Chefarzt selbst, der sich seine Arbeit frei einteilen kann, so stressig sie auch sein mag (das ist auch der Grund, warum der Chefarzt eine höhere Lebenserwartung als die Krankenschwester hat, siehe Seite 45).

Ein weiterer Burn-out-Beschleuniger ist der permanente Veränderungsdruck. Ich habe verfolgt, dass Mitarbeiter eines Konzerns jahrelang im Auftrag der Geschäftsleitung für ein Ziel gekämpft haben, das dann über Nacht zurückgerufen und zum dummen Irrweg erklärt wurde. Ihre komplette Arbeitsbiografie war erdrutschartig verschwunden, und ein Zustand depressiver Lähmung setzte ein.

Als Wegweiser aus der Erschöpfung gelten die privaten Ressourcen: Familie, Freunde und Hobbys. Das Fatale ist nur: Wer durch die Arbeitswüste gewandert ist, hat dafür viel Zeit und Energie gebraucht. Derweil können seine privaten Ressourcen verkümmert sein. Die Scheidungsrate unter Dauergestressten ist gigantisch. Wo die Joggingschuhe stehen, wissen sie schon nicht mehr. Und wer über Jahre nie für seine Freunde da war, kann im Krisenfall nicht erwarten, dass seine Freunde für ihn da sind.

Und wie reagiert die Firma? Demselben Mitarbeiter, der in den

Burn-out getrieben wurde, wird dieser Burn-out nun vorgehalten: »Sie sind dem normalen Stress einfach nicht gewachsen!«

So mancher Arbeitswanderer bleibt in der Wüste liegen.

 Hamsterrad-Regel: Ein Unternehmen, das höchste Ansprüche an seine Mitarbeiter stellt, hat viele Außenstellen. Die bestfrequentierte nennt sich: Burn-out-Klinik.

Deppen-Erlebnisse

Wie Herr W. das Gespött einer Führungsrunde wurde

Ich war frisch in die Führungsriege des großen Rückversicherers aufgerückt. Im Jour fixe besprachen wir die Personalplanung für ein großes Projekt: »Ist Herr W. immer noch krank?«, fragte ein Bereichsleiter. Ein Kollege antwortete: »Angeblich. Herr W. weiß schon, wie man das in die Länge zieht.«

»Eine Frechheit! Der und ein Burn-out – dass ich nicht lache!«

»Was soll ich tun? Auf der Krankmeldung müsste eigentlich stehen: Simultantitis im fortgeschrittenen Stadium.«

Die Runde lachte. Ich nicht. Der Arbeitsdruck im Konzern war hoch, ich selbst angeschlagen. Egal wie spät ich Feierabend machte, ich hatte immer zu wenig geschafft. Vor dem Einschlafen nahm ich mir Mails und Dokumente an meinem Laptop vor, ebenso nach dem Aufwachen. Dieser Konzern war ein großes Hamsterrad, Führungskräfte strampelten genauso wie Mitarbeiter. Aber niemand gab zu, dass er nicht mehr konnte.

Und wenn einer den Mut hatte, wie dieser Mitarbeiter, traf ihn der Spott. Als zum x-ten Mal über »Herrn W.« gelacht wurde, fragte ich ernst: »Wie heißt der Mitarbeiter mit ganzem Namen? Ich finde es merkwürdig, dass Sie alle nur ›Herr W.‹ sagen.«

Die ganze Runde prustete, und ich erfuhr: »W.« stand nicht für einen Namen – »W« stand für »Weichei«! Sie, die harten Eier – er das weiche! Nur darüber, dass die Schale eines harten Eis genauso leicht wie die eines weichen bricht, hatten sie nicht nachgedacht. Diese Eierköpfe!

Arno Lübbers, Volkswirt

Wie eine Psychologin als Alibi diente

Wahrscheinlich waren wir deutschlandweit die Nummer 1, aber nur in Sachen Burn-out. Immer wieder mussten ausgebrannte Kollegen durch Kuren aufgepäppelt werden. Meine Arbeit war wie Wasserschöpfen in einem lecken Boot: Ich schüttete einen Eimer raus, derweil flossen zwei neue nach. Das Boot sank immer tiefer, fertig wurde ich nie.

Dann verkündete die Firma stolz, sie habe »einen wichtigen Schritt in der Burn-out-Prävention« eingeleitet. Eine Diplompsychologin und Burn-out-Expertin sei gewonnen worden, das Unternehmen rund um den Arbeitsstress zu beraten. Bei einer Versammlung stellte sich die Psychologin vor. Zum Beispiel sagte sie: »Wenn Sie sich dauerhaft überfordern, schaden Sie nicht nur sich, sondern auch Ihrem Arbeitgeber. Haben Sie den Mut, eine Grenze zu setzen, ehe es zu spät ist – sagen Sie auch mal ›Nein‹!«

An dieser Stelle gab es spontanen Applaus, auch von den Vorgesetzten. Der lokale Radiosender berichtete über die Veranstaltung und attestierte der Firma, ihre »Mitarbeiter vorbildlich gegen Überlastung zu schützen«.

Ein paar Tage später wollte ich den Rat der Expertin umsetzen.

»Können Sie bitte die Koordination mit dem Zulieferer übernehmen?«, fragte mein Chef.

»Nein«, sagte ich, »mein Schreibtisch ist schon mehr als voll.«

Er war sichtlich irritiert. »Aber das muss gemacht werden! Das ist dringend.«

»Nein«, sagte ich, »im Moment geht das wirklich nicht.«

Sein Gesicht bekam rote Flecken. »Was bilden Sie sich ein? Wir alle sind überlastet, nicht nur Sie!«

»Aber die Burn-out-Beraterin hat doch gesagt …«

Sein Kopf schwoll an wie ein roter Luftballon kurz vorm Platzen: »Ihr Chef ist nicht *sie* – das bin *ich*. Und ich sage Ihnen: Sie machen das jetzt. Dafür werden Sie bezahlt!«

Mit diesen Worten schmetterte er mir die Unterlagen auf den Tisch.

Was bringt eine Burn-out-Beraterin, wenn sie im Alltag nichts zu melden hat? Was bringen ihre Ratschläge, wenn sie von Vorgesetzten ausgehebelt werden? Den Mitarbeitern nichts, aber der Firma: kostenlose Werbung im Radio!

Katja Voigt, Grafikdesignerin

Teil 2

Ich stehe nicht mehr zur Verfügung!

Der Depp-Faktor-Test:
Wie sehr lassen Sie sich ausnutzen?

In diesem Kapitel erfahren Sie unter anderem ...

- ob Ihr Leben zum Berufsleben zu schrumpfen droht,
- ob Ihr Unternehmen den Begriff »Fairness« buchstabieren kann,
- wie groß Ihr persönliches Burn-out-Risiko ist
- und ob Sie von anderen als Depp vom Dienst missbraucht werden.

Depp werden ist nicht schwer ...

Die Deppen-Fänger gehen um in den Firmen. Ihr Netz lauert auf jeden. Gutmütige Mitarbeiter können ausgenutzt, fleißige überfordert, ehrgeizige zu Sklaven gemacht werden. Aber nicht jeder, der zum Depp gemacht wird, merkt es.

Dieser Test gibt Ihnen die Chance, die Depp-Fallen Ihres Berufslebens auszuleuchten: Wer versucht, Sie zum Deppen zu machen? Ist Ihre Grenze zwischen Privat- und Berufsleben stabil? Verhält sich Ihre Firma fair? Und wie achtsam müssen Sie sein, um nicht in die Sackgasse der Erschöpfung zu laufen, an deren Ende ein Burn-out wartet?

Dieser Test trifft 40 Aussagen, meist in der Ich-Form. Jedes Mal können Sie ankreuzen, ob Sie maximal zustimmen (durch eine 1), maximal ablehnen (durch eine 5) oder einen Zwischenwert wählen. Zählen Sie am Ende Ihre Punkte zusammen.

In fünf Auswertungen erfahren Sie alles über die Depp-Risiken Ihres Arbeitslebens: eine Auswertung ist allgemein, vier gehen auf spezielle Themen ein, etwa ob Ihr Leben noch Ihnen gehört, ob Ihre Firma ein guter Partner ist und wie hoch Ihre persönliche Burn-out-Gefahr ist.

Die Joker-Frage wird nicht zum Test gezählt – Sie bekommen dazu eine gesonderte Auswertung.

Der große Depp-Faktor-Test

1 (maximale Zustimmung) – 5 (maximale Ablehnung)

1. Meine reguläre Arbeitszeit reicht nicht,
   um alles zu schaffen.   1 2 3 4 5
2. Überstunden sind die Regel.   1 2 3 4 5
3. Dienstliche Mails checke ich auch privat.   1 2 3 4 5
4. Die Firma erreicht mich per Handy in der
   Freizeit.   1 2 3 4 5
5. Ich übernehme regelmäßig alte
   Urlaubstage ins neue Jahr.   1 2 3 4 5
6. Im Urlaub arbeite ich gelegentlich
   auch.   1 2 3 4 5
7. Wenn ich länger weg bin, sammelt sich so
   viel Arbeit, dass ich danach doppelt
   ranklotzen muss.   1 2 3 4 5
8. Meine Arbeitsmenge hat sich in den
   letzten Jahren vergrößert.   1 2 3 4 5
9. Meine (Jahres-)Ziele sind bei normalem
   Einsatz kaum erreichbar.   1 2 3 4 5
10. Die Arbeit zwingt mich öfter mal, private
    Termine zu kippen.   1 2 3 4 5
11. Die Terminvorgaben, etwa bei Projekten,
    sind unrealistisch.   1 2 3 4 5
12. Mein Arbeitsplatz kann wackeln, obwohl
    meine Leistung stimmt.   1 2 3 4 5

13. Meine Arbeitsanforderungen sind
    schneller als mein Gehalt gewachsen.   1 2 3 4 5

14. Mein Chef ist gut im Kritisieren und
    schlecht im Loben.   1 2 3 4 5

15. Die Firma sieht es nicht gern, wenn ich
    auf Fortbildung bin.   1 2 3 4 5

16. Mein Chef verspricht in Verhandlungen
    mehr, als er im Alltag hält.   1 2 3 4 5

17. Die Firma sieht scharfe Konkurrenzkämpfe
    unter Mitarbeitern gern.   1 2 3 4 5

18. Wenn ich krank bin, empfinde ich Druck,
    bald wieder anzutreten.   1 2 3 4 5

19. Mein Chef erwartet von mir, dass ich
    arbeite, auch wenn ich fiebrig oder total
    ausgelaugt bin.   1 2 3 4 5

20. Burn-out ist bei uns ein Tabu-Thema,
    Prävention unbekannt.   1 2 3 4 5

21. Aufgaben, die sonst keiner machen will,
    landen oft bei mir.   1 2 3 4 5

22. Wenn es brennt, rufen die Kollegen mich
    zu Hilfe.   1 2 3 4 5

23. Mein Chef zielt beim Delegieren mit
    Vorliebe auf mich.   1 2 3 4 5

24. In Projektgruppen arbeite ich für Kollegen mit.   1 2 3 4 5

25. Andere gehen mit meinen Arbeitserfolgen
    hausieren.   1 2 3 4 5

26. Ich sage oft »Ja«, obwohl ich »Nein«
    meine – etwa zu Überstunden.   1 2 3 4 5

27. Die anderen wissen genau, wie sie mich
    noch rumkriegen, wenn ich mal einen
    ihrer Wünsche ablehne.   1 2 3 4 5

28. Wenn ein Protokoll zu schreiben ist
    oder eine andere Arbeit fürs ganze Team
    anliegt, bleibt es meist an mir hängen.   1 2 3 4 5

29. Es ist mir wichtig, dass die anderen gut
    von mir denken.   1 2 3 4 5

30. Ich gelte als »nett« – fühle mich
    manchmal aber als Depp behandelt.   1 2 3 4 5

31. Ich denke im Bett oft an die Arbeit und
    schlafe schlecht.   1 2 3 4 5

32. Ich war in den letzten zwölf Monaten
    öfter krank als sonst.   1 2 3 4 5

33. Ich bekomme für meine Leistung zu
    wenig Anerkennung.   1 2 3 4 5

34. Der Gedanke an die Arbeit macht mir
    schlechte Laune.   1 2 3 4 5

35. Mein Kopf ist nicht mehr frei für
    gute Ideen.   1 2 3 4 5

36. Ich schaffe weniger als früher, fühle mich
    träge und unproduktiv.   1 2 3 4 5

37. Hobbys, Freunde und Familie leiden
    unter meinem Beruf.   1 2 3 4 5

38. Mein bester Freund würde unterschreiben,
    dass ich es mit meiner Arbeit übertreibe.   1 2 3 4 5

39. Ich bin nervös und leicht reizbar.   1 2 3 4 5

40. Gelegentlich nehme ich Schlaf- oder
    Aufputschmittel.   1 2 3 4 5

Joker-Frage

41. Wenn ich ausgesorgt hätte, würde ich
    kündigen!   1 2 3 4 5

Nun übertragen Sie bitte Ihre Punktezahl!

Fragen	Punktezahl
1 – 10	_____
11 – 20	_____
21 – 30	_____
31 – 40	_____
Gesamtpunktzahl	_____

Auswertung: Die generellen Depp-Faktoren

40–80 Punkte: Nicht Sie schaffen Ihre Arbeit, sondern Ihre Arbeit schafft Sie. Zu viele Aufgaben, zu enge Termine, zu wenig Personal – all das treibt Ihren Stresspegel dauerhaft in die Höhe. Sie sind im Dienst, auch wenn Sie nicht im Dienst sind. Arbeit in der Freizeit gilt in Ihrer Firma nicht als Übel, sondern als üblich. Damit Ihr Arbeitgeber den höchstmöglichen Profit macht, macht er seine Mitarbeiter zu Deppen.

In einem solchen Klima ist jeder sich selbst der Nächste. Sehr wahrscheinlich nutzen Kollegen und Vorgesetzte Ihren Schreibtisch als Verschiebebahnhof für ungeliebte Arbeiten. Wenn Sie solche Arbeiten annehmen, geht das auf Kosten Ihrer Gesundheit. Täglich fahren Sie mit Höchstgeschwindigkeit, Ihr Ressourcen-Tank wird immer leerer. Am Ende des Weges wartet der Burn-out. Oder sind Sie dort schon angelangt?

Das Zöllner-Prinzip gibt Ihnen die Chance, sich besser abzugrenzen (siehe ab Seite 315).

81–119 Punkte: Die Arbeit hat Ihr Leben im Griff. Der pünktliche Feierabend ist die Ausnahme. Ob vorm Einschlafen oder nach dem Aufwachen: Gedanken an die Arbeit kriechen durch Ihren Kopf. Immer wieder arbeiten Sie auch in Ihrer Freizeit.

Ihre Firma nimmt von Ihnen, was sie kriegen kann, denn gesunde Geschäftsergebnisse sind ihr wichtiger als gesunde Mitarbeiter. Und Sie geben meist zu viel. Nur selten gelingt es Ihnen, Ihre Erholung über den Stress und Ihr Privatleben über die Arbeit zu stellen. Das kostet Sie Kraft und Disziplin. Und so manchen frühen Feierabend oder längeren Urlaub müssen Sie büßen, denn in der Zeit danach fällt Mehrarbeit an.

Wahrscheinlich gelten Sie als jemand, der sich vor Arbeit nicht drückt – weshalb man Ihnen viel Arbeit zumutet. Konsequentes Nein-Sagen kann Ihnen helfen, sich mehr Luft zum Atmen zu verschaffen (die zehn besten Tipps hierzu ab Seite 330). Erst wenn es Ihnen gelingt, einen vernünftigen Ausgleich zu Ihrer Arbeit zu etablieren, ist die akute Erschöpfungs-Gefahr gebannt.

120–135 Punkte: Mit Ihrem Arbeitsstress gehen Sie souverän um, indem Sie sich Freiräume schaffen, zum Beispiel durch erholsame Pausen oder arbeitsfreie Privatzeit. Ihre Firma trägt keinen Heiligenschein, doch wenn Sie Ihre Grenzen konsequent ziehen, wird das von den Chefs auch respektiert. Anscheinend haben Sie in der Regel ein gesundes Gespür für Ihre eigenen Bedürfnisse und können das Wort »Nein« buchstabieren, statt pausenlos in die Helferfalle zu tappen, nur um anderen zu gefallen.

Unter Druck kann es passieren, dass Sie sich zu viel Arbeit aufladen (oder aufladen lassen). Dann ist es wichtig, dass Sie die Achtsamkeit für Ihre Bedürfnisse und Ihre klaren Grenzen schnell wiederfinden. Ihre Erholungszeiten sind nötig, damit Sie dauerhaft konzentriert und freudvoll arbeiten können.

Halten Sie Ihr Arbeitsleben weiter so gut im Lot! Dann können Sie davon ausgehen, dass der Burn-out nicht an Ihre Tür klopfen wird.

136–160 Punkte: Viele Menschen würden Sie um Ihr Arbeitsleben beneiden! Offenbar gelingt es Ihnen, einen guten Ausgleich zwischen Arbeit und Freizeit zu finden. Ihre Abgrenzung funktioniert, Ihr »Privatleben« hat diesen Namen noch verdient, Überstunden sind die Ausnahme. Meist kommen Sie gut gelaunt nach Hause und haben noch Energie für die Stunden nach der Arbeit.

Gut möglich, dass Ihre Firma einen Führungsstil pflegt, der nicht nur fordert, sondern auch fördert. Das Klima ist gut, Sie bekommen Anerkennung, und oft haben Sie bei Ihren Arbeiten Gestaltungsspielraum und können selbst entscheiden, auf welchem Weg Sie Ihre Ziele erreichen.

Vor allem wird Ihr »Nein«, sofern Sie es deutlich genug aussprechen, nicht nur von Kollegen, sondern auch von Chefs akzeptiert – und Sie sind gut darin, Nein zu sagen, wenn Sie es für nötig halten! Ihr Burn-out-Risiko ist im Moment minimal, weil Sie gut abgegrenzt sind und Kraft aus Ihrem Privatleben schöpfen.

161–200 Punkte: Gratulation! Ihre Arbeit hört auf den Namen »Traumjob«, denn Sie beziehen Energie aus ihr, statt welche zu lassen. Ihre Firma ist ein fairer Partner und unterstützt Sie, Ihr Chef vertraut Ihnen und geizt nicht mit Anerkennung. Ob Sie sich abgrenzen können – wahrscheinlich können Sie es! –, ist gar nicht so wichtig, da Sie wahrscheinlich nicht überfordert werden. Bei der Arbeit sind Sie Ihr eigener Herr (oder: Ihre eigene Frau). Den Burn-out kennen Sie nur aus der Zeitung. Ihr Depp-Faktor liegt bei null.

Die Depp-Faktoren im Detail

Wie ist es um Einzelheiten Ihres Arbeitslebens bestellt? Diese detaillierte Auswertung hilft Ihnen, die Depp-Risiken Ihres Arbeitslebens zu erkennen und gegenzusteuern.

1. Gehört Ihr Leben noch Ihnen – oder längst der Firma?

Frage 1 – 10: Zählen Sie die Punkte zusammen.

10 – 20 Punkte: Was einmal Freizeit für Sie war, ist nur noch Rufbereitschaft. Sobald die Arbeit nach Ihnen pfeift, springen Sie. Mails nach Feierabend empfangen? Überstunden machen? Den Urlaub nach der Arbeit ausrichten? All das ist für Sie schon normal geworden. Von Ihrem Arbeitsleben ist nur Arbeit übrig geblieben. Ihr Arbeitgeber behandelt Sie als Depp. Wie lange wollen Sie das noch dulden?

21 – 29 Punkte: Die Arbeit strömt nicht ungehindert in Ihre Freizeit, aber sie schwappt öfter mal in solchen Mengen über den Damm, dass Sie um ihn fürchten müssen. Manchmal haben Sie frei – aber selten sind Sie frei von Ihrer Arbeit, vor allem im Kopf! Wenn es Ihnen glückt, die Arbeit auf Distanz zu halten, wie gelegentlich, dann erleben Sie Ihre besten Momente.

30–37 Punkte: Es gelingt Ihnen weitgehend, den großen Arbeitsfluss wie mit einer Schleuse zu regulieren: Sie bestimmen, ob und wie die Arbeit in Ihr Privatleben fließt. Ihr Leben außerhalb der Firma wird nicht von der Arbeit weggespült, sondern spielt eine wichtige Rolle, die Sie in den meisten Fällen behaupten können. Ihr Leben gehört Ihnen.

Ab 38 Punkte: Als das Wort »Work-Life-Balance« erfunden wurde, müssen Sie in der Nähe gestanden haben. Kompliment, wie konsequent Sie die Depp-Fallen meiden – und wie perfekt Sie Ihr Privatleben gegenüber dem Berufsleben behaupten!

2. Ist Ihre Firma fair – oder beutet sie aus?

Frage 11–20: Zählen Sie die Punkte zusammen.

11–20 Punkte: Die Umstände, unter denen Sie arbeiten, sind eine Zumutung. Offenbar hält Ihre Firma nur deshalb keine Sklaven, weil sie diese »Mitarbeiter« nennt. Auf dem Altar des Gewinns werden Menschen geopfert. Ausbeutung steht auf der Tagesordnung, fairer Führungsstil ist unbekannt. »Mitarbeiter« werden ausgequetscht und wie Deppen behandelt.

21–29 Punkte: In Ihrer Firma herrscht ein raues Klima, wenn auch vielleicht noch kein Polarwind. Vor lauter Geschäftszahlen wird oft übersehen, wer sie erwirtschaftet: die Mitarbeiter. Von Ihnen wird so viel verlangt, dass die Versuchung groß ist, über die eigene Grenze zu gehen – allerdings wird manchmal auch respektiert, wenn Sie sich hier konsequent verweigern.

30–37 Punkte: »M« steht in Ihrer Firma nicht nur für »Money«, sondern auch für »Mensch« oder »Menschlichkeit«. Offenbar schaffen es die Vorgesetzten, ein Klima zu erzeugen, in dem Sie nicht nur funktionieren müssen, sondern auch auf Ihre Bedürfnisse hören dürfen. Gelegentlich kann es dennoch zu Überforderungen kommen. Es liegt an Ihnen, sich dagegen zu wehren. Unter diesen Voraussetzungen ist das möglich.

Ab 38 Punkte: Wetten, dass jeder, dem Sie von Ihrer Firma erzählen, dort auch gerne anfinge? Gutes Klima, hohe Wertschätzung, menschliches Management – was will man mehr!

3. Sind Sie der Depp vom Dienst – oder zeigen Sie anderen Ihre Grenzen?

Frage 21–30: Zählen Sie die Punkte zusammen.

10–20 Punkte: Mag sein, dass Sie als Seele von Mensch gelten, aber der Preis ist hoch: Weil Sie es allen recht machen, werden Sie ausgenutzt. Everybody's darling is everybody's Depp! Jeder, der etwas loswerden will, ob Jammerei oder Arbeit, steuert auf Sie zu. Darf es da wundern, dass Sie unter Ihrer Arbeit begraben liegen? Die Bedürfnisse anderer erfüllen Sie. Aber wo bleiben Ihre eigenen? Auf der Strecke!

21–29 Punkte: Es spricht für Sie, dass Sie Ihren Chef und Ihre Kollegen so gut unterstützen. Aber offenbar wird anstelle des kleinen Fingers, den Sie reichen, oft die ganze Hand geschnappt. Ist das der Grund, warum Sie meist mehr als Ihre Kollegen arbeiten? Die österreichische Autorin Marie von Ebner-Eschenbach würde Ihnen vielleicht ins Stammbuch schreiben: »So mancher meint, ein gutes Herz zu haben, und hat nur schwache Nerven.« Aber gelegentlich gelingt Ihnen das Abgrenzen dann doch. Erstaunlicherweise bringt Ihnen das keinen Ärger, sondern Respekt ein. Achten Sie mal darauf!

30 – 37 Punkte: »Kannst du mir mal einen Gefallen tun?« Wer mit diesem Satz vor Ihrem Schreibtisch auftaucht und Ihnen eine Strafarbeit aufdrücken will, hat schlechte Karten. Sie sind selbstbewusst genug, Ihr Arbeitsrevier zu verteidigen. Denn ehe Sie die Bedürfnisse anderer erfüllen, horchen Sie auf Ihre eigenen. Ihre Abgrenzung funktioniert, auch weil Sie eine wichtige Vokabel beherrschen: »Nein!«

Ab 38 Punkte: Sie lassen sich nichts gefallen, was Ihnen nicht gefällt! Die Ausbeuter müssen sich einen anderen Deppen suchen. Glückwunsch!

4. Ist Ihr Burn-out auf dem Sprung – oder ist alles im Lot?

Frage 31 – 40: Zählen Sie die Punkte zusammen.

10 – 20 Punkte: Alarmstufe Rot! Der Burn-out steht bei Ihnen nicht vor der Tür, er hat schon einen Fuß in Ihr Leben gesetzt. Die Arbeit nimmt in Ihrem Kopf so viel Raum ein, dass kaum Platz für anderes bleibt, nicht für Freunde, nicht für Familie, nicht einmal für Schlaf. Die Gefahr ist groß, dass Ihnen die Kraft ausgeht. Denn je erschöpfter Sie sind, desto mehr müssen Sie sich anstrengen, desto mehr laugen Sie aus, desto weniger Gelegenheit zum Auftanken bleibt. Am Ende dieses Teufelskreises kann die vollkommene Erschöpfung stehen.

21–29 Punkte: Bei Ihnen schleicht der Burn-out ums Haus, denn die Arbeit nimmt (zu) großen Raum ein. Wo ist Ihre Arbeitsfreude geblieben? Warum macht Ihnen der Gedanke an die Arbeit oft schlechte Laune? Noch haben Sie es in der Hand und können gegensteuern: Stellen Sie Ihre persönlichen Bedürfnisse wieder über die Arbeit, statt sie für die Arbeit zu opfern.

30–37 Punkte: Ganz egal wie stressig Ihre Arbeit auch sein mag: Offenbar ist es Ihnen gelungen, mit diesem Druck produktiv umzugehen. Statt nur Energie für die Arbeit zu lassen, verstehen Sie es, neue Energie zu gewinnen – einerseits durch Arbeitserfolge, andererseits durch ein ausgeglichenes Privatleben. Beides schützt Sie vor einem Burn-out.

Ab 38 Punkte: Glückwunsch! Wenn der Burn-out eine Modekrankheit ist, dann leben Sie wunderbar unmodern – nämlich mit sich selbst in Einklang. Weiter so!

5. Joker: Wie schätzen Sie Ihre Antwort selbst ein? Welche Schlüsse lassen sich daraus ziehen? Denken Sie bitte darüber nach, ehe Sie weiterlesen.

Wenn Sie *einen* Punkt angekreuzt haben, heißt das: Ihr Arbeitsplatz ist ein Gefängnis, und Sie würden gerne fliehen. Allein: Sie sehen keine Fluchtmöglichkeit. Gerade dieses Ausgeliefertsein ist Gift für die Lebensfreude und erhöht Ihre Anfälligkeit für Burn-out und Depression. Zumal die Wahrheit lautet: Die Gefängnistür steht offen. Aber leider fehlt Ihnen der Mut, sie zu durchschreiten.

Zwei Punkte: Sie leiden unter Ihren Arbeitsumständen, aber da ist noch Hoffnung, dass sich etwas bessert (sonst hätten Sie nur einen

Punkt vergeben). Interessant wäre, ob diese Hoffnung realistisch ist – etwa weil Sie sehen, dass sich Ihre Arbeitslast langsam vermindert. Oder ob Sie sich selbst nur unberechtigte Hoffnung machen, um sich besser zu fühlen. Und damit noch länger im falschen Arbeitsleben ausharren.

Drei Punkte können bedeuten: Grundsätzlich fühlen Sie sich in Ihrer Firma wohl, auch falls die Anforderungen hoch sind und das Klima rau ist. Mag sein, Sie mögen Ihre Tätigkeit, Ihre Kollegen, Ihren Job. Das ist gut so, denn es spendet Ihnen Motivation. Das ist aber auch gefährlich, denn wer durch eine rosarote Brille schaut, kann schwarze Abgründe, etwa den eines Burn-outs, zu lange übersehen. Also: Zwingen Sie sich zu einer realistischen Beurteilung Ihrer Situation, auch indem Sie Ihr Ergebnis im Depp-Faktor-Test ernst nehmen.

Vier Punkte sind ein starker Hinweis darauf, dass in Ihrem Berufsleben alles rund läuft, auch falls Sie viel zu tun haben. Offenbar gelingt es Ihnen, sich in Ihrer Firma wohlzufühlen, nicht zuletzt, weil Sie sich gut genug abgrenzen und Ihre Bedürfnisse abseits der Arbeit berücksichtigen. Sollte sich jedoch Ihr ganzes Leben auf die Arbeit bauen, müssen Sie sich fragen: Was passiert, wenn Sie Ihre Arbeit verlieren?

Fünf Punkte: Sie führen ein glückliches und ausgeglichenes Arbeitsleben – bleiben Sie auf Kurs!

Die Glücks-Fährte:
Auf der Suche nach dem
verlorenen Leben

Das bin ich selbst —
in glücklicheren Tagen...

In diesem Kapitel erfahren Sie unter anderem …

• warum die Arbeit offiziell vergöttert, aber heimlich abgeschafft wird,
• weshalb Mitarbeiter oft »Ja« sagen, wenn sie »Nein« meinen,
• wie Sie Glaubenssätze aus Ihrer Kindheit durch vernünftiges Denken ersetzen
• und wie sich Emotionen erzeugen und als Treibstoff der Veränderung nutzen lassen.

Wenn die Sonne der Arbeit sinkt

Wie Sie durchs Fegefeuer der Arbeit flitzen, ohne sich ein Haar zu versengen, das könnte ich Ihnen im zweiten Teil dieses Buches sagen. Ich könnte Ihnen verraten, wie Sie Ihren Arbeitsstress an die Leine nehmen, bis er auf Ihr Kommando hört. Und ich könnte Ihnen Arbeitstechniken zurufen, mit denen Sie Ihr Handwerk als Aufgabenjongleur noch erfolgreicher ausüben.

All das werde ich *nicht* tun! Weil ich weiß, dass solche Tipps unrealistisch sind und vom eigentlichen Problem ablenken, statt es zu lösen. Und weil es mir wichtig ist, Sie nicht unter falschen Verdacht zu stellen. Wer benötigt Tipps in Stressmanagement? Der, der sich zu viel Stress macht! Wer muss sein Zeitmanagement optimieren? Der, der zu viel Zeit verplempert! Dann liegt die Misere am Mitarbeiter, an seinem schlechten Selbstmanagement. Und sonst an nichts.

Ich möchte Ihnen *nicht* zeigen, wie Sie das Falsche effektiver tun, sondern wie Sie es bleibenlassen. Ich möchte Ihnen zeigen, wie Sie

Ihr Arbeitsleben so gestalten, dass es Ihnen dient statt nur Ihrer Firma. Und ich darf Ihnen versprechen: Was Sie zurücklassen, werden Sie nicht vermissen!

Denn die typische Arbeit der Gegenwart ist eine pervertierte Form, eine Zwangsarbeit mit gesellschaftlichem Segen. Es liegt nicht an der Art, wie *Sie* arbeiten, wenn Sie frustriert, gestresst oder dicht am Burn-out sind – es liegt an den Umständen, unter denen Sie es tun.

Die Arbeitgeber, verantwortlich für diese Umstände, behaupten das Gegenteil. Selbstoptimierungs-Seminare werden Ihnen als Akutmedizin verordnet, und Ihr Charakter soll renoviert werden. Die Firma sagt: »Legen Sie Ihren Perfektionismus ab!« Zugleich wird einen Kopf kürzer gemacht, wer nicht perfekte Arbeit abliefert. Die Firma sagt: »Schrauben Sie Ihren Ehrgeiz zurück!« Zugleich werden die Ehrgeizigen belohnt und zu neuem Ehrgeiz angestachelt.

Nein, der Fehler liegt *nicht* beim Einzelnen – er liegt im System. Die moderne Arbeit hängt als Sonne überm Land, und alles Leben richtet sich an ihr aus. Jeder Arbeitnehmer ist ein kleiner Satellit, der um diese Sonne kreist, in fremdbestimmter Umlaufbahn. Wenn er seine Kreise mit Erfolg zieht, strahlt der Glanz auf ihn ab: Er erobert einen bedeutenden Posten, ein hohes Gehalt, vielleicht einen Chefsessel. Dann sagt die Gesellschaft: »Er hat es zu etwas gebracht.«

Die Berufsleistung wird gleichgesetzt mit der Lebensleistung, und »Erfüllung« steht nur noch für »Pflichterfüllung«. Kein Toter findet mehr den Weg ins Grab, ohne dass ihm seine Berufsbezeichnung per Todesanzeige nachgerufen wird. Nein, hier ist nicht nur ein Mensch gestorben, was zu verschmerzen wäre, sondern ein »Abteilungsleiter Schrankwände«, was nicht zu verschmerzen ist.[130]

Und was passiert, wenn ein Mitarbeiter-Satellit aus seiner Umlaufbahn stürzt, etwa in eine Arbeitslosigkeit? Dann verfinstert sich sein Leben. Nach internationalen Studien verzehnfacht eine Arbeitslosigkeit die Wahrscheinlichkeit einer Depression. 15 Prozent aller Arbeitslosen haben schon an Selbstmord gedacht.[131] Und der Verlust der Arbeit wiegt für die meisten Menschen schwerer als der Verlust ihres Ehepartners, berichtet der Glücksforscher Sir Richard Layard.[132]

Die Arbeitssonne überblendet andere Werte unserer Gesellschaft. Die Schule macht junge Menschen »fit für den Beruf«. Politiker nehmen unser Land nur noch als »Wirtschaftsstandort« in den Mund, unsere Weisen sind »Wirtschaftsweise«, und wenn wir von Deutschlands bedeutendsten Werken sprechen, dann sind Autowerke in Wolfsburg und Untertürkheim gemeint, keine Bücher von Goethe und Schiller. Das Wohlbefinden der Nation soll sich am Bruttosozialprodukt ablesen lassen.

Manchmal fürchte ich: Bald kommen keine Babys mehr zur Welt, sondern Nachwuchs-Fachkräfte, die man direkt aus den Kreißsälen auf Personalfließbändern in die Firmen transportiert, Nachschub für die Produktion. Jeden Monat rufen mich Eltern an, die Coachings für ihre Kinder buchen wollen: »Unsere Tochter wechselt jetzt von der Grundschule ins Gymnasium und weiß immer noch nicht, was sie beruflich machen will. Können Sie ihr weiterhelfen?« Die Rede ist nicht von Schulabgängern, bei denen eine Beratung sinnvoll sein kann, sondern von Schuleinsteigern. Das eigentliche Leben beenden und das Berufsleben beginnen, dafür scheint es niemals zu früh!

Doch die Sonne der Arbeit, um die alles kreist, hat einen Fehler: Sie ist am Erlöschen! Die Wirtschaft tut alles, um ihre Kosten zu senken, und der größte Kostenfaktor heißt: Arbeit. Die Unternehmen sind äußerst flink, wenn sie Arbeitsplätze streichen, und äußerst zurückhaltend, wenn sie neue schaffen müssten.

Dass so manche Firma zum Hamsterrad geworden ist, liegt nicht an der Globalisierung, nicht an der Verdichtung der Arbeit, nicht an den modernen Medien und erst recht nicht am einzelnen Arbeitnehmer – es liegt daran, dass mit der Gier der Firmen auch die Arbeitslast des einzelnen Mitarbeiters gewachsen ist.

Einfache Mathematik: Wenn fünf Mitarbeiter eine Aufgabe erledigen, die auf fünf Mitarbeiter ausgelegt ist, dann sind sie ausgelastet. Wenn fünf Mitarbeiter eine Aufgabe bewältigen, die auf sieben Mitarbeiter ausgelegt ist, dann sind sie überlastet. Die zweite Variante gefällt den Unternehmen besser: Wer die Arbeit von sieben Mitarbeitern beansprucht, aber nur fünf bezahlt, spart fast 30 Prozent Personalkosten.

Die Firmen kriegen nicht mehr genug! Egal wie hoch ihre Gewinne sind: Es könnte noch mehr sein! Egal wie viel ein Mitarbeiter leistet: Es könnte noch mehr sein! Wer als Mitarbeiter seine Arbeitstechnik verbessert, weckt damit nur neue Begehrlichkeiten: Wenn Sie mit fünf Kollegen für sieben arbeiten, wette ich: Bald bekommen Sie Arbeit für acht! Wenn es Ihnen gelingt, einen »unmöglichen« Termin doch einzuhalten, wette ich: Der nächste Termin wird noch knapper! Arbeit im Quadrat ergibt einen Teufelskreis.

Die Firmen-Sonnenkönige betreiben asoziale Marktwirtschaft: Sie übersehen, dass nicht der gestrichene Arbeitsplatz ein guter ist, sondern der erhaltene. Sie ignorieren, dass Eigentum nicht zur Mehrung des Eigentums verpflichtet, sondern zur sozialen Verantwortung, etwa gegenüber Mitarbeitern und ihrer Gesundheit. Sie erwarten, dass die Gesellschaft ihnen dient, aber weigern sich, der Gesellschaft zu dienen.

Was können Sie tun, um diesem Arbeitswahn nicht länger zur Verfügung zu stehen? In den nächsten Kapiteln erfahren Sie, wie Sie sich in Ihrem Arbeitsleben nichts mehr gefallen lassen, was Ihnen nicht gefällt; wie Sie die wichtigste Vokabel des modernen Arbeitnehmers lernen und effektiv einsetzen: »Nein«; und wie Sie sich Ihre eigene Sonne an den Himmel hängen, statt einer fremdbestimmten Umlaufbahn zu folgen.

Der gefährliche Kindheits-Kompass

Claudia Nieber (39) war sauer, als sie zu mir ins Coaching kam, sauer auf sich selbst. Sie sagte:»Ich weiß, dass ich zu viel arbeite, so wie ein Raucher weiß, dass er mit dem Rauchen aufhören müsste. Aber ich kann es nicht abstellen.« Mittlerweile war sie schon eine Kettenarbeiterin: 60 Stunden pro Woche saß die Fremdsprachenkorrespondentin im Büro, und zu Hause ging der Arbeitszirkus weiter: Sie telefonierte, mailte und sprang nachts aus dem Bett, um sich Notizen für die Arbeit zu machen.

Ich fragte:»Angenommen, Sie gingen ab der kommenden Woche einfach pünktlich nach Hause – was würde dann passieren?«

»Dann wäre die Hölle los! Dann würden Termine platzen. Dann würde mein Chef fragen: ›Was ist denn los, Sie haben das doch sonst auch immer geschafft?!‹«

»Und Sie? Wie zufrieden wären Sie mit Ihrer Arbeitsleistung?«

»Gar nicht. Ich denke immer: Das ist alles zu schaffen! Ich muss mich anstrengen, mich besser organisieren!«

»Aber Sie merken, dass es nicht geht?«

»Ich bin ein Nervenbündel. Mir bröckelt schon der Freundeskreis weg. Neulich schrieb mir eine alte Freundin eine Mail: ›Hallo, lebst du eigentlich noch?‹ Da habe ich gedacht: Gute Frage, lebe ich eigentlich noch? Und wenn ja, was hab ich eigentlich noch vom Leben?«

»Was haben Sie bislang unternommen, um mehr vom Leben zu haben?«

»Ich starte mit guten Vorsätzen in die Arbeitswoche. Ich denke mir: ›Diese Woche gehe ich pünktlich!‹ Aber dann sagt mein Chef zu mir Sätze wie: ›Ich weiß, dass ich mich auf Sie verlassen kann, wenn es eng wird.‹ Und schiebt neue Arbeit rüber. In solchen Momenten werde ich schwach.«

»Obwohl Sie es besser wüssten!«

»Ich lüge mir dann was in die Tasche, ich sage: Nur diese eine Woche noch! Wenn ich jetzt richtig reinhaue, schaff ich mir Luft für die nächste Woche. Und in der nächsten Woche dann dasselbe Spiel.«

So geht es vielen Mitarbeitern: Sie wollen ihren Arbeitsstress vermindern, aber kriegen die Kurve einfach nicht. In ihrem Hinterkopf tönt die Frage: »Warum ändere ich nichts, obwohl ich es besser weiß? Warum bin ich hier der Depp?«

Die Spur zu der Antwort führt in die Kindheit. In den ersten Lebensjahren wird unser innerer Kompass geeicht. Ein Baby hat nur eine Lebensversicherung: seine Eltern. Der Hauptberuf eines Kleinkindes ist es, die Gunst seiner Eltern zu gewinnen und zu erhalten. Nur wenn sie das Kind zudecken, liegt es warm. Nur wenn sie es wickeln, liegt es trocken. Nur wenn sie es füttern, wird es satt.

Das Kind ist seinen Eltern ausgeliefert. Verliert es ihre Gunst, verliert es womöglich sein Leben. So müssen Eltern, wenn die Nahrung knapp wird, in vielen Gegenden der Welt noch heute entscheiden: »Können wir ein Kind mit durchfüttern? Und wenn ja: welches?«

Dass Kleinkinder um die Gunst ihrer Eltern buhlen, ist ein Überlebensprogramm, eine evolutionäre Prägung. Die Mutter braucht nur ein böses Gesicht zu machen, schon bricht ein Baby in Tränen aus. Es fürchtet, selbst Auslöser der Verstimmung zu sein (auch wenn's vielleicht die gestiegene Stromrechnung war!). Es fürchtet, bald nicht mehr gewärmt, getrocknet, gefüttert zu werden. Es fürchtet um sein Leben.

Gelingt es dem Kind dagegen, die Eltern zum Lächeln zu bringen, flüstert ihm sein Instinkt zu: »Sie sind mir gewogen, mein Leben ist sicher!« Also entwickelt es mit zunehmender Sozialisation ein feines Gespür dafür, wie es die Eltern für sich einnehmen kann.

Kaum hat das Kind laufen gelernt, trommeln von allen Seiten Appelle auf es ein: »Das darfst du nicht anfassen!«, »Hab doch Geduld!«, »Nein, jetzt nicht!«, »Sei endlich still!«, »Hör auf zu quengeln!«, »Das gehört Papa, Finger weg!« Eine Studie in Großbritannien ergab, dass ein Kind pro Tag im Schnitt 449 Bemerkungen hört, davon nur 37 positive. Der Rest sind Verneinungen, Zurechtweisungen, sprachliche Schranken.[133]

Und nach wie vor ist die emotionale Erpressung als Erziehungsmethode beliebt: »Wenn du ein liebes Mädchen sein willst, isst du jetzt deinen Teller leer.« »Wenn du nicht still sitzt, ist deine Mama von dir enttäuscht.« »Wenn du Papa magst, hörst du jetzt zu weinen auf.«

Dieser Erziehungsstil führt zu Szenen wie dieser, die ich neulich beobachtet habe: Ein kleiner Junge, etwa drei Jahre alt, bleibt vor einem Schaufenster stehen und deutet auf ein Spielzeug. Die Eltern, sichtbar ungeduldig, fordern ihn auf, mit ihnen weiterzulaufen. Er weigert sich – worauf der Vater sagt: »Gut, dann gehen wir jetzt alleine.« Die Eltern laufen mit großen Schritten los. Das Kind starrt ihnen nach, völlig verwirrt. Dann weint es los und stolpert den Eltern hinterher.

Und mit dem Schulalter beginnt der Ernst des Lebens erst recht, jetzt werden die Appelle mit gesellschaftlichen Erwartungen verknüpft: »Mach uns keine Schande!«, »Sei nett zu den Nachbarn!«, »Geh in die Kirche!«, »Hör auf die Lehrer!«, »Bring gute Noten nach Hause!«

Das Kind lernt, es allen recht zu machen, den Eltern, der Schule, den Lehrern, der Kirche, der Gesellschaft. Wer es als Kind den Eltern *nicht* recht macht, muss mit Liebesentzug rechnen. Wer es den Lehrern *nicht* recht macht, bekommt schlechte Noten. Wer es sich mit der Kirche verscherzt, dem droht die Hölle. Und wer die Wünsche der Gesellschaft ignoriert, endet als Außenseiter.

Aber eines bleibt bei der Erziehung oft auf der Strecke: die Fähigkeit, den *eigenen* Bedürfnissen gerecht zu werden. Vor lauter Stimmen, die von außen dröhnen, verstummt die innere Stimme. Der fremde Wille ist alles, der eigene Wille ist nichts. Diese Prägung erklärt, warum sich Mitarbeiter am Nasenring der Fremdbestimmung weit über ihre vertraglichen Pflichten hinausführen lassen.

Die Konstellation in der Firma ist der Ursprungsfamilie ähnlich. Beide, Familie und Firma, sind schon da, wenn ein neues Mitglied hinzukommt. Beide hegen Erwartungen an den Neuen und ernähren ihn: die Familie mit Essen, die Firma mit Gehalt. Und wie der Vater mächtiger als das Kind ist, ist der Chef mächtiger als sein Angestellter. Wie die Mutter ihrer Tochter ins Gewissen redet, sie möge doch länger lernen, so fordert die Chefin ihre Mitarbeiterin auf, sie möge doch ein zusätzliches Projekt übernehmen.

Die Gefahr ist groß, dass es – wie Psychologen das nennen – zu einer »Reinszenierung« der alten Familiensituation kommt: dass die erwachsene Frau, wenn ihr Chef sie zu Überstunden auffordert, unbewusst als kleines Mädchen reagiert. Weil sie die Hand, die sie nährt, nicht gegen sich aufbringen will.

Tschüs, Glaubenssatz!

Dass Claudia Nieber Überstunden machte, obwohl sie es nicht wollte, hatte mit den Botschaften aus ihrer Kindheit zu tun. Im Coaching fanden wir heraus, auf welche Glaubenssätze ihr innerer Kompass geeicht war: »Fall nicht negativ auf!«, »Wenn du dich anstrengst, dann schaffst du alles!«, »Mach's den anderen recht!«, »Sei ein liebes Mädchen!«, »Tu das, was man dir sagt.«

Weil sie als erwachsene Frau unbewusst immer noch nach solchen Sätzen handelte, machte sie es nur den anderen recht, nicht sich selbst. Weil sie keine Grenzen setzte, war sie der grenzenlosen Arbeit ausgeliefert. Weil sie keine Egoistin sein wollte, wurde sie Opfer eines Egoisten in Chefgestalt.

Mit jeder Reaktion, jeder Handlung, jedem Ablauf, den wir wiederholen, fügen sich die Nervenzellen im Gehirn zu Formationen. Je öfter wir ein Verhalten wiederholen, desto schneller finden sich diese Formationen wieder, wie vom Magneten der Gewohnheit angezogen. Das ist ein Energiesparprogramm, so benötigen wir die maximale Konzentration nur zum Erlernen, nicht aber zum Erhalten eines Verhaltensmusters.

Zum Beispiel scheint es uns in der Fahrschule noch als Kunststück, die Kupplung kommen zu lassen, ohne dass unser Auto einen Sprung macht oder absäuft. Doch nach einigen Monaten kuppeln wir, ohne darüber nachzudenken. Das ist von Vorteil, weil wir uns besser auf den Verkehr konzentrieren können.

Aber was, wenn wir plötzlich in einem Wagen mit Automatik sitzen? Der Fuß tut, was er immer tat: Er will kuppeln. Aber das klappt nicht. Für einen Moment sind wir irritiert – und können im Straßengraben landen. Das eingeschliffene Verhalten, das in der Ursprungssituation hilfreich war, ist in der neuen Situation riskant.

Bei Claudia Nieber war es in ihrer Kindheit nützlich gewesen, dass sie auf ihre Eltern gehört und um ihre Zuneigung geworben hatte. Aber dass sie dasselbe Muster als Erwachsene lebte, dass sie es ihrem Chef recht machen wollte, ohne Rücksicht auf die eigenen Bedürfnisse, brachte sie in Gefahr. Sie schleuderte, weil sie noch die Kupplung durchtrat, obwohl sie inzwischen Automatik fuhr.

Ist es möglich, solche Glaubenssätze zu verändern? Ja! Allerdings sind diese Sätze wie hartnäckige Graffiti: Löschen kann man sie nicht – aber übersprühen! Dazu braucht es ein Ziel, eine positive Vision. Ich fragte Claudia Nieber:

»Wenn Sie Ihre Ausgeglichenheit auf einer Skala von eins (für gering) bis zehn (für hoch) angeben müssten – wo stehen Sie dann im Moment?«

»Bei einer Zwei. Maximal bei einer Drei.«

»Wann kamen Sie zuletzt auf einen deutlich höheren Wert?«

»Das war genau vor drei Monaten. Damals war mein Chef im Urlaub. Da habe ich meine Gleitzeit genutzt. An einem Tag war ich bis 18.30 Uhr im Büro, am nächsten bin ich dann aber um 15.00 Uhr gegangen.«

Sie beschrieb ausführlich, wie sie in dieser Woche ihre Zeit frei eingeteilt und einen gesunden Ausgleich geschaffen hatte. Am Ende fragte ich:

»Und welchen Wert auf der Skala würden Sie für diese Woche angeben?«

»Eine Acht.«

»Wäre das ein Wert, mit dem Sie dauerhaft zufrieden sein könnten?«

»Auf jeden Fall.«

Meine Frage nach der positiven Ausnahme, nach dem höheren Wert auf der Skala, hatte uns auf eine wichtige Fährte gebracht: Offenbar reicht schon die Abwesenheit des Chefs aus, um ihr Leben und ihre Arbeitszeiten besser ins Lot zu bringen. Ich fragte weiter:

»Mal angenommen, es wäre Ihre Aufgabe, auch in der kommenden Woche eine Acht auf der Skala zu erreichen. Was müssten Sie dazu tun?«

Sie lachte. »Meinen Chef in Urlaub schicken!«

»Gute Idee! Ich bin mir sicher, dass Sie das tatsächlich können – mit dem richtigen Glaubenssatz.«

Sie sah mich skeptisch an. »Wie meinen Sie das?«

»Mal angenommen, Sie wollten sich in Anwesenheit Ihres Chefs so frei verhalten, als wäre er abwesend – welchen Glaubenssatz bräuchten Sie dazu?«

Sie kratzte sich am Kinn, ehe sie den Kopf schüttelte. »Keine Ahnung, wirklich!«

»Dann frage ich umgekehrt: Welche Glaubenssätze müssten Sie

hochhalten, um noch länger und härter zu arbeiten, wenn Ihr Chef im Haus ist?«

»Dann müsste ich denken: ›Ich muss es ihm recht machen!‹, ›Er soll sehen, dass ich immer engagiert bin!‹, ›Ich darf erst dann nach Hause gehen, wenn er auch geht!‹«

Die hinderlichen Glaubenssätze waren nun formuliert. Ich schrieb sie auf, schob ihr den Zettel rüber und sagte:

»Mal angenommen, Sie sollten diese Glaubenssätze neu formulieren – und zwar so, dass Sie sich in Anwesenheit Ihres Chefs wie während seines Urlaubs verhalten können. Welche Sätze kämen dabei heraus?«

Ihr Stift setzte sich in Bewegung. Nach einer Minute wanderte der Zettel wieder zu mir, dort stand:

- »Ich muss es mir selbst recht machen, nicht meinem Chef!«
- »Mein Engagement hängt vom Arbeitsergebnis ab, nicht von der Arbeitszeit.«
- »Ich darf nach Hause gehen, wenn meine Arbeitszeit vorbei ist.«

Ich bat sie, die Sätze laut auszusprechen. Klang das stimmig für sie? Entsprach es ihrem tiefen Willen? Oder wollte sie die Inhalte und die Formulierungen noch verändern? Gedankliche Klarheit war wichtig für sie. »Ehe man den Kopf schüttelt, vergewissere man sich, ob man einen hat«, schrieb der amerikanische Autor Truman Capote.

Claudia Nieber hatte die Sätze recht spontan aufgeschrieben, doch alle drei fühlten sich als neue Glaubenssätze gut an. Ich forderte sie auf, mir typische Situationen der Überforderung zu erzählen. Zum Beispiel berichtete sie von Strategiepapieren aus Frankreich, die jeden Dienstag und Donnerstag nach einem Meeting gemailt wurden. Ihr Chef bat sie oft am späten Nachmittag, »noch schnell« die Übersetzung zu machen. Für sie hieß das Arbeit bis 19 Uhr.

Bislang hatte sie den Wunsch ihres Chefs klaglos erfüllt. Sie wollte es ihm recht machen! Aber wie würde sie handeln, wenn sie sich auf einen neuen Kompass, einen neuen Glaubenssatz eichte? Ich bat sie, sich die Situation wie einen Kinofilm vors Auge zu rufen – nur dass sie nach den neuen Überzeugungen handeln konnte. Durch Fragen unterstützte ich ihr bildhaftes Denken.

- »Was fällt Ihnen durch diese Glaubenssätze leichter als durch die alten?
- Was genau verändert sich an Ihrem Verhalten? Beschreiben Sie einmal, wie die Szene abläuft!
- Wer sonst bemerkt diese Veränderung an Ihnen?
- Was fällt Ihrem Chef zuerst auf?
- Angenommen, Ihr Chef denkt respektvoll: ›Donnerwetter, heute ist die Frau Nieber aber …‹ – wie könnte dieser Satz weitergehen?
- Inwiefern profitieren Sie von diesem Verhalten?
- Welche Menschen außer Ihnen profitieren ebenfalls davon?
- Mit welchen Gefühlen schlafen Sie an diesem Abend ein?«

Claudia Nieber hatte Spaß an der Übung. Beim Reden kam sie in Fahrt und spielte eine Situation nach der anderen durch. Offenbar machte es ihr Freude, in Gedanken stimmig zu handeln – also der eigenen Stimme zu folgen, der Stimme einer reifen Frau, nicht der eines kleinen Kindes.

Die neuen Glaubenssätze verliehen ihr Standkraft. Sie erzählte ihren inneren Film mit einer tiefen Stimme, mit klaren Worten und mit großer Lebendigkeit. Ihr Auftreten in den Szenen beschrieb sie als selbstbewusst. Mal nahm sie eine Zusatzarbeit an, aber wies ihren Chef darauf hin, dann am nächsten Tag früher zu gehen. Mal wies sie solche Arbeiten ab, aber bot zugleich an, sie am nächsten Morgen zeitig zu erledigen.

Und mit jeder dieser Vorstellungen legte sie neue Nervenbahnen in ihrem Gehirn an, die ihr ein solches Handeln erleichtern und den alten Weg erschweren würden. Am Ende sagte sie von ganz allein: »Ich möchte einmal ausprobieren, wie es ist, wenn ich tatsächlich nach diesen neuen Glaubenssätzen handele.«

Gleich der erste Versuch klappte! Sie nahm eine späte Übersetzung an einem Dienstag nur unter der Bedingung an, am Mittwoch um 14.30 Uhr zu gehen. Genauso hatte sie es gehalten, während ihr Chef im Urlaub war. Genau das hatte sie beim gedanklichen Durchspielen der Szene geübt. Nun gelang es ihr auch in der Realität.

Diesem gelungenen Start folgten etliche Rückfälle: Wochen, in denen sie zu viel arbeitete, sich selbst vergaß, den Willen ihres Chefs wichtiger als ihren eigenen nahm; Wochen, in denen sie wieder nach ihren alten Glaubenssätzen handelte. Das ist normal, denn langjährige Gewohnheiten lassen sich nur mit großer Ausdauer verändern.

Doch sie tat alles, die neuen Glaubenssätze im Auge zu behalten: hing sie an ihrem Spiegel im Badezimmer auf, sprach sie auf der Autofahrt zur Firma vor sich her, stellte sich immer wieder Szenen am Arbeitsplatz vor, in denen sie danach handeln würde. Genau sieben Monate dauerte es, bis es ihr gelang, in fast allen Arbeitssituation nach den neuen Glaubenssätzen zu agieren. Ihr Chef spürte diese innere Stärke. Nachdem er mehrfach abgeblitzt war, unternahm er immer weniger Vorstöße.

Als ich Claudia Nieber zum Abschluss-Coaching empfing, strahlten ihre Augen eine Zufriedenheit aus, die ich nie zuvor darin gesehen hatte. Ihr Fuß suchte nicht mehr die Kupplung – sie fuhr bewusst Automatik.

Zapfen Sie Ihre Emotionen an!

Als der Tod nach ihm griff, als er mit einem Herzinfarkt auf der Intensivstation lag, fasste der Vermögensberater einen Entschluss: Er würde sein Leben verändern! Nie wieder wollte er der Sklave eines Terminkalenders sein, der ihn durch die ganze Republik wirbelte. Nie wieder wollte er seine Freizeit hinter die Arbeit zurückstellen und seinen Kontostand wichtiger als seinen Cholesterinspiegel nehmen.

Der Vermögensberater zog eine radikale Konsequenz: Nach elf Jahren kündigte er und machte sich selbständig. Dass er ein falsches Leben führte, hatte er schon lange gewusst. Doch er redete sich Sätze ein wie: »Wenn du diese Woche Vollgas gibst, hast du nächste mehr Luft!«, »Andere müssen noch viel härter arbeiten!«, »Noch zehn Jahre, und du hast ausgesorgt!« Die Kraft, sein Leben zu wenden, hatte ihm gefehlt.

Warum war er innerlich nie so stark wie in jener Sekunde, da er halbtot an den Apparaten der Intensivmedizin hing? Weil er nun die stärkste aller Veränderungsenergien nutzen konnte: seine Emotionen.

Wer sein Leben verändern will, findet dazu nur die Kraft, wenn seine Gefühle auf einer hohen Flamme kochen. Legt ein Raucher die Zigaretten beiseite, weil sein Verstand die Risiken erfasst? Nein! Aber was passiert, wenn sein bester (Raucher-)Freund an Lungenkrebs erkrankt?

Der Schrecken wirkt wie eine Stichflamme, er treibt die emotionale Betriebstemperatur nach oben – ein neurobiologisches Klima, das Veränderungen erleichtert. Als würden die neuronalen Netze im Gehirn von einem Klebstoff zusammengehalten, der sich bei normaler Emotionstemperatur nicht lösen lässt. Aber kochen die Emotionen hoch, dann zerfließt er: Alte Gewohnheiten können sich lösen, neue sich bilden.

Weiß Ihr Verstand längst, dass Sie eine radikale Wende im Berufsleben hinlegen wollen? Und wollen Sie nicht erst einen Herzinfarkt abwarten, um sich überzeugen zu lassen? Dann sollten Sie Ihre besten Helfer herbeirufen: starke Emotionen!

Wie gelingt es Ihnen, die Herdplatte Ihrer Emotionen auf Veränderungstemperatur zu erhitzen? Hier zwei Möglichkeiten:

1. Denken Sie die Sackgasse bis an ihr Ende

Als Mitarbeiter einer Hamsterrad-Firma können Sie sich gedankliche Beruhigungspillen verabreichen. Sie können denken, dass der Stress bald abnimmt, dass Ihr Chef vom Sklaventreiber zum Menschenfreund avanciert und dass der Druck in Ihrer Brust nur ein Muskelkater von Liegestützen ist (die Sie natürlich nie gemacht haben!), kein Vorbote eines Herzinfarkts.

Ich empfehle Ihnen das Gegenteil: Entwerfen Sie ein Katastrophenszenario![134] Überlegen Sie, was schlimmstenfalls passiert, wenn Sie Ihr Berufsleben wie bisher weiterführen. Stellen Sie sich folgende Fragen und malen Sie sich die Antworten aus, bis Sie Bilder vor Ihrem Auge sehen, Gerüche einatmen, alle Sinne nutzen:

Katastrophen-Fragen

- Wodurch schadet die aktuelle Arbeitssituation meiner Lebensqualität am meisten? Und was kann schlimmstenfalls passieren, wenn dieser Zustand sich verschärft? In einem Jahr? In fünf Jahren? Bis zur Rente?
- Welche gesundheitlichen Probleme durch die Arbeit habe ich bereits? Und was kann schlimmstenfalls passieren, wenn dieser Zustand sich verschärft? In einem Jahr? In fünf Jahren? Bis zur Rente?
- Die Beziehung zu welchen geliebten oder wichtigen Menschen ist

durch meine Arbeitslage beeinträchtigt? Und was kann schlimmstenfalls passieren, wenn dieser Zustand sich verschärft? In einem Jahr? In fünf Jahren? Bis zur Rente?

- Wenn die schlimmsten Folgen eintreten: Welche Vorwürfe werde ich mir eines Tages auf dem Sterbebett machen?
- Welcher bitter-traurige Spruch könnte dann auf meinem Grabstein stehen (zum Beispiel: »Hier ruht ein Mensch, der nicht gestorben ist, sondern sich zu Tode gearbeitet hat.«)?
- Wenn ein weiser Mann eine Rede an meinem Grab halten und mein schlimmes Arbeitsleben als abschreckendes Beispiel beschreiben würde – welche Worte könnte er wählen?

Wer diese Fragen beantwortet, diese Szenarien durchspielt, ja sogar seine eigene Grabrede hört, treibt seine Gefühlstemperatur nach oben. Indem Sie an emotionale Ereignisse denken, werden in Ihrem Gehirn dieselben Regionen stimuliert, als wenn Sie diese tatsächlich erleben; das weiß die Wissenschaft durch das bildgebende Verfahren.

Diese Emotionen werden Ihnen helfen, Ihren rationalen Einsichten auch rationale Taten folgen zu lassen. Vor allem dann, wenn Sie positive Gegenszenarien entwickeln. Davon wird gleich die Rede sein.

2. Riskieren Sie Konflikte!

Der zweite Weg zur Veränderungsenergie sind Konflikte. So mancher überforderte Mitarbeiter hätte Lust, seinem Chef die Meinung zu sagen, sich den Anforderungen zu verweigern, auf den Putz zu hauen, statt immer nur zu funktionieren. Warum tun Sie's nicht einfach?

Wer das Wort »nein« runterschluckt, will den Konflikt vermeiden. Aus Furcht, den anderen gegen sich aufzubringen, fügt er sich. Er malt sich aus, dass er für den Konflikt einen hohen Preis bezahlen müsste: eine Demütigung hinnehmen, eine Niederlage einstecken, seine Ohnmacht eingestehen.

Warum Konflikte so negativ sehen? Sie bieten Ihnen die Chance, sich selbstbewusst – also mit Bewusstsein für sich selbst, für die eigenen Bedürfnisse – von einer fremden Position abzugrenzen. Gleichzeitig führt Ihnen der Konflikt neue Energie zur Veränderung zu und kann wie ein Gewitter wirken, durch das sich die Luft reinigt. Aber nur wenn Sie Ihr Grollen nicht länger unterdrücken!

Ich schlage Ihnen folgende Übung vor: Platzieren Sie einen leeren Stuhl im Raum und stellen Sie sich vor, Ihr Chef säße darauf. Malen Sie sich Ihren Chef genau aus, mit einer bestimmten Kleidung und einem bestimmten Gesichtsausdruck. Nun haben Sie die Gelegenheit, ihm deutlich zu sagen, was Ihnen an Ihrer Arbeitssituation missfällt. Nehmen Sie kein Blatt vor den Mund, sagen Sie ihm die Meinung! So lange, so laut und so emotional, wie Sie wollen.

Dann legen Sie bitte eine zweite Runde ein. Die Aufgabe ist diesmal, dass Sie folgende Sätze zu Ende führen:

Ich bin nicht länger bereit … _____ .

Ich verlange von Ihnen … _____ .

Es ist mein gutes Recht, dass ich … _____ .

Wie würden Sie die Sätze beenden? Was geht in Ihnen vor, während Sie mit dem Stuhl sprechen? Welche Kräfte, von denen Sie nicht ahnten, dass sie da sind, fließen Ihnen zu? Und, kühner Gedanke: Was spricht eigentlich dagegen, dass Sie nun ein Gespräch mit Ihrem Chef suchen und ihm dasselbe sagen?

Sicher, das wird zu einer Auseinandersetzung führen. Aber nehmen Sie das Wort »Auseinandersetzung« einmal wörtlich: Sie sitzen nicht mehr dort, wo ein anderer sitzt, sondern setzen sich an eine eigene Stelle; Sie be*setzen* eine Position. Das Auseinandersetzen ist ein Reifungsprozess, der zu einer gesunden Sozialisation gehört, etwa wenn ein Jugendlicher sich von seinen Eltern, die er natürlich als Spießer betrachtet, distanziert. Er setzt sich mit ihnen auseinander.

Derselbe Prozess ist nötig, wenn Sie sich in Ihrem Arbeitsleben von unzumutbaren Forderungen losreißen wollen. Ein solcher Konflikt wird die Beziehung zu Ihrem Chef nicht zerstören. Im Gegenteil, vielleicht wird er Sie heimlich bewundern, denn Sie wagen etwas, im Gegensatz zu vielen Kopfnickern. Und heißt es nicht immer im Geschäftsleben, dass »Durchsetzungsstärke« gefragt sei?

Schon die Tatsache, dass Sie einen Konflikt suchen, ist eine starke Botschaft: Sie glauben daran, die Dinge verändern zu können. Wer dagegen Konflikte vermeidet, nimmt die Umstände als gott- bzw. chefgegeben an. Ohnmächtig fühlt er sich und ausgeliefert; in der Psychologie spricht man von erlernter Hilflosigkeit. Wer sich als Spielball fremder Mächte empfindet, landet oft in der Depression.

Das Gegenstück zur erlernten Hilflosigkeit ist die Selbstwirksamkeit: Jemand ist überzeugt, aus eigener Kraft etwas bewegen und eine unerwünschte Situation wenden zu können. Ein wissenschaftliches Experiment belegt, wie positiv sich diese Überzeugung auswirkt. Die Versuchsanordnung war so: In einem Raum klapperten Schreibmaschinen und plapperten Stimmen. Bei diesem Lärmpegel musste die erste Versuchsgruppe komplizierte Aufgaben lösen. Eine zweite Gruppe tat dasselbe, aber bei Stille. Die Stillarbeiter erzielten deutlich bessere Ergebnisse.

Nun zogen die Forscher eine dritte Gruppe hinzu. Sie musste die Aufgaben ebenfalls bei Lärm lösen, aber hatte die Möglichkeit, den Lärm auf Knopfdruck auszuschalten (was aber keiner in Anspruch nahm). Überraschendes Ergebnis: Die dritte Gruppe machte genauso wenig Fehler wie die echten Stillarbeiter. Das schlimmste Störgeräusch entstand im eigenen Kopf: Es war die Annahme, den Lärm nicht abstellen zu können![135]

Machen Sie sich klar: Fast alles in Ihrem Leben, auch Ihren Arbeitgeber, haben Sie selbst gewählt – und deshalb können Sie es auch abwählen! Lenken Sie Ihren Blick von den Risiken der Veränderung auf ihre Chancen. Vielleicht haben Sie Lust, folgende Sätze zu Ende zu führen, mündlich oder schriftlich:

Wenn ich in meinem Berufsleben drei Dinge ändern könnte, dann wären das:

1. _____

2. _____

3. _____

Wenn ich diese Dinge ändern würde, dann hätte ich mehr von meinem Leben, weil …

_____

_____

_____

Für meine Gesundheit wäre diese Entscheidung gut, denn …

_____

_____

_____

Meine Familie / meine Freunde wären glücklich darüber, weil …

_____

_____

_____

Ich würde wieder Folgendes tun, was in letzter Zeit viel zu kurz gekommen ist:

_____

_____

_____

Wenn ich als alter, weiser Mensch auf mein Leben zurückblicke, dann werde ich mich für diese radikale Wende aus folgenden Gründen loben:

_____

_____

_____

Was für ein Unterschied, ob Sie nur die Risiken einer Veränderung betrachten – oder sich die positiven Folgen ausmalen. Je genauer Sie sich Ihre glückliche Arbeitszukunft vorstellen, desto höher wird Ihre emotionale Temperatur steigen, und mit ihr die Bereitschaft zur Veränderung.

Es liegt an Ihnen, welche Sicht Sie bevorzugen! Die Lehre der konstruktivistischen Psychologie besagt: Die Welt ist nicht, wie sie ist, sondern wie wir sie sehen. Die Fakten werden geformt durch das Auge, durch den Blickwinkel des Betrachters. Während der eine Mitarbeiter sich in seinem Hamsterrad auf ewig gefangen fühlt (und es genau deshalb ist!), fühlt sich der andere frei zum Ausbruch (und kann es genau deshalb sein!) – je nachdem, ob seine Gedanken ein »Störgeräusch« sind oder ihn zur Veränderung anfeuern.

Die »Wahrnehmung« ist in Wirklichkeit eine »Wahr-Gebung«.[136] Der Philosoph Epiktet sagte schon vor 2000 Jahren: »Nicht die Dinge selbst beunruhigen die Menschen, sondern die Meinungen und die Urteile über die Dinge.« Wer durch den Tunnel seines Arbeitslebens läuft, kann selbst entscheiden, worauf er sich konzentriert: auf die Dunkelheit um ihn herum – oder auf das Licht am Ende?

Eine ungeheure Kraft fließt Ihnen zu, wenn Sie fest daran glauben, dass Sie Ihr Hamsterrad verlassen und ein Arbeitsleben nach Ihren Wünschen einrichten können. Dann sind Sie bereit, sich selbst in die Pflicht zu nehmen, sogar schriftlich. Wie das geht, erfahren Sie im nächsten Kapitel.

Erschöpfung ade:

Der Abschied vom Hamsterrad

In diesem Kapitel erfahren Sie unter anderem …

- welcher heimliche Knebelvertrag zwischen Ihnen und Ihrer Firma besteht,
- wie Sie sich durch einen Selbst-Vertrag gegen Überforderung schützen,
- wie ein »Richter« Sie auf dem Weg aus dem Hamsterrad begleiten kann
- und weshalb so mancher »Held der Arbeit« nur ein armer Hund ist.

Von Verträgen und Fallen

Wer es im Leben ernst meint, schließt Verträge ab: Eheverträge, Kaufverträge, Immobilienverträge. Nicht nur seine Pflichten, sondern auch seine Rechte sind dort festgehalten. Wie kommt es dann, dass Sie keinen Arbeitsvertrag abschließen?

Sie haben einen solchen Vertrag, sagen Sie? Ich meine aber *nicht* den Arbeitsvertrag mit Ihrer Firma, sondern einen »Arbeitsvertrag« mit sich selbst. Einen Vertrag, in dem Sie definieren, welche Rechte *Sie sich selbst* bei der Arbeit einräumen und welche Verpflichtungen *Sie sich selbst* gegenüber wahrnehmen. Einen Vertrag, in dem Sie sogar einen »Richter« benennen, der über die Einhaltung wacht.

Klingt verrückt, finden Sie? Finde ich nicht! Wenn Sie alles, was Ihnen im Leben wichtig ist, vertraglich besiegeln – warum dann nicht auch Ihren Umgang mit sich selbst als Arbeitskraft? Ist er Ihnen nicht wichtig? Nicht wichtig genug? Sicher ist er das doch, denn nirgendwo verbringen Sie mehr wache Lebenszeit als an Ihrem Arbeitsplatz! Und nirgendwo ist das Risiko größer, dass Sie Ihre Gesundheit und Ihr Leben ruinieren!

Ein Selbst-Vertrag kann festhalten, was Sie brauchen, um gesund und ausgeglichen zu arbeiten. Er kann regeln, wie Sie sich schützen vor Arbeit in Überdosis, vor einem Burn-out oder einem jämmerlichen Ende als Arbeits-Junkie.

Aber gibt es nicht schon Ihren Arbeitsvertrag mit der Firma? Ist dort der Rahmen Ihrer Arbeit nicht geregelt, zum Beispiel die Arbeitszeit? Und wenn Sie sich schon nicht an diesen offiziellen Vertrag halten, warum sollte ein inoffizieller Vertrag mit Ihnen selbst dann verbindlicher sein?

Weil Ihr offizieller Arbeitsvertrag nichts als offizieller Schwindel ist! Nahezu alles, was dort steht, ist Wortgeklingel. Was hilft Ihnen eine 40-Stunden-Woche, wenn Sie in Wirklichkeit 60 Stunden schuften? Was helfen Ihnen 30 Urlaubstage pro Jahr, wenn Sie nicht mal 20 nehmen können? Und was hilft es Ihnen, dass Sie angeblich nur am Arbeitsplatz arbeiten, wenn die Arbeit Sie längst bis ins Schlafzimmer verfolgt?

Was Ihre Firma wirklich will, steht im offiziellen Arbeitsvertrag schon deshalb nicht, weil es gegen Gesetze verstoßen kann. Ein solcher Vertrag kommt heimlich zustande: durch Erwartungen, die von Ihrer Firma gehegt und von Ihnen erfüllt werden; man spricht von einem »psychologischen Vertrag«. Keine Gewerkschaft muss eine solche Abmachung durchwinken, kein Gericht kann über sie urteilen.

Hier ein Beispiel, welche zehn heimlichen Paragraphen der Biochemiker eines Zulieferers der Chemieindustrie in dem heimlichen Vertrag seiner Firma in einem Coaching-Gespräch ans Licht gefördert hat:

Heimlicher Arbeitsvertrag

§ 1: *Je länger du arbeitest, desto höher stehst du im Kurs!*

§ 2: *Wenn du deinen Job liebst, bist du rund um die Uhr erreichbar!*

§ 3: *Arbeite immer mit Volldampf!*

§ 4: *Tu tausend Dinge zur selben Zeit, sei Multitasking-fähig!*

§ 5: *Ziehe das Dienstliche dem Privaten vor!*

§ 6: *Die Arbeit ist nie zu viel – du bist höchstens zu schlecht organisiert!*

§ 7: *Nur die Harten kommen in den Garten: Sei nie krank und schwach!*

§ 8: *Begnüg dich mit wenig Schlaf, dann bleibt mehr Zeit für die Arbeit!*

§ 9: *Knie dich auch im Urlaub und am Wochenende in die Arbeit rein!*

§ 10: *Nimm die Arbeit wichtiger als die Erholungspausen!*

Diese Erwartungen sprechen Chefs nicht aus, aber wachen darüber, dass sie eingehalten werden. Wer nach Hause geht, wenn er es laut *offiziellem* Arbeitsvertrag dürfte, erntet böse Blicke und spöttische Bemerkungen. Wer dagegen den heimlichen Vertrag erfüllt, wer bis in die Nacht in seine Arbeit eintaucht, wird mit Schulterklopfen belohnt. Dreimal dürfen Sie raten, welcher Vertrag in der Praxis wichtiger ist!

Und jetzt schlägt der gefährliche Kompass wieder aus: Viele Mitarbeiter, brave Kinder von einst, sind darauf geeicht, unausgesprochene Erwartungen der Autoritäten zu erspüren und zu erfüllen. Blitzschnell erfassen sie den heimlichen Vertrag und tun alles, um ihm gerecht und folglich belohnt zu werden.

Das ist vorübergehend gut für ihren Arbeitgeber. Aber das ist dauerhaft schlecht für sie. Denn wo bleiben ihre eigenen Bedürfnisse?

Die eigenen Bedürfnisse – wer kennt sie noch? Gerade in unserer hektischen Zeit ist die Wahrnehmung ein Scheinwerfer, der immer nur die Außenwelt anstrahlt, statt nach innen zu leuchten. Wie es Menschen gibt, die weiteressen, obwohl sie schon satt sind (und deshalb immer dicker werden), so gibt es Menschen, die weiterarbeiten, obwohl sie eigentlich müde sind (und deshalb immer erschöpfter werden). Beide Gruppen merken nicht, was sie tun, während sie es tun – sondern sehen nur die Ergebnisse!

Dass Sie diese Automatismen unterbrechen und eine neue Achtsamkeit für sich selbst entwickeln, einen inneren Kompass, dessen Nadel sich ausrichtet an Ihren Bedürfnissen, Wünschen und Idealen – darauf kommt es an! Diese Achtsamkeit brauchen Sie, um herauszufinden, was in Ihrem Selbst-Vertrag stehen soll.

Wie können Sie den Scheinwerfer Ihrer Wahrnehmung nach innen drehen? Indem Sie sich selbst zum Forschungsobjekt erklären. Indem Sie mit neuen Augen auf Ihr Leben schauen. Horchen Sie beim Arbeiten immer wieder in sich hinein: Wann werden Sie müde? Wann sehnen Sie sich nach Ruhe? In welchen Augenblicken wollen Sie verlangsamen, innehalten, Pause machen? Und woran genau merken Sie, dass es Zeit wird, in den Feierabend zu gehen, um Ihre Liebsten zu sehen, Ihre Freunde zu treffen, Ihr Hobby zu pflegen?

Welche Forderungen, die Ihr Chef an Sie stellt, fühlen sich schlecht an? Wann sollen Sie mehr leisten, als Sie leisten wollen? Wann weicht die Arbeit, die verlangt wird, von der Arbeit ab, die zu Ihnen passt?

Nehmen Sie sich im Laufe eines Arbeitstages für solche Fragen immer wieder Zeit. Spüren Sie in Ihren Körper hinein, wie sich Aufgaben, Befehle, Situationen anfühlen. In welchen Momenten verspannen Ihre Schultern und Ihr Nacken? Wann treten Kopf- oder Rückenschmerzen auf? Wann haben Sie das Gefühl, nicht genug Luft zu bekommen? Wann fallen Sie in Konzentrationslöcher? Oft sind solche Beschwerden psychosomatisch: Der Körper schlägt

Alarm, weil Sie psychisch nicht mit sich im Reinen sind – Sie müssen nur auf ihn hören!

Schon wenn es Ihnen gelingt, die eigene Müdigkeit zu erkennen, kann das ein großer Fortschritt sein. Wer eine Grenze verteidigen will, muss sie erst mal ausmachen! Und, revolutionäre Idee: Was würde passieren, wenn Sie zu Ihrem überstundenverwöhnten Chef um 17.15 Uhr sagten: »Ich spüre, dass ich müde bin und nicht mehr konzentriert arbeiten kann. Ich gehe jetzt nach Hause.«?

Solche Sätze im richtigen Moment und mit dem nötigen Nachdruck zu sagen, das verlangt innere Stärke. Und genau diese Stärke können Sie aus Ihrem Selbst-Vertrag beziehen. Denn um andere zu überzeugen, müssen Sie selbst überzeugt sein – und wissen, wie weit die Arbeit gehen darf.

Selbst-Vertrag: Reif zur Unterschrift

Ehe Sie den Selbst-Vertrag aufsetzen, sollten Sie einen Blick in Ihre berufliche Biografie werfen. In welchen Firmen, in welchen Arbeitssituationen haben Sie sich am glücklichsten gefühlt? Wie selbst- oder fremdbestimmt, hektisch oder gelassen, zerstreut oder konzentriert haben Sie damals gearbeitet?

Mit welcher Arbeitsmenge ging es Ihnen am besten? Wie muss eine Arbeit beschaffen sein, damit Ihnen genug Zeit und Energie bleiben, um Ihre Wünsche auch im Privatleben zu verwirklichen? Welche Rückmeldungen auf Ihre Arbeit bereicherten Sie, und was haben Sie dazu beigetragen, solche Feedbacks zu bekommen? Was hat die Firmen ausgemacht, in denen Sie sich am wohlsten fühlten, die Vorgesetzten, für die Sie am liebsten arbeiteten?

Nehmen Sie sich die Zeit, über jede dieser Fragen nachzudenken. Es lohnt sich, denn »nur die allergescheitesten Leute benutzen ihren

Scharfsinn zur Beurteilung nicht bloß anderer, sondern auch ihrer selbst«, schrieb Marie von Ebner-Eschenbach.

Auf dieser Grundlage können Sie sich an den Selbst-Vertrag machen. Wie sollte er aussehen? Hier ein Muster, das sich bei Menschen bewährt hat, die mit Stress kämpfen:

Arbeits-Selbst-Vertrag

Hiermit schließe ich folgenden Arbeitsvertrag mit mir selbst. Dieser Vertrag stellt meine eigenen Bedürfnisse in den Mittelpunkt, und ich werde ihn höher gewichten als jede Erwartung von außen. Ich werde alles tun, was in meiner Macht steht, um diese Vereinbarungen einzuhalten – zu meinem eigenen Vorteil!

§ 1 Ich arbeite pro Woche maximal ___ Stunden.

§ 2 An folgenden zwei (oder drei) Tagen der Woche, nämlich _____ und _____ und _____, werde ich spätestens um _____ Uhr Feierabend machen.

§ 3 Meine Mails rufe ich maximal ___ Mal am Tag ab, und zwar zu folgenden Zeiten: _____ Uhr und _____ Uhr.

§ 4 Ich schaue in meine Mails grundsätzlich nicht mehr ab _____ Uhr, ebenso zu folgenden geschützten Zeiten und Tagen: _____.

§ 5 Per Handy bin ich für die Firma grundsätzlich nicht erreichbar ab _____ Uhr und/oder an folgenden Tagen: _____.

§ 6 Ich verpflichte mich, all meine Urlaubstage im laufenden Kalenderjahr zu nehmen. Geplant sind folgende Urlaubstermine: _____.

§ 7 Ich stelle sicher, dass mich meine Arbeit nicht in den Urlaub verfolgen kann, und zwar durch folgende Maßnahmen: _____.

§ 8 Ich verpflichte mich, meine Arbeitstage zu folgenden Zeiten für Erholungspausen zu unterbrechen: _____ *Uhr bis* _____ *Uhr,* _____ *Uhr bis* _____ *Uhr,* _____ *Uhr bis* _____ *Uhr.*

§ 9 Unrealistische Terminvorgaben weise ich grundsätzlich zurück, zum Beispiel mit folgenden drei Argumenten:

1. _____

2. _____

3. _____

§ 10 Wenn ich zu einer Arbeitsweise und zu Arbeitsergebnissen gezwungen werde, die sich nicht mit meinem Selbstanspruch vertragen, reagiere ich auf folgende Weise:

_____

_____

_____

§ 11 An folgenden fünf Indizien erkenne ich, dass ich mich wohl in meinem Arbeitsleben fühle. Ich werde alles tun, solche Umstände herbeizuführen:

1. _____

2. _____

3. _____

4. _____

5. _____

§ 12 An folgenden fünf Indizien erkenne ich, dass mein Arbeitsleben ein erfülltes Privatleben zulässt. Ich werde alles tun, solche Umstände herbeizuführen.

1. _____

2. _____

3. _____

4. _____

5. _____

§ 13 Mein Vertrauter _____, im Vertrag »Richter« genannt, verpflichtet sich, mit mir bis zum _____ (Datum) einmal täglich und ab dem _____ (Datum) einmal wöchentlich über die Einhaltung des Vertrages zu wachen und bei Verstößen einzuschreiten.

Ort und Datum   Meine Unterschrift   Unterschrift des Richters

_____   _____   _____

Vielleicht haben Sie Lust, diesen Vertrag für sich auszufüllen. Welche Punkte fehlen Ihnen? Welche würden Sie streichen oder anders formulieren? In welchen Bereichen wollen Sie sich zusätzlich abgrenzen? Fühlen Sie sich frei, den Vertrag auf Ihre Bedürfnisse abzustimmen. Je individueller er ausfällt, desto mehr Kraft zur Einhaltung wird er Ihnen schenken.

Der Richter und Schenker

Bitte überlegen Sie genau, wer Ihr »Richter« sein soll. Dieser Richter ist nicht Ihr Henker, sondern Ihr Schenker! Er hilft Ihnen, die Fackel Ihrer Wünsche auch bei scharfem Arbeitswind am Brennen zu halten. Idealerweise ist es *nicht* der Mensch, der am meisten leidet, wenn Sie zu viel arbeiten, zum Beispiel Ihr Lebenspartner. Diesmal soll es nicht um die Erwartungen eines anderen Menschen an Sie gehen (auch nicht eines solchen, der es gut mit Ihnen meint), sondern um Ihre eigenen!

Ich empfehle Ihnen einen Richter, der Sie mit großem Wohlwollen, aber mit mehr emotionalem Abstand als Ihr Lebenspartner betrachtet. Zum Beispiel als beste Freundin oder bester Freund. Ebenso kann ein Älterer, etwa ein väterlicher Freund oder eine mütterliche Freundin, diese Rolle einnehmen – sofern dieser Mensch für Sie ein Vorbild ist und Sie als Gesprächspartner wachsen lässt.

Dass Sie diesen Richter hinzuziehen, schon beim Aufsetzen des Vertrages, hilft Ihnen mehrfach: Erstens bekommt der Vertrag eine höhere Verbindlichkeit – Sie sind nicht nur sich selbst, sondern auch Ihrem Richter verpflichtet. Zweitens bezieht jeder Vertrag seinen Wert daraus, dass Verstöße gegen ihn juristisch verfolgbar sind – dazu brauchen Sie einen Richter. Und drittens schaffen Sie die Gelegenheit, sich mit einem vertrauten Menschen regelmäßig über Ihr Arbeitsverhalten auszutauschen.

Der tägliche Austausch (per Telefon) ist zu empfehlen, wenn Sie zum Beispiel ein langjähriges Überschreiten der eigenen Grenzen korrigieren wollen. Dann unterliegen Sie einer hohen Rückfallgefahr, wie ein Raucher, der gerade aufgehört hat. Dagegen können wöchentliche Gespräche mit dem Richter ausreichen, wenn Sie Stabilität erlangt haben und den eingeschlagenen Kurs fortführen.

Ein weiterer Vorteil kommt hinzu: Der Vertrag, mitsamt seiner

Richterrolle, ist auch ein unterhaltsames Spiel. Wir alle spielen gern und wollen dabei gewinnen! Gut möglich, dass Ihr Ehrgeiz in eine andere Richtung als bislang zielen wird – nicht darauf, den heimlichen Vertrag mit Ihrer Firma zu erfüllen (zu Ihrem Nachteil!). Sondern darauf, Ihren Selbst-Vertrag einzuhalten (zu Ihrem Vorteil!)!

Der Richter ist nicht dafür da, Sie zu bestrafen – das geschieht nur im Notfall und nach Ihren eigenen Vorgaben. Vielmehr besteht seine Aufgabe darin, Sie durch die Gespräche zu unterstützen. Ein solches Telefonat kann ablaufen, wie es mir meine Klientin Tania gerade mit ihrem »Richter« Ingo geschildert hat:

Tania: »Also, Ingo, ich muss beichten: Heute habe ich bis 18.30 Uhr gearbeitet. Laut Vertrag hätte ich um 17 Uhr aufhören sollen, ich weiß! Aber dann kam noch eine Mail meines Chefs rein, und ich musste ganz dringend liefern.«

Richter Ingo: »Wenn ich dich richtig verstanden habe, sollte der Vertrag dich gerade vor solchen Versuchungen schützen. Du wolltest deine Bedürfnisse über die deiner Firma stellen.«

Tania: »Darum ärgere ich mich auch so über mich selbst! Jetzt schließe ich einen Vertrag mit mir ab und mache genauso weiter wie bisher!«

Richter Ingo: »Vielleicht war das ja eine wichtige Lernchance. Was würdest du am Donnerstag – da willst du ja wieder um 17 Uhr gehen – anders machen als heute, wenn es zu derselben Situation käme?«

Tania: »Dann würde ich meinem Chef einfach antworten: ›Tut mir leid, ich habe fest zugesagt, dass ich heute um 17 Uhr aus der Arbeit gehe.‹ Das wäre ja nicht einmal gelogen!«

Richter Ingo: »Nun hast du mich ja zu deinem Richter ernannt. Das heißt, ich soll auch einschreiten, wenn du gegen deinen Selbst-Vertrag verstößt. Welche Strafe schlägst du vor, falls du in den nächsten zwei Wochen deine Selbstverpflichtung noch einmal brichst?«

Tania: »Dann werde ich meine Schwiegereltern am Wochenende zum Abendessen ausführen. Du weißt ja: Ich kann sie nicht leiden!«
Richter Ingo: »Mal angenommen, du schaffst es beim nächsten Mal, einer solchen Versuchung zu widerstehen: Wie könntest du dich dafür belohnen?
Tania: »Dann würde ich mit meinem Mann mal wieder in die Sushi-Bar gehen. Ich war dort eine gefühlte Ewigkeit nicht mehr.«

Wer solche Gespräche jede Woche führt, wird vor der Gefahr bewahrt, zurück in den alten Trott, zurück in den Arbeitswahn zu stürzen. Er legt Rechenschaft ab, ob er sich an seine eigenen Vorgaben hält, in erster Linie vor sich selbst.

Der Vertrag, der »Richter«, der regelmäßige Austausch, die selbst bestimmten Strafen: All das sorgt dafür, dass einer sein tägliches Arbeitsleben reflektiert und aussteuert, bis er den Kurs seines Lebens bestimmt, statt von den Vorgaben der Arbeit verdriftet zu werden.

Ich darf Ihnen versprechen: Der Selbst-Vertrag wird der wichtigste Arbeitsvertrag sein, den Sie je unterschrieben haben.

Warum es nicht lohnt, ein Held der Arbeit zu sein

Viele Menschen begehen den Fehler, ihr Arbeitsleben als eine Insel zu betrachten. Als würden Entscheidungen, die sie dort fällen, das Festland des Privatlebens nicht berühren. Aber seien Sie sicher: Was Sie im Beruf tun, wirft Wellen in Ihr Privatleben.

Wer den beruflichen Erfolg um jeden Preis sucht, übersieht oft, wo dieser Preis fällig wird. Diese Blindheit mag an den gängigen Heldenmythen liegen. Die Arbeitswelt wird als Olympiastadion gesehen, in dem die Akteure für ihren Erfolg gar nicht genug schwitzen, rennen, kämpfen können. Wer sich die Medaille einer Beförderung holen will, soll sie sich mit vollem Einsatz verdienen. Wir bezeichnen einen Menschen als »Arbeitstier«, nicht um ihn als Esel zu beleidigen, sondern um ihn als fleißig zu loben.

Und stimmt es nicht, dass die Spitzenathleten der Berufswelt, die Karriere-Stabhochspringer, sich die schönsten Häuser, die größten Autos und oft die attraktivsten Lebenspartner leisten können? Stimmt es nicht, dass der Generaldirektor von seinen Nachbarn mit mehr Hochachtung gegrüßt wird als der Nachtportier derselben Firma?

Aber täuschen Sie sich nicht! Die Fassade des Erfolges kann finstere Geheimnisse verbergen. Was Reinhold Messner übers Bergsteigen sagte, trifft ebenso auf die Karriere zu: »Gipfelglück ist nur ein Wunsch der Untengebliebenen.«

Ich kann mich an einen Versicherungskaufmann erinnern, der über 60 Stunden die Woche gearbeitet hat, um sich für seine junge Familie bald ein Häuschen leisten zu können. Als er das Geld zusammen hatte, war die Frau mit den Kindern weg. Sie hatte ihren Mann über Jahre nur noch als Übernachtungsgast gesehen.

Ich kann mich an eine junge Volkswirtin erinnern, die ihre Karriere als ein Hochgeschwindigkeitsrennen betrieb, erst Gruppenleiterin, dann Abteilungsleiterin, dann Bereichsleiterin, nur um mit Ende 30 schon alles erreicht zu haben und sich den Luxus eines eigenen Kindes leisten zu können. Leider war sie vor lauter Arbeit nicht dazu gekommen, sich den passendenden Mann zu suchen. Nach einer vergeblichen Ausschau auf dem Heiratsmarkt stieg sie wieder in ihr Arbeitsrennen ein.

Ich kenne reihenweise Manager, die als Helden der Arbeit gelten, tatsächlich aber Opfer ihrer Arbeit sind. Abends brauchen sie Pillen, um abzuschalten, morgens brauchen sie Pillen, um einzuschalten, und tagsüber brauchen sie Pillen, damit ihr Blutdruck vor lauter Arbeitsstress nicht durch die Decke schießt. Solche

»Helden« haben meist keine Familie mehr und erst recht kein Familienleben.

Diese Arbeitsathleten sind höchst angesehen, höchst betucht, höchst einsatzfreudig, höchst erfolgreich – und höchst unglücklich! Der Preis, den sie für ihren Erfolg bezahlen, ist der höchste: ihr Leben! Zwischen den Beneidenswerten und den Bemitleidenswerten verläuft in der heutigen Berufswelt nur ein schmaler Grat.

Aber wie kommen Menschen dazu, sich durch ihren Beruf im Privatleben zu Deppen zu machen? Weil die Rechnung ihnen nicht dort präsentiert wird, wo sie entsteht. In den Firmen werden sie für ihren Volldampf-Einsatz belohnt: mit Lob, mit Beförderungen, mit Gehaltserhöhungen.

Die Quittung im Privatleben kommt mit Verspätung: Jede Überstunde, die einer leistet, ist eine fehlende Stunde Freizeit. Jede Stunde, die einer nachts über Arbeit grübelt, fehlt ihm an Schlaf. Jedes abendliche Dienstgespräch am Handy ist ein Gespräch, das er nicht mit seinem Partner, seinen Kindern, seinen Freunden führt. Jeder Urlaub, in dem er rufbereit für die Firma ist, ist nur ein halber Urlaub, eine vertane Erholungschance.

Und auch emotionale Vergiftungen aus dem Berufsleben schwappen ins Private. Wie oft saßen mir Chefs gegenüber, die ihre Frauen zitiert haben mit Sätzen wie: »Du brüllst mit mir schon rum, als wäre ich einer deiner Angestellten!« Wie oft haben mir Fachkräfte erzählt, dass sich der Arbeitsdruck im Privatleben entlädt, durch fortwährenden Streit in ihrer Partnerschaft. Und gerade neulich hat mir eine erfolgreiche Projektmanagerin berichtet, dass sie die Urlaube ihrer Familie nicht mehr organisieren darf, ihr Freund habe gesagt: »Du planst unsere Urlaube mittlerweile wie deine Projekte, ohne jede Minute zum Durchatmen. Das halte ich nicht mehr aus!«

Keine Sorge, Sie sollen den Spaß an Ihrer Karriere behalten. Wer wäre ich, Ihnen als Karriereberater die Karriere ausreden zu wollen!

Wichtig ist nur, dass Sie dabei Ihr ganzes Leben im Blick behalten, etwa durch Fragen wie: »Welche Auswirkungen hat mein beruflicher Einsatz auf mein Privatleben? Inwieweit ist meine Gesundheit davon betroffen? Welche anderen Menschen berührt die Entscheidung? Was würde mein Lebenspartner dazu sagen? Welche Meinung hätten meine Freunde dazu? An welcher Stelle bezahle ich den Preis, und wie hoch ist er?«

Beim französischen Dramatiker Molière heißt es: »Wir sind nicht nur verantwortlich für das, was wir tun, sondern auch für das, was wir nicht tun.« Berufliches Tun kann privates Nicht-Tun bedingen. Führen Sie sich beides vor Augen, den Nutzen und den Preis, erst dann haben Sie beim Entscheiden alle (Argumente) beisammen.

Wollen Sie tatsächlich 50 Stunden pro Woche arbeiten? Wollen Sie tatsächlich für Ihre Firma rund um den Globus jetten? Wollen Sie tatsächlich 24 Stunden pro Tag per Mail erreichbar sein? Oder sind Ihnen die Kosten im Privaten zu hoch?

Entscheidungen, bei denen Sie Nutzen und Preis gegeneinander abwägen, heißen »ökologische Entscheidungen«. Der Selbst-Vertrag wird Ihnen helfen, Ihr Berufsleben zu entgiften und die Burn-out-Gefahr zu vermindern.

Das Zöllner-Prinzip:
Von der Kunst, Grenzen zu bewachen

In diesem Kapitel erfahren Sie unter anderem …

* warum Ihr Leben wie ein Land ist und klare Grenzen braucht,
* wie Sie diese Grenzen markieren und gegen Arbeitsattacken verteidigen,
* wie Sie verhindern, dass Sie sich selbst ausbeuten
* und welches die zehn besten Tipps zum Nein-Sagen sind.

Sind Sie noch König Ihres Lebens?

Stellen Sie sich Ihr Leben einmal als ein Land vor. Regieren Sie dort noch als König, auch während Ihrer Arbeitszeit? Bestimmen Sie in Ihrem Land, was geschieht? Dienen Ihnen die anderen, die Chefs und Kollegen? Oder bedienen sie sich Ihrer? Werden Sie gehetzt, geschubst, von außen regiert?

Vom Thron des eigenen Lebens ist ein Mitarbeiter schnell gestoßen. Der Wille, der geschieht, ist dann der seiner Firma. Der Chef erwartet »vollen Einsatz«, was übersetzt heißt: »Arbeiten Sie mehr, als ich Ihnen bezahle!« Wenn er »Teamfähigkeit« fordert, meint er: »Springen Sie für kranke Kollegen ohne Rücksicht auf Ihren Urlaub ein und mucken Sie nicht auf!« Und unter »Solidarität« versteht er, dass Sie sich in der Gehaltsverhandlung mit dem Hinweis vertrösten lassen: »Ihre Kollegen bekommen auch nicht mehr!«

Was ist los im Land Ihres Lebens? Schwingen Sie noch als König das Zepter? Oder haben Sie Ihr Land an fremde Mächte verloren, an Manipulations-Künstler, die Ihr Verhalten steuern und Ihnen ihren eigenen Vorteil als den Ihren verkaufen?

Die Voraussetzung, dass ein Staat auf einer Landkarte auftauchen kann, ist eine Grenze. Durch die Grenze weiß man erst, wo ein Land beginnt und endet. Und ein Staat muss bereit sein, seine Grenze zu verteidigen, sonst könnten die Nachbarländer einfallen und das Gebiet zu ihrem Territorium erklären.

Auch das Land Ihres Lebens steht und fällt mit den Grenzen. Doch die Abgrenzung scheint im Beruf schwierig. Wer seine Firma betritt, könnte meinen, er verlasse das Land seines eigenen Lebens. Das ist nicht so! Der Beruf ist Teil Ihres Lebens, über viele Jahrzehnte zeitlicher Mittelpunkt.

Gerne frage ich im Coaching: »Haben Sie im Beruf die Grenzen so klar um Ihr Privatleben gezogen, dass niemand sie übersehen kann?« Meist ist ein Kopfschütteln die Antwort. Die unsittlichen Forderungen haben freies Geleit.

Jeden Tag läuft in den Büros und Werkshallen dasselbe Spiel: Chefs testen die Grenzen ihrer Mitarbeiter. Und je geringer der Widerstand, auf den sie stoßen, desto weiter dringen sie in das fremde Leben ein, bis sie es zum Territorium der Firma erklärt haben. Dann rückt die Arbeit grenzenlos vor: per Laptop, per Handy, per Aktenstapel. Und Feierabend ist am Sankt-Nimmerleins-Tag.

Wer als Arbeitnehmer keine Grenzen setzt, gilt als »beliebt« und »nett«, will heißen: Mit ihm kann man machen, was man will! Er ist harmlos, niemand fürchtet ihn, die Firma kann das Land ihrer eigenen Interessen auf seine Kosten ausdehnen.

Wenn ein Menschenaffe die Zähne zeigt, kann das zweierlei bedeuten: eine Geste der Unsicherheit, eine Art Lächeln, mit dem er sich einem Stärkeren unterwirft. Oder eine Drohung: Der Affe signalisiert die Bereitschaft, sein Revier mit den Zähnen gegen einen Eindringling zu verteidigen. Was glauben Sie, welche Geste ist zur Abgrenzung im Beruf effektiver?

Wer immer nur lächelt, wird am Ende ausgelacht. Weil er sich allen fügt, wird er zur Verfügungsmasse. Weil er immer nur »Ja« sagt, wird sein Einverständnis bei Grenzüberschreitungen bald vorausgesetzt; niemand fragt ihn mehr. Es ist paradox: Jemand öffnet seine Grenzen, um anderen zu gefallen, aber weil er seine Grenzen öffnet, verliert er an Ansehen. Niemand nimmt ihn mehr ernst!

Respekt genießen Menschen, die ihr Lebensland klar abgrenzen. Der Gestalttherapeut Fritz Perls hat das Mantra der Abgrenzung geschrieben[137]:

Ich bin ich, und du bist du.
Ich bin nicht auf der Welt, um deine Erwartungen zu erfüllen,
und du bist nicht hier, um meine zu erfüllen.
Wenn wir übereinstimmen, ist es wunderbar.
Aber wenn nicht, dann ist da nichts zu machen.

Nur weil Sie für eine Firma arbeiten, müssen Sie noch lange nicht jeder Erwartung gerecht werden – vor allem nicht solchen, die über Ihren Arbeitsvertrag hinausgehen (siehe Tabelle ab Seite 374). Darin besteht die Stärke der Abgrenzung: dass Sie sich an Ihren eigenen Erwartungen orientieren, nicht an denen der anderen.

Üben Sie den Eigensinn – den Sinn fürs eigene Leben! Lassen Sie sich nicht von außen steuern! Entscheiden Sie bewusst, wo Sie die Grenzen Ihres Lebens ziehen, wer sie überschreiten darf und wer nicht. Die Zöllner-Strategie hilft Ihnen, wieder König Ihres eigenen Lebens zu werden.

Die drei Geheimnisse des Zöllners

Zöllner bewachen Grenzen. Wer einreisen will, muss ihnen seine Papiere und sein Zollgut zeigen. Zöllner sind freundlich, doch zur Not greifen sie zur Waffe, um Eindringlinge abzuhalten. Das Zöllner-Prinzip im Arbeitsleben funktioniert in drei Schritten:

1. Definieren Sie Ihr Land – was wollen Sie verteidigen?
2. Ziehen Sie Ihre Grenze so, dass sie für jedermann sichtbar ist.
3. Bewahren und verteidigen Sie Ihre Grenze. Ohne Ausnahme!

Auf diese Weise können Sie Ihre Interessen erkennen und Angriffe von außen effektiv abwehren.

1. Definieren Sie Ihr Land – was wollen Sie verteidigen?

Staaten ziehen Grenzen, weil sie etwas besitzen, das zu verteidigen sich lohnt: ihr Volk, ihre Grundordnung, ihre Bauwerke. Wo es nichts zu verteidigen gibt, sind Grenzen überflüssig. Viele Menschen, die in Arbeit untergehen, haben sich noch nie gefragt: »Was ist in meinem Leben so wichtig, dass ich es gegen Übergriffe verteidigen muss?« Obwohl ihr Nachbarstaat, die Firma, Expansionsabsichten hegt!

Im Coaching wecke ich die Fantasie: »Angenommen, Sie hätten nur noch ein halbes Jahr zu leben – was wäre Ihnen in diesem halben Jahr am wichtigsten?« Sogar bekennende Workaholics sagen *niemals*: »Ich würde alles tun, um bei meinem Chef zu punkten!« Oder: »Ich würde darum kämpfen, den unrealistischen Projekttermin doch noch zu halten!« Oder: »Ich würde mich dafür überschlagen, dass meine Firma am Jahresende die beste Bilanz aller Zeiten schreibt!«

Den meisten Menschen dämmert: Diese Wünsche sind nicht in ihrem Land gewachsen, sondern wurden von außen eingeschmuggelt. Genau das, was die Arbeit ursprünglich ermöglichen sollte, ein schönes Leben nach Feierabend, hat sie am Ende verhindert. Das Mittel wurde zum Selbstzweck.

Die Vorstellung, bald sterben zu müssen, rückt die Prioritäten wieder zurecht. Die Menschen entdecken Reichtümer in ihrem Leben, für die es sich zu kämpfen lohnt. Keine Häuser, keine Autos, keine Konten – meist geht es um Herzensreichtum: die Familie, die Liebe, die Gesundheit, die Freiheit, die Bildung, die Hobbys, das Reisen, die Selbstbestimmung. Das alles verlangt Zeit, Hingabe und Energie – Ressourcen, die nicht unerschöpflich sind, sondern durch übermäßige Arbeit verbraucht werden.

Was würden *Sie* tun, was wäre Ihnen am wichtigsten, wenn Sie nur noch drei Monate zu leben hätten? Welchen Menschen, welchen Tätigkeiten, welchen Idealen schenkten Sie Ihre verbleibende Zeit? In welchem Verhältnis stehen diese Wünsche zu Ihrer Arbeit? Inwiefern hindert Sie Ihr Beruf im Alltag daran, diese Werte zu leben? Und welche Konsequenz können Sie daraus ziehen?

Erst wenn Sie wissen, wofür Sie kämpfen wollen, fließt Ihnen die Kraft zu, die Sie für diesen Kampf brauchen – zur Verteidigung Ihrer Grenzen.

2. Machen Sie Ihre Grenzen sichtbar!

Reicht es, dass ein Staat seine Grenzen für sich selbst festlegt? Nein, es muss die Grenzen *für andere* sichtbar machen: Pflöcke setzen, Zäune ziehen, Zollstationen bauen. Wer sich von außen nähert, soll sehen: Hier beginnt ein fremdes Land! Er soll wissen: Diese Grenze darf ich nur mit Genehmigung überschreiten! Wer dagegen verstößt, bekommt Ärger.

Einen sichtbaren Grenzzaun um alles ziehen, was Sie in Ihrem Leben verteidigen wollen, das müssen auch Sie bei der Arbeit. Ein Klient von mir, Patentanwalt, wollte seine Familienabende gegen dienstliche Mails verteidigen. In seiner Sozietät war es üblich, dass die Mitarbeiter bis in die tiefe Nacht auf Mails antworteten. Er hatte das auch getan, über mehrere Jahre.

Doch nun kriselte seine Ehe. Und seine Kinder, 10 und 13 Jahre alt, verbrachten die Nächte wie er: vor dem Computer. In Coaching-Gesprächen fand er heraus, dass er ein Arbeitsleben im Hamsterrad führte, dass er seine eigenen Werte verriet zugunsten der Firma. Er beschloss, mit aller Kraft sein Familienleben zu schützen.

In seinem Selbst-Vertrag hatte er festgelegt, künftig diese Heimarbeit abzustellen. Nun markierte er in zwei Schritten seine neue Grenze: Erstens sagte er bei einer Sitzung zu seinen Chefs und seinen Kollegen: »Eine Mitteilung zur Arbeitsorganisation: Meine Abende mit der Familie genießen ab sofort Priorität. Sie haben in letzter Zeit unter den ständigen Dienstmails gelitten, das werde ich nicht länger zulassen. Künftig bin ich nur in der Firma erreichbar – und dann wieder am nächsten Morgen.«

Alle waren verblüfft, weil er von den Gepflogenheiten abwich, aber auch beeindruckt, weil er mit solcher Klarheit sprach. Das klang nicht wie das übliche »Nie wieder«, das Mitarbeiter im Affekt sagen, aber spätestens am nächsten Tag zurückziehen. Woher nahm er diese Sicherheit?

Der Jurist schlug noch einen zweiten Grenzpflock ein: Sobald er das Büro abends verließ, schaltete er eine Abwesenheitsmail. Dort hieß es, er sei wieder am nächsten Tag ab 9 Uhr erreichbar. Nun hatte es jeder Nacht-Mailer schriftlich, dass seine Post ins Leere lief – niemand konnte behaupten, er sei davon ausgegangen, ihn noch erreicht zu haben.

Dieser zweite Schritt imponierte den Kollegen noch mehr, einer fragte ihn: »Wie hast du das eigentlich dem Chef verklickert?« Er antwortete: »Ich werde bezahlt dafür, gute Arbeit zu leisten. Das kann ich auch ohne abendliche Mails.« Genauso hatte er es auch dem Chef gesagt – und war zu seinem Erstaunen nur auf halbherzigen Widerstand gestoßen.

In den ersten Wochen wurde ihm das Mailfach über Nacht vollgestopft. Doch mit der Zeit merkten die Absender, dass ihr nächtlicher Aktionismus nichts brachte. Die Zahl der späten Mails ging spürbar zurück.

Mit der Entschlossenheit, mit der sachlichen und sprachlichen Klarheit, mit der Sie Ihre Grenze setzen, sinkt der Anreiz für andere, an dieser Grenze zu rütteln. Standhaftigkeit ist ein harter Job! Aber wie folgender Ausspruch, der US-Autor Arthur Miller zugeschrieben wird, es so treffend beschreibt: »Das Leben ist eine Nuss. Sie lässt sich zwischen zwei weichen Kissen nicht knacken.«

Wenn ein Kissen zu weich ist, sprich der Wille, die Grenze zu verteidigen, nicht hart genug, dann lässt sich das schon an der Sprache erkennen. Wählen Sie klare Worte, und meiden Sie schwammige Konjunktive sowie das Wörtchen »eigentlich«! Wer »eigentlich« im Urlaub keine Mail empfangen möchte, »eigentlich« nicht den Geburtstag seiner Tochter auf einer Dienstreise verbringen, »eigentlich« nicht Arbeiten verrichten, für die andere den Ruhm einfahren – der hat seinen Schlagbaum bereits gehoben und der Ausnahme zugestimmt!

3. Bewachen und verteidigen Sie Ihre Grenzen!

Grenzen setzen ist das eine – sie verteidigen das andere! Zahllose Mitarbeiter kündigen an, nie wieder Überstunden zu machen, nie wieder Urlaub zu verschieben, nie wieder Deppenarbeiten zu übernehmen. Doch wenn der Chef sie mit Schmeicheleien einwickelt

(»Ich konnte mich noch immer auf Sie verlassen!«), mit Drohungen einschüchtert (»Wenn Sie sich weigern, wird das Konsequenzen haben!«) oder ihren Helferinstinkt wachkitzelt (»Sie lassen mich doch in dieser schwierigen Situation nicht hängen!«) – dann schaltet Ihre Grenzampel doch auf Grün. Ausnahmsweise. Und der Chef marschiert grinsend hindurch.

Führungskräfte wissen: Die meisten Mitarbeiter sind nicht willens, ihre Grenze zu verteidigen. Man muss sie nur lang genug dem Trommelfeuer der eigenen Wünsche und Erwartungen aussetzen, dann knicken sie ein. Eine Grenze, die keinen Widerstand aushält, eignet sich für Arbeitsüberfälle.

Seien Sie als Zöllner Ihres eigenen Lebenslandes standhaft! Keinen Wunsch, keine Erwartung, keine Forderung sollten Sie einfach durchwinken. Nehmen Sie sich die Zeit, solche Ansinnen wie einen verdächtigen Koffer bei der Gepäckkontrolle am Flughafen zu durchleuchten. Will die Firma Ihre Grenzen verletzen, Sie für ihre Zwecke missbrauchen und überfordern? Dann lassen Sie Ihren Schlagbaum runter und sagen Sie einfach »nein« (wie das im Detail geht, lesen Sie ab Seite 330).

Und, ganz wichtig: Machen Sie keine Ausnahmen! Ich wiederhole: Machen Sie keine Ausnahmen! Sonst sind Ihre inneren Gesetze nur noch »wie Spinnweben, die kleine Fliegen fangen, aber Wespen und Hornissen entkommen lassen« (um es mit dem irischen Autor Jonathan Swift zu sagen).

Eine Klientin von mir, Reisekauffrau, nahm sich seit Jahren vor, um 17 Uhr Feierabend zu machen. Das war ihr wichtig, um den Anschluss an ihre geliebte Radsportgruppe wieder zu finden. Seit Jahren fuhr ihr das sportliche Leben im wahrsten Sinne davon: Die Gruppe brach um 17.30 Uhr auf, wenn sie gerade erst den Heimweg antrat.

Der Sport fehlte ihr. Sie wälzte trübe Gedanken, setzte Übergewicht an und fühlte sich nicht mehr wohl in ihrem Körper. Mehrfach hatte sie den Feierabend um 17 Uhr angekündigt – und damit eine Grenze gesetzt. Aber immer wieder gelang es dem Büroleiter, sie von ihrem Vorsatz abzubringen. Ihre Arbeitsgrenze ließ sich beliebig dehnen, mal um eine halbe Stunde, mal um eine Stunde, mal um zwei Stunden. Weil sie ihre Grenze nicht verteidigte, konnten die Erwartungen der Firma ungehindert eindringen.

Im Coaching hatte sie in ihrem Selbst-Vertrag festgehalten, jeden Tag nun tatsächlich um spätestens 17 Uhr zu gehen. Aber wie konnte es ihr glücken, ihre Grenze effektiver zu verteidigen?

Ich fragte sie: »Gibt es Kollegen, die ihre Grenzen konsequenter als Sie setzen?« Sie erzählte mir von einer Kollegin, die jeden Tag um Punkt 16.15 Uhr ging, um ihre Tochter von der Kinderkrippe abzuholen. Alle wussten, dass die Kollegin um diese Zeit gehen *musste.* Alle sahen, dass sie jeden Tag um diese Zeit ging. Alle anfänglichen Versuche, sie länger festzuhalten, waren gescheitert. Seither rannte niemand mehr gegen ihre Grenze an.

Und so kam die Reisekauffrau auf eine Idee: Sie gründete eine Fahrgemeinschaft mit Kollegen aus einer anderen Firma, darunter einer Freundin aus der Radsportgruppe. Genau um 16.45 Uhr musste sie die Firma täglich verlassen. Das hatte sie nicht nur mündlich, sondern auch in einer Rundmail bekannt gegeben.

Natürlich wurde ihre Grenze hart attackiert – schließlich war sie als inkonsequente Zöllnerin bekannt! Um 16.30 Uhr warf ihr der Chef noch komplizierte Reklamationsanfragen auf den Tisch, dann kam es zu Dialogen wie diesem:

»Gerne werde ich mich um diese Reklamation kümmern – morgen früh.«

»Aber ich brauche das heute Abend noch. Das ist dringend.«

»Dann müssen Sie den Auftrag jemand anderem geben. Ich gehe um 16.45 Uhr.«

»Das ist jetzt aber nicht Ihr Ernst! Sie wollen, dass die Kolleginnen Ihre Arbeit mitmachen?!«

»Ich mache meine Arbeit jeden Tag 8 ½ Stunden. Und um 16.45 Uhr muss ich gehen.«

»Glauben Sie bloß nicht, dass ich mir das bieten lasse!«

»Ich halte mich an meinen Arbeitsvertrag. Und um 16.45 Uhr muss ich gehen.«

Nach ein paar Gesprächen dieser Art gab der Chef es auf: Er spürte, dass diese Grenze nicht zu knacken war. In diesem Dialog wandte die Reisekauffrau eine rhetorische Technik an, die sich »gesprungene Schallplatte« nennt (siehe Seite 338): Sie wiederholte ihre Kernaussage (»um 16.45 Uhr gehen«) immer wieder, statt sich zu rechtfertigen oder nachzugeben.

Die Fahrgemeinschaft diente der Kauffrau als Krücke, um ihr Selbstbewusstsein zu stärken. Nach ein paar Monaten hatte sie so gute Erfahrungen mit ihrer Grenzsetzung gemacht, dass sie mutig verkündete: »Ich bin nicht mehr Teil der Fahrgemeinschaft, behalte aber meinen Feierabend um 16.45 Uhr bei.«

Inzwischen war sie als konsequente Zöllnerin bekannt. Alle neuen Versuche, die Grenze zu überrennen, blockte sie ab. Und es dauerte gar nicht lange, bis die Grenze respektiert wurde. Ihr Selbstbewusstsein ist seither enorm gewachsen. Die Qualität ihres Lebens auch.

Wie Sie sich vor Selbstausbeutung schützen

Nicht immer wird eine Grenze von außen angegriffen; manchmal steht der Feind im eigenen Land. Alle Ansprüche, die jahrelang auf Sie eintrommeln, können sich zu Selbstansprüchen verwandeln, zu einem Echo im Kopf, das Ihren eigentlichen Willen übertönt. Diese

»inneren Antreiber« stammen nicht nur aus der Erziehung, sondern auch aus dem Bildungs- und Arbeitsweg.

Zum Beispiel haben viele Menschen durch den Rotstift des Lehrers gelernt: »Jeder Fehler, den ich mache, sogar der kleinste, wird gnadenlos bestraft.« Es gab keinen grünen Stift, der Richtiges hervorhob, nur einen roten, der Fehler brandmarkte.

Und in der Arbeitswelt herrscht derselbe Geist. Fast jeder erlebt täglich, dass korrekte Arbeiten ohne Rückmeldung bleiben, während der Chef ihm jeden Fehler um die Ohren haut, oft vor Zeugen: »Wie konnte das bloß passieren!«, »Solche Schlampereien können wir uns nicht erlauben!«, »Haben Sie Tomaten auf den Augen?«

Der nicht abreißende Hagel der Ansprüche verankert im eigenen Kopf den Glaubenssatz: »Du darfst *keine* Fehler machen!«

Diese Überzeugung ist bestens geeignet, die Arbeit weit ins eigene Lebensland eindringen zu lassen! Wer alles tut, um Fehler zu vermeiden, muss zwei Jobs in nur einer Arbeitszeit verrichten: Arbeitsausführer und Fehlerkontrolleur. Als Ausführer will er eine Aufgabe vom Tisch bekommen, doch als Kontrolleur hält er sie fest. Die Zahlen rechnet er nach, nun zum dritten Mal. Die Strategie, eigentlich schon fertig, fängt er noch einmal von vorne an, nur um sich später keine Unzulänglichkeit vorwerfen lassen zu müssen. Und nicht mal die belanglose Mail lässt er los, ehe sie preisverdächtig formuliert und mehrfach auf Komma- und Rechtschreibfehler durchforstet ist.

Der Ausführer geht zwei Schritte vor, der Kontrolleur mindestens einen Schritt zurück, und so kommen die beiden nur im Schneckentempo vorwärts. Um diesen Rückstand aufzuholen, drückt der Ausführer aufs Tempo. Weil er aufs Tempo drückt, macht er noch mehr Fehler. Deshalb bremst der Kontrolleur noch stärker.

Die Aufgabe wird durch den Selbstanspruch aufgeblasen, sie dehnt sich bis über den Feierabend, bis ins Wochenende, bis in den Urlaub – grenzenlos!

Ähnlich wirkt sich ein weiterer Glaubenssatz aus, der dem ewigen Arbeitsdruck entspringt: »Mach schneller!« Es reicht nicht, schnell zu sein, es bedarf der Steigerung. Wer hat nicht schon von seinem Chef gehört: »Sind Sie noch nicht fertig?«, »Wann bekomme ich endlich das Dokument?«, »Nun wird es aber höchste Zeit!«

Alles drängt, alles eilt, und die Arbeit sollte möglichst fertig sein, ehe sie angefangen ist. Mit den Jahren verinnerlicht man: »Ich muss schneller sein!«

Mit fliegenden Händen und wirbelnden Gedanken jongliert der Mitarbeiter seine Arbeit. Sein Arbeitsleben gleicht einer Aufholjagd, er ist immer im Rückstand, immer am Hetzen, die Termine laufen ihm weg. Seine Finger trommeln auf den Schreibtisch. Sein Gesicht zuckt nervös. Und wenn der Drucker nicht druckt, kann es schon mal passieren, dass er ihm aus Ungeduld einen Fausthieb verpasst.

Und doch misslingt es ihm, schneller zu sein! Daraus *könnte* er schließen: »Ich habe zu viel Arbeit und zu wenig Zeit!« Aber tatsächlich denkt er: »Ich bin zu langsam!« Und so erhöht er sein Tempo, bis ihm schwindlig wird. Um fertig zu bekommen, was während der Arbeitszeit nicht fertig zu bekommen ist, baut er Überstunden auf – und überschreitet seine Grenzen.

Nun könnte man sagen: »Selber schuld, solche Mitarbeiter – die müssen sich besser organisieren!« Und einige Chefs würden lauthals hinzufügen: »Die Überforderung liegt hier in der Persönlichkeit, nicht in der Arbeit!«

Aber das wäre zu kurz gedacht, denn solche inneren Antreiber werden durch die Ansprüche der Hamsterrad-Firmen genährt. Ansprüche sind keine Bedürfnisse – unterscheiden Sie beides sorgsam! Ein Bedürfnis lässt sich erfüllen, ein Anspruch nicht. Ein Bedürfnis kann zugrunde liegen, wenn Ihr Chef sagt: »Die Arbeit muss bis Freitag fertig sein.« Das ist (manchmal) zu erreichen. Ein Anspruch wäre: »Arbeiten Sie schneller!« Das ist nie zu erreichen, nicht mal mit Schallgeschwindigkeit, denn es geht immer *noch schneller*. So perfekt Sie auch arbeiten, es geht *noch perfekter*. So hart Sie auch arbeiten, es geht *noch härter!*

Genau solche Ansprüche sind es, die ein Hamsterrad am Laufen halten. Wer sie erfüllen will, strampelt sich ab, ohne vorwärts zu kommen. Er steigert seine Anstrengungen, bis er nicht mehr kann. Darum sollten Sie solche Antreiber als Fremdkörper, als eingeschmuggelte Botschaften, als Instrument der (Selbst-)Ausbeutung erkennen – und in Ihrem Land nicht länger dulden!

Hier eine Übung, mit der Sie sich abgrenzen können: Rufen Sie sich fünf Arbeitssituationen ins Gedächtnis, in denen Sie sich überfordert gefühlt haben, zum Beispiel: »Es ist mir nicht gelungen, gleichzeitig den Wunsch des Kunden zu erfüllen und einen Eilauftrag des Chefs auszuführen.«

1. _____

2. _____

3. _____

4. _____

5. _____

Und dann führen Sie, für jede der fünf Situationen, folgende Sätze zu Ende:

Ich war überfordert, weil die Firma von mir verlangt hat …

_____

Ich war überfordert, weil ich von mir verlangt habe …

_____

Ich wäre nicht überfordert gewesen, wenn ich mir erlaubt hätte …

Ich wette mit Ihnen: In den fünf Situationen werden Sie mindestens dreimal einen ähnlichen inneren Antreiber aufspüren. Zum Beispiel: »Ich war überfordert, weil ich von mir verlangt habe, perfekt zu sein!« Dieser Antreiber – hier der Perfektionsanspruch – ist dann Ihr Überforderer, den Sie zurückdrängen sollten.

Abgrenzen können Sie sich bei der obigen Übung, indem Sie sich im letzten Satz mehr Freiheit erlauben, zum Beispiel: »Ich wäre nicht überfordert gewesen, wenn ich mir erlaubt hätte, eine ordentliche, aber vielleicht nicht ganz fehlerfreie Arbeit abzugeben.« Überlegen Sie, welches neue Gesetz für Ihr Lebensland sich daraus ableiten ließe, vielleicht: »Ich darf auch mal einen Fehler machen, deshalb bleibt meine Arbeit doch insgesamt gut!«

Ein solches Gesetz will überwacht sein. Zum Beispiel können Sie mit Ihrem »Richter« kleine Aufgaben besprechen, die sich an größeren Zielen Ihres Selbst-Vertrages orientieren. Nehmen Sie sich zum Beispiel für jeden Arbeitstag vor, zumindest in einer Situation nach Ihrem neuen Gesetz zu handeln. Wie wäre es, mal eine Mail zu verschicken, ohne Sie Korrektur zu lesen? Oder gar bewusst einen kleinen Tippfehler einzubauen? Wie fühlt es sich an, kleine Fehler zu akzeptieren, statt gegen sie anzukämpfen? Was verändert sich, wenn Sie dieses neue Verhalten längere Zeit praktizieren?

Als Belohnung winkt Ihnen das, wofür diese Methode, die »systematische Desensibilisierung«, in der Psychologie eingesetzt wird: Ihre alte Phobie, zum Beispiel die Angst vor Fehlern, wird ganz langsam verdrängt durch neues Denken und Verhalten. Mit der Zeit können Sie Ihre inneren Antreiber in ihre Schranken verweisen – und die Grenzen Ihres Lebens effektiv verteidigen.

Zehn Tipps zum Nein-Sagen

Ihre Abgrenzung steht und fällt mit einem einzigen Wort: »Nein!« Dieses verbale Stoppschild grenzt Ihr eigenes Territorium gegen fremde Ansprüche ab. Bei unsittlichen Forderungen gibt es nur zwei Möglichkeiten: Entweder weisen Sie den Anspruch zurück; das wird dem Fordernden nicht gefallen. Oder Sie winken den Anspruch durch; das wird Ihnen noch viel weniger gefallen. Kennen Sie das Gefühl, sich selbst zu verfluchen, weil Sie sich auf Unzumutbares eingelassen haben?

Wie schaffen Sie es, stimmig zu entscheiden? Wie müssen Sie Ihr Nein ausdrücken, damit es verstanden wird? Und wie gelingt es Ihnen, allen Überredungsversuchen zu trotzen und Ihr Nein in der rhetorischen Schlacht durchzufechten? Zehn Anregungen:

1. Seien Sie klar, mental und verbal

»Darf ich heute noch etwas länger fernsehen?«, fragt der Sechsjährige seine Mutter. Sie zögert einen winzigen Augenblick, ehe sie sagt: »Ich glaube, besser nicht.« Wollen wir wetten, dass der Junge nachsetzt? Mit Kulleraugen wird er die Mutter anschauen, mit Honigstimme »bitte, bitte!« hauchen – bis er seinen Willen durchgesetzt hat.

Warum reagiert der Junge so? Weil sein Instinkt spürt: Die Mutter wankt! Während sie meint, »Nein« zu sagen, sagt sie nur: »Ich *glaube, besser* nicht.« Das ist ein gewaltiger Unterschied!

Chefs sind wie Kinder: Sie spüren, wenn ein »Nein« halbherzig gemeint und ein Mitarbeiter unentschlossen ist. In diese Lücke der Unsicherheit schieben sie das Stemmeisen ihres Willens, um das Grenztor aufzubrechen.

Die beste Methode, um klar »Nein« zu sagen, ist die, klar »Nein«

zu meinen. Aber wie finden Sie zu innerer Klarheit, die sprachliche Klarheit ermöglicht? Ein Vergleich: Warum wird der Polizist, den Sie bitten, über rote Ampeln fahren zu dürfen, klar antworten: »Nein« – statt nur: »Ich glaube, besser nicht!«? Weil er den Fall nicht spontan entscheiden muss, sondern sich berufen kann auf ein Gesetz.

Legen Sie sich innere Gesetze für Ihren Arbeitsalltag zu (siehe Punkt 3)! Klären Sie in Ihrem Selbst-Vertrag: Was ist mir im Leben am wichtigsten? Welche Werte haben an der Kreuzung Vorfahrt? Wie weit lasse ich die Arbeit in mein Leben dringen? Spielen Sie Forderungen Ihrer Firma und Ihres Chefs in Gedanken durch, und finden Sie Antworten, die sich für Sie gut anfühlen.

Dann sind Sie innerlich klar und können Ihr Nein aussprechen wie der Polizist – ohne den Hauch eines Zweifels.

2. Nehmen Sie sich Zeit, ehe Sie antworten

Gab es schon Situationen, in denen Sie einer Forderung Ihrer Firma zugestimmt, sich aber danach geärgert haben? Wie kam es, dass Sie »Ja« und nicht »Nein« gesagt haben? Ich vermute, das lief ähnlich ab wie in einem Fall, den mir die Assistenzärztin eines Krankenhauses geschildert hat:

Es war Mittwoch. Sie hatte ihr Wochenende schon verplant. Da kam der Oberarzt gelaufen und sagte: »Ich bin in großen Schwierigkeiten! Ihre Kollegin hat sich krankgemeldet, und jetzt brauche ich jemanden für den Wochenenddienst. Ich weiß, Sie waren gerade letztes Wochenende dran. Aber ich weiß auch, dass ich mich auf Sie verlassen kann – deshalb möchte ich Sie bitten …«

Was jetzt passierte, beschreibt sie so: »In Sekundenbruchteilen schwirrten Gedanken durch meinen Kopf. Ich dachte: ›Nein, bloß nicht!‹ Ich dachte: ›Geht nicht, ich bin verabredet!‹ Ich dachte: ›Auf keinen Fall, ich muss mich erholen.‹ Und auf einmal merkte ich, wie mein Mund sich öffnete und sagte: ›Ja, wenn es sein muss.‹ Ich habe mich tagelang über meine Antwort geärgert.«

Einfaches Gegenmittel: Lassen Sie sich nie überrumpeln! Wenn Sie spüren, dass Sie zu innerer Klarheit spontan nicht fähig sind, sollten Sie sagen: »Ich habe Ihr Anliegen aufgenommen. Darf ich gleich noch einmal auf Sie zukommen?«

Beim griechischen Philosophen Pythagoras von Samos heißt es: »Die kürzesten Wörter, nämlich ja und nein, erfordern das meiste Nachdenken.« Nehmen Sie sich Zeit, um herauszufinden, was Sie wirklich *wollen*. Handeln Sie wie der Zöllner, der einen Verdächtigen gründlich prüft, statt ihn einfach durchzuwinken! Was spräche für ein »Nein«? Wie ist es Ihnen mit früheren Entscheidungen ergangen? Was haben Sie daraus gelernt? Welche Antwort wäre die, mit der Sie am selben Abend am besten einschlafen könnten? Und was lässt sich aus Ihrem Selbst-Vertrag ableiten?

Nach dieser Abwägung sind Sie zu einer Antwort fähig, die nicht auf Reflex, sondern auf Reflexion beruht. Solche Antworten sind stimmig. Hätte die Assistenzärztin sich diese Zeit genommen: Mit Sicherheit wäre ihr ein klares »Nein« gelungen.

3. Berufen Sie sich auf Prinzipien

Angenommen, die Assistenzärztin hätte gesagt: »Dieses Wochenende geht es nicht, weil ich verabredet bin!« Dann hätte der Oberarzt antworten können: »Ist es nicht möglich, dass Sie Ihre Verabredung verschieben?« Oder er hätte gesagt: »Ich weiß, das ist hart in unserem Beruf! Ich musste auch gerade eine Verabredung absagen!« Wer Gründe für sein »Nein« benennt, läuft immer Gefahr, dass diese Gründe angefochten werden.

Manchmal ist es klüger, eine Antwort auf Prinzipien zu stellen (wie der Polizist seine Aussage über die rote Ampel). Zum Beispiel hätte die Assistenzärztin antworten können:

»Nein! Ich mache grundsätzlich keine zwei Wochenenddienste nacheinander.«

»Warum?«, hätte der Oberarzt gefragt.

»Das habe ich mit mir selbst vereinbart – und daran halte ich mich.«

»Aber es ist doch nur eine Ausnahme!«

»Ich habe mir Regeln aufgestellt, um solche Ausnahmen zu vermeiden.«

Und was sagt der Oberarzt jetzt? Wie will er die Ärztin überreden? Sie beruft sich auf ein inneres Gesetz. Der Zweck eines solchen Gesetzes ist es, Einzelfälle zu regeln – der Zweck eines Einzelfalls kann es aber nicht sein, ein Gesetz zu verändern. Prinzipien machen Menschen stark. Das wird der Oberarzt spüren.

Probieren Sie es aus: Wann immer Sie Prinzipien haben (die sich natürlich mit Ihrem Arbeitsvertrag decken müssen) und sich hartnäckig auf sie berufen, sind Sie vor Überforderungen bestens geschützt!

4. Decken Sie Manipulationsversuche mit Humor auf

Warum sagt der Oberarzt: »Ich weiß, dass ich mich auf Sie verlassen kann.«? Weil er die Assistenzärztin emotional erpressen will! Seine positive Erwartung soll für sie zur Hypothek werden, rückzahlbar durch unbegrenzte Leistung. Er geht davon aus, dass sie sein vermeintlich positives Bild erhalten und ihn keinesfalls enttäuschen will – wie ein kleines Kind alles tut, die Erwartungen seiner Eltern zu erfüllen.

Wie gehen Sie damit um, wenn Ihr Chef Sie mit Komplimenten manipulieren will? Dürfen Sie ihm direkt sagen, dass Sie ihn durchschauen? Wenn Sie ihm die Manipulation vorwerfen, treiben Sie ihn in eine Abwehrhaltung: Er wird alles tun, Ihnen zu beweisen, dass seine Forderung an Sie unabdingbar ist. Das schwächt Ihre Position.

Besser geben Sie nur mit einem Augenzwinkern zu erkennen, dass Sie sein rhetorisches Manöver durchschaut haben. Eine gute Antwort der Assistenzärztin wäre gewesen: »Schön, dass Sie sich auf mich verlassen können! Ich gehe jetzt einfach mal davon aus, dass diese Einschätzung unabhängig von meiner Antwort gilt.« Und nun hätte sie den Oberarzt mit seinen eigenen Waffen zurückdrängen können: »Und ich glaube von Ihnen, dass Sie eine ehrliche Antwort schätzen. Deshalb …«

Wenn Sie Manipulationsversuche mit Humor entlarven und durch Ihre Antwort zeigen, dass Sie dieselbe Waffe beherrschen, werden Sie bald als harte Nuss gelten, deren Nein kaum zu knacken ist.

5. Hören Sie das Interesse, nicht die Position

Geht es dem Oberarzt wirklich darum, seine Assistenzärztin fürs Wochenende zu verpflichten? Nein, hinter dieser Position steht ein Interesse: Er will sicherstellen, dass der Betrieb der Klinik reibungslos läuft, auch am Wochenende. Es lohnt sich, das Interesse von der Position zu unterscheiden.[138]

Das Beharren auf der Position führt zu einem Duell: Entweder die Mitarbeiterin tut, was der Chef fordert – dann setzt er sich durch. Oder sie verweigert, was er fordert – dann setzt sie sich durch. Diese Konstellation produziert Sieger und Verlierer. Dagegen kann der Blick auf das Interesse eine Win-win-Situation ermöglichen.

Angenommen, die Assistenzärztin wüsste, dass eine Kollegin ihren Wochenenddienst gerne nach vorne ziehen möchte. Angenommen, sie könnte dem Chefarzt eine Alternative aufzeigen, wie sich der Wochenenddienst organisieren lässt. Dann wäre ihr Nein für ihn leicht zu akzeptieren. Denn wichtig ist ihm nicht seine Position, sondern sein Interesse.

Darum sollten Sie sich bei jeder Forderung Ihrer Firma fragen: Welches Interesse steht dahinter? Wenn die Firma von Ihnen Überstunden verlangt, dann geht es nicht um die Überstunden, sondern um Mehrarbeit, die verrichtet werden soll. Wie könnte das auf anderem Wege gelingen? Haben Sie Ideen, wie sich die Arbeit vereinfachen ließe? Wie man bürokratische Hürden abschaffen könnte? Wie die Aufgaben effektiver zu verteilen wären? Dann kann es zu Dialogen wie diesem kommen:

»Diese Woche müssten Sie wieder Arbeitszeit dranhängen«, sagt der Chef.

Der Mitarbeiter antwortet: »Es ist Ihnen wichtig, dass wir mit dem Projekt noch fertig werden – damit der Kunde zufrieden ist.« (Hört das Interesse heraus.)

»Ja, wir müssen das unbedingt schaffen. Es ist zugesagt.«

»Ich habe eine Idee, wie wir das Arbeitstempo beschleunigen können. Wollen Sie sie hören?«

»Legen Sie los!«

»Im Moment hält uns die Dokumentation der einzelnen Schritte enorm auf. Dafür geht ein Drittel der Zeit drauf. Wenn wir das vereinfachen, sollten wir bis Ende der Woche fertig werden. Auch ohne Überstunden. Denn Überstunden gehen bei mir diese Woche nicht.«

Dieses Vorgehen bietet beiden Beteiligten einen Vorteil: Dem Mitarbeiter fällt es leichter, am Ende ein klares Nein zu sagen – schließlich ist er vorher auf die Interessen des Chefs eingegangen. Und dem Chef fällt es leichter, dieses Nein zu akzeptieren – schließlich wurde ihm ein anderer Weg aufgezeigt, der ihn ans Ziel seines Interesses führen kann.

6. Zeigen Sie auf, warum Ihr Nein dem anderen nützt

Wer eine Überforderung ablehnt, hat zunächst das Gefühl, seiner Firma zu schaden. Das Gegenteil ist wahr! Wenn der Stress Sie krank oder der Frust Sie zur Motivationsleiche macht, zahlt die Firma den Preis dafür. Darum ist es Ihre Pflicht gegenüber dem Arbeitgeber, Ihre Grenzen deutlich zu machen.

Zum Beispiel hätte die Assistenzärztin so argumentieren können: »Es ist mir wichtig, dass ich voll konzentriert bei der Arbeit bin. Und im Moment, nach dem Wochenenddienst und mehreren Schichten, befindet sich meine Konzentration im Sinkflug. Ich muss meine Akkus am Wochenende wieder aufladen. Denn ich würde es mir nicht verzeihen, übermüdet einen Fehler zu begehen und der Klinik zu schaden. Und nächste Woche möchte ich wieder mit ganzer Energie bei der Sache sein.«

Diese Argumentation macht dem Oberarzt das Widersprechen schwer – denn alles, was die Assistenzärztin sagt, ist in seinem Sinne. Will er, dass sie konzentriert arbeitet? Ja. Will er, dass sie fehlerfrei arbeitet? Ja. Will er, dass sie in der kommenden Woche mit Energie ans Werk geht? Ja.

Dieser Ansatz führt ihm den Preis vor Augen, den es kosten könnte, wenn er sich aufgrund seiner hierarchischen Position durchsetzt – ein Preis, den er selbst bezahlen müsste.

Wenn Sie den Vorteil der Firma bei Ihrem Nein betonen, fällt Ihnen das Abgrenzen leichter, denn Sie werden sich nicht egoistisch fühlen – Sie denken ja für die Firma mit. Und auch Ihr Chef muss sich nicht als Verlierer fühlen, denn seine Interessen werden durch das Nein an anderer Stelle gewahrt.

7. Berufen Sie sich auf gemeinsame Maßstäbe

Jedes Arbeitsverhältnis beruht auf gemeinsamen Maßstäben. Ein Teil davon ist individuell, etwa Ihr Arbeitsvertrag und Ihre Zielvereinbarung. Und ein Teil ist allgemeinverbindlich, zum Beispiel das Arbeitsschutzgesetz oder der Rahmentarifvertrag. Solche Maßstäbe geben eine Orientierung, was Ihr Arbeitgeber von Ihnen fordern darf und womit er zu weit geht (siehe »Ihr gutes Arbeitsrecht – die wichtigsten 20 Fragen«, Seite 374).

Die Assistenzärztin hätte sich auf solche gemeinsamen Maßstäbe berufen können, zum Beispiel so:

»Ich verstehe, dass Sie jemanden für den Dienst brauchen.« (Sie zeigt Verständnis für das Anliegen.) »Bitte verstehen Sie auch, dass ich den Arbeitsvertrag mit Ihnen ernst nehme.« (Sie beruft sich auf eine schriftliche Willenserklärung Ihres Arbeitgebers.) »Wir haben vereinbart, wie wir mit Schicht- und Wochenenddiensten umgehen. Zwei aufeinanderfolgende Wochenenddienste würden gegen diesen Vertrag verstoßen, ebenso gegen das Arbeitsschutzgesetz.« (Sie benennt klar, inwieweit die Forderung den rechtlichen Rahmen überschreitet.) »Damit könnte ich nicht nur mich, sondern auch die Klinik in Schwierigkeiten bringen. Das sollten wir nicht riskieren. Deshalb lehne ich den Dienst ab.« (Sie betont das Risiko und damit indirekt den Vorteil des Neins für die Klinik und grenzt sich klar ab.)

Wer sich auf Gesetze beruft, löst bei seinem Chef keine Jubelstürme aus. Aber sind Gesetze dafür gemacht, denen zu gefallen, die gegen sie verstoßen wollen? Nein, sie sollen die Rechte der anderen wahren! Wer den Mut aufbringt, sich auf gesetzliche Grundlagen zu berufen, kann sich einen nützlichen Ruf erwerben: den als »unbequemer« Mitarbeiter.

Ich darf Ihnen versichern: Unsittliche Forderungen werden in der

Regel an die »Bequemen« gestellt – an jene, die sich nicht (ausreichend) wehren.

8. Spielen Sie eine gesprungene Schallplatte

Was passiert, wenn ein Vorgesetzter das »Nein« seines Mitarbeiters nicht akzeptiert? Wenn er immer weiterbohrt? Je länger die Situation dauert, desto unangenehmer wird sie dem Mitarbeiter. Er neigt dazu, aus dieser Diskussion fliehen zu wollen. Und der einzige Fluchtweg besteht scheinbar darin, doch noch zuzustimmen.

Das passiert auch, weil seine Argumente im Laufe der Diskussion immer schlechter werden, denn die guten hat er anfangs verballert. Sein »Nein« weicht immer mehr auf, bis es zum »Jein« wird. Und dann ist alles verloren.

Mit einer Technik können Sie diesen Teufelskreis unterbinden: Tragen Sie Ihr Nein als gesprungene Schallplatte vor. Das bedeutet, dass Sie Ihr Nein einfach wiederholen, statt es durch eine breit angelegte Diskussion aushöhlen zu lassen.[139]

Bei unserer Assistenzärztin hätte das zu folgendem Dialog führen können:

»Ich arbeite aus Prinzip keine zwei Wochenenden nacheinander.«

»Aber in diesem Fall ist eine Ausnahme nötig. Ihre Kollegin ist krank geworden.«

»Ich verstehe, dass Sie eine Lösung brauchen. Nur arbeite ich grundsätzlich keine zwei Wochenenden nacheinander.«

»Und welche Lösung schlagen Sie vor? Ich spreche Sie ja aus gutem Grund an.«

»Ich verstehe, dass Sie auf mich zukommen. Nur halte ich mich an mein Prinzip: nie zwei Wochenenddienste nacheinander.« usw.

Diese Gesprächsführung hat einen bestechenden Vorteil: Sie entmutigt denjenigen, der Ihr Nein aufweichen will. Verzweifelt sucht er nach einer Lücke, in die er sein rhetorisches Stemmeisen schieben kann, doch sie bietet sich ihm nicht. Das Nein weicht keinen Zentimeter zurück.

Üben Sie diese Technik, zum Beispiel, wenn Ihnen ein Vertreter an der Haustür ein Produkt andrehen will. Sie werden staunen, welche undurchdringliche Mauer ein konsequent wiederholtes Nein bilden kann.

9. Erzeugen Sie nützlichen Nebel

Wenn Sie »nein« sagen, müssen Sie damit rechnen, dass Ihnen Vorwürfe gemacht werden. Indem Sie diese Vorwürfe abwehren, liefern Sie dem Angreifer Munition, um weitere rhetorische Salven zu schießen. Zum Beispiel wirft der Oberarzt der Assistenzärztin vor, sie verhalte sich unkollegial, worauf sie erwidert: »Ich bin sehr kollegial, da können Sie alle fragen.« Worauf er sagt: »Wenn Sie so kollegial sind, wie Sie das gerade behaupten, dann werden Sie doch ausnahmsweise …« Und so weiter.

Durch die Vernebelungstaktik entziehen Sie solchen Angriffen die Munition: Sie wehren die Angriffe nicht ab, sondern räumen ihre (mögliche) Berechtigung ein.[140] Ein solches Vorgehen zeugt von großer innerer Stärke und verwirrt den Angreifer. Zum Beispiel hätte der Dialog mit dem Chefarzt so ablaufen können:

»Sie verhalten sich unkollegial, wenn Sie den Wochenenddienst ablehnen.«

»Das mag sein. Und doch bleibe ich dabei, dass ich diesen Dienst nicht übernehmen werde.«

»Ich finde, Sie nehmen sich für Ihr Alter und Ihre Position zu viel heraus!«

»Vielleicht stimmt das. Und doch kommt dieser Dienst für mich nicht in Frage.« usw.

In dem Moment, in dem Sie einem Vorwurf zustimmen, ist diese rhetorische Speerspitze abgebrochen. Wer sich als Anwalt seiner selbst ins Zeug legt, um seine Kollegialität zu belegen, öffnet emotionalen Manipulationsversuchen die Tür. Wer einen unbegründeten Vorwurf stehen lässt, wirkt souverän wie ein großer Ozeandampfer, der sich von kleinen (rhetorischen) Wellen nicht ins Wanken bringen lässt – und kann seinen Nein-Kurs unbeirrt weiterverfolgen.

10. Definieren Sie den Preis für Ihr »Ja«

Ist es wirklich zu viel verlangt, einen Wochenenddienst zu leisten? Zu viel verlangt, ein Projekt zu übernehmen? Zu viel verlangt, den neuen Kollegen einzuarbeiten? Jede dieser Aufgaben wäre *einzeln* machbar. Aber wer schon vor lauter Arbeit ächzt, den können solche Zusatzaufgaben vollends zusammenbrechen lassen.

Es sei denn, Sie werfen alte Lasten ab! Definieren Sie, welche Abstriche an anderer Stelle für ein »Ja« nötig wären. Wenn der Ingenieur ein neues Projekt annehmen soll, könnte er zu seinem Vorgesetzten sagen: »Ich kann das Projekt nicht *zusätzlich* übernehmen, ich bin schon ausgelastet. Das ginge nur, wenn ich im Gegenzug meinen laufenden Auftrag abgeben oder den Termin um zwei Wochen nach hinten schieben könnte.«

Und die Assistenzärztin hätte vorschlagen können: »Ich brauche diese Woche auf jeden Fall zwei freie Tage, um mich zu erholen. Wenn Sie mir am Donnerstag und Freitag freigeben, könnten wir über den Wochenenddienst reden.«

Ein solches Angebot ist wirkungsvoll, weil es Ihre Kooperationsbereitschaft belegt. Zugleich schulen Sie das systemische Denken Ihres Chefs, denn ihm könnte – welch Überraschung! – bewusst werden: Jede Stunde Ihrer Arbeitskraft, die Sie in eine neue »Baustelle« investieren, wird auf einer alten fehlen. Beides gleichzeitig ist nicht zu haben.

Nun muss er Prioritäten setzen und Ihr »Nein« an *einer* Stelle akzeptieren, statt Sie mit einem Sowohl-als-auch ins Hamsterrad zu stoßen.

Nie wieder Depp:

Auf dem Weg zur großen Freiheit

In diesem Kapitel erfahren Sie unter anderem ...

- wie Sie eine Hamsterrad-Firma schon an der Stellenausschreibung erkennen,
- mit welchen Spionagetricks Sie als Bewerber hinter die Fassaden schauen,
- warum es Ihnen durch Langsamkeit am schnellsten gelingt, neue Wege einzuschlagen
- und was Arbeitnehmer gemeinsam tun können, damit alle (Hamster-)Räder stillstehen.

Durchschaute Inserate: »Wir brauchen keine Warmduscher!«

»Suchst du einen guten Job?«, fragt die einseitige Print-Anzeige, mit der ein Fachmarkt nach Teilhabern, Filialleitern und Verkäufern sucht. Aus dem blau-gelben Inserat deutete ein Zeigefinger auf den Leser. Doch nicht jeder sollte sich angesprochen fühlen, im Text heißt es: »Wir brauchen keine ›Warmduscher‹, ›Weicheier‹ oder ›Sauna-unten-Hocker‹«. Sechsmal ist von »Engagement« und »engagieren« die Rede: »Was du auch willst – Hauptsache, du machst es mit Engagement.« [141]

Die meisten Hamsterrad-Firmen sind klug genug, solchen Klartext in ihren Anzeigen zu meiden. Mit floskelhaften Formulierungen verkaufen sie als große Herausforderung, was nur große Überforderung bedeutet. Es lohnt sich, den Wortnebel wegzupusten und die Ausschreibungstexte zu durchschauen; denn leichter, als einer

Hamsterrad-Firma zu entfliehen, ist es, sie als Bewerber zu meiden. Dazu müssen Sie nur richtig einschätzen, was Sie hinterm Firmentor erwartet.

Welche Formulierungen in einer Anzeige sollten Ihre Skepsis wecken? Auf welche Phrasen greifen Hamsterräder mit Vorliebe zurück? Hier ein kleines Wörterbuch:

Ausschreibungs-Text	Hamsterrad-Übersetzung
Wir erwarten von Ihnen Organisationstalent und fortgeschrittene Multitasking-Fähigkeiten.	Bei uns fliegen Ihnen so viele Aufgaben um die Ohren, dass zwei Hände nicht reichen, sie aufzufangen.
Wir setzen überdurchschnittliche Einsatzfreude voraus.	Wir haben zu wenig Personal, um die Arbeit zu erledigen, aber genug Arbeit, um unser Personal zu erledigen – weshalb wir mal wieder einen Ausgebrannten ersetzen müssen.
Bei uns können Sie ein hohes Maß an Flexibilität beweisen.	Glauben Sie bloß nicht, dass Sie pünktlich nach Hause kommen! Feierabend ist dann, wenn die Arbeit fertig ist. Und fertig ist die Arbeit: nie.
Die Vergütung orientiert sich an Ihrer Leistung.	Ihr Grundgehalt ist nur ein Taschengeld. Die Leistungsprämie kann Sie retten – aber die müssen Sie sich im Hamsterrad verdienen, durch höchste Drehzahl!
Wir erwarten, dass Sie eigenverantwortlich arbeiten.	Wenn etwas schiefgeht, machen wir Sie einen Kopf kürzer. Wenn es klappt, halten wir das für selbstverständlich.

Ausschreibungs-Text	Hamsterrad-Übersetzung
Wir setzen voraus, dass Sie sich schnell in neue Themen einarbeiten.	Vielen Dank, dass Sie Ihre eigene Einarbeitung übernehmen! Derselbe Stress, der Sie bald herumwirbeln wird, hält uns davon ab.
Idealerweise sind Sie kurzfristig verfügbar.	Der alte Stelleninhaber ist fristlos gegangen (worden), vielleicht in die Burnout-Klinik. An seinem Arbeitsplatz ist nun Land unter. Löffeln Sie das aus, aber schnell! Bis zum Ablauf der regulären Kündigungsfristen wären wir in Arbeit ersoffen.
Unser junges, motiviertes Team freut sich auf Sie.	Ihr alten, unmotivierten Knacker von über 40, wagt es bloß nicht, euch zu bewerben! Junges Personal ist billiger und williger – und sieht genauso alt aus wie ihr, wenn unsere Firma es wieder ausspeit.
Wir setzen eine hohe Belastbarkeit und Durchsetzungsfähigkeit voraus.	Der Stress bei uns ist so groß, dass jeder zerspringt, der nicht dickhäutig ist. Und in Ihrem Arbeitsweg liegen so viele Hindernisse, dass Sie nur mit der Mentalität einer Planierraupe vorwärtskommen.
Gutes Zeit- und Stressmanagement ist von Vorteil.	Bei uns haben Sie immer zu viel Stress und immer zu wenig Zeit. Und da es an Geld und Zeit für ein Seminar fehlt, sollten Sie eines als Mitgift in die Arbeits-Ehe einbringen.

Ausschreibungs-Text	Hamsterrad-Übersetzung
Unser Unternehmen wird nach amerikanischen Grundsätzen geführt.	Erst kommen die Zahlen, dann kommen die Menschen! Und welches Wort sich auf »hire« reimt, werden Sie noch früh genug merken.
Ehrgeiz und Zielstrebigkeit setzen wir voraus.	Bei uns ist jeder Tag ein Wettlauf, immer volle Arbeitskraft voraus! Als Mitarbeiter dürfen Sie sich nicht mit Nebensächlichkeiten ablenken, etwa mit Ihrem Privatleben.
Idealerweise sind Sie örtlich ungebunden.	Verlassen Sie sich darauf, dass wir Sie als Trabanten ins Firmenuniversum schießen und für die Arbeit rund um den Globus kreisen lassen. Ihre neue Heimat ist dort, wo die Arbeit Sie festhält!

Ja, meine Übersetzungen sind zugespitzt – aber im Kern stimmen sie! Seien Sie misstrauisch, sobald sich solche Formulierungen in einer Anzeige ballen. Wenn eine Firma »überdurchschnittliches Engagement«, »höchste Flexibilität« und »Multitasking-Fähigkeit« erwartet, dürfen Sie sicher sein: Hier sucht ein Rad nach einem Hamster!

Ebenso verräterisch können Adjektive sein, mit denen eine Firma die geforderten Eigenschaften unterstreicht. Wenn statt »Einsatzfreude« von »überdurchschnittlicher Einsatzfreude« die Rede ist und das Verantwortungsbewusstsein »hoch« sein muss – dann ist die Wahrscheinlichkeit auf ein Hamsterrad ebenfalls: überdurchschnittlich hoch.

So werden Sie Hamsterrad-Spion

Ein guter Spion gewinnt Informationen, ohne dass die Gegenseite merkt, ausspioniert zu werden. Wie können Sie als Bewerber möglichst viel über die (Hamsterrad-)Gepflogenheit in einer Firma erfahren? Hier ein kleines Spionage-Programm:

Spätschicht am Telefon

Fast alle Stellenausschreibungen enthalten eine Telefonnummer für Nachfragen, oft die des Fachvorgesetzten. Die meisten Bewerber rufen zu den üblichen Geschäftszeiten an, wenn sie noch etwas zu der Stelle wissen wollen. Ich empfehle Ihnen, *später* anzurufen. Ob Ihr potenzieller Vorgesetzter wohl um 19.00 Uhr noch zu erreichen ist? Probieren Sie es, wählen Sie seine Nummer! Sollte er sich melden, könnte das ein schlechtes Zeichen sein: Warum klebt er um diese Zeit noch am Schreibtisch? Und was hat das für Ihre künftigen Arbeitszeiten zu heißen? Nichts Gutes, fürchte ich!

Um sicherzugehen, können Sie am kommenden Tag (mit unterdrückter Nummer) noch später anrufen, sagen wir: um 20.00 Uhr. Wenn er sich erneut meldet, brauchen Sie nichts mehr zu sagen, weil alles gesagt ist – über die Firma.

Die Mail-Falle

Nicht immer ist es eine Entwarnung, wenn ihre künftigen Kollegen pünktlich nach Hause gehen – wer garantiert, dass sie dort nicht bis Mitternacht weiterarbeiten? Lassen Sie sich die Mailadresse Ihres künftigen Chefs geben und schicken Sie ihm deutlich nach Feierabend eine sinnvolle Rückfrage zu der Position, so formuliert, dass sie sich mit einem Satz beantworten lässt.

Nun ist Ihr Köder ausgelegt, und Sie können abwarten: Wann kommt die Antwort? Drei von vier Vorgesetzten werden Ihnen schreiben, sobald sie Ihre Mail abrufen. Zum Beispiel um 22 Uhr. Oder um 0.15 Uhr. Oder – was das beste Signal wäre – am nächsten Morgen um 8.30 Uhr, nach regulärem Dienstbeginn.

Falls Sie keine Antwort erhalten, kann das ein Zeichen sein für Chaos, Überforderung, aber auch Mitarbeiter-Missachtung. Das riecht ebenfalls nach Hamsterrad!

Kritische Vorstellung

Was in Vorstellungsgesprächen geschieht, ist oft abenteuerlich: Der eine Bewerber muss 45 Minuten warten, bis er drankommt (obwohl ihn selbst jede Minute Unpünktlichkeit den Kopf gekostet hätte). Der nächste wird nach 30 Minuten aus dem Vorstellungsgespräch gedrängt, weil seine Gesprächspartner zurück an die Tagesarbeit wollen. Und wieder eine andere Bewerberin erlebt beim Warten im Vorzimmer, wie die Sekretärin mit Arbeiten bestürmt und fast in einen Nervenzusammenbruch getrieben wird. Solche Indizien verraten viel über das Hamsterrad-Potenzial einer Firma.

Im Gespräch sollten Sie beobachten, ob Ihre Gegenüber den Augenkontakt mit Ihnen suchen oder nur mit Ihrem Lebenslauf. Im zweiten Fall hat es offenbar niemand geschafft, sich auf das Gespräch mit Ihnen vorzubereiten. Warum nicht? Lässt die Tagesarbeit keine Luft dazu?

Wie wirken Ihre Gesprächspartner: gehetzt oder geduldig? In welchem Tempo sprechen sie? Ruhig und besonnen? Oder so schnell, als würde im Hintergrund eine Stoppuhr laufen? Können Sie in Ruhe aussprechen? Oder werden Ihre Sätze, wenn Ihnen mal ein Wort fehlt, von Ihren Gesprächspartnern zu Ende geführt?

Und stoßen Sie auf geduldige Zuhörer, wenn Sie am Ende noch

Fragen stellen? Oder merken Sie, dass alle auf Kohlen sitzen? Oder womöglich schon aufstehen, um noch im Rausgehen zu antworten? Alle Zeichen von Hektik, Nervosität, übertriebenem Tempo und von maschineller Bewerber-Abfertigung können für ein Hamsterrad sprechen.

Falls Sie ein solcher Verdacht beschleicht, sollten Sie ihm am Ende des Gespräches nachgehen, indem Sie Fragen stellen wie diese:

- Angenommen, Sie stellen mich ein und ich bewähre mich als sehr engagierter Mitarbeiter – wie könnten meine Arbeitszeiten dann aussehen?
- Wie wichtig ist Zeitmanagement in Ihrer Firma?
- Wie halten Sie es mit der Erreichbarkeit Ihrer Mitarbeiter in der Freizeit?

So werden Sie heraushören, ob Sie an Ihren Ergebnissen oder an Ihren Arbeitszeiten gemessen werden. Und indem eine Firma betont, dass sie auf Zeitmanagement größten Wert legt, gibt sie indirekt zu: Die Zeit reicht für die Arbeit nicht aus.

Aber kann es nicht sein, dass Sie einen potenziellen Arbeitgeber durch solche Fragen verprellen? Doch, das kann sein, aber ich verspreche Ihnen: Sie verprellen die Richtigen!

Spion vorm Firmentor

Wie wäre es, mal einen Nachmittagsspaziergang in der Nähe der anvisierten Firma zu machen, zum Beispiel nach Ihrem Vorstellungsgespräch? Und nun achten Sie auf zweierlei: Wann strömen die meisten Mitarbeiter aus dem Firmengebäude? Wenn die Arbeits- oder Gleitzeit offiziell endet? Eine halbe Stunde später? Oder erst, wenn der Mond am Himmel steht?

Vor allem werden Sie auch sehen, in welchem Zustand die Mitarbeiter das Gebäude verlassen, ob sie mit hängenden Schultern gehen, jeder für sich allein, wie es nach einem langen Hamsterrad-Tag oft der Fall ist, oder ob fröhlich plaudernde Grüppchen dem Gebäude entspringen.

Sollten Sie bei diesem Anblick noch unsicher sein, dann steigen Sie in einen Bus oder eine Straßenbahn, die zur Feierabendzeit in der Nähe der Firma abfährt. Die Gespräche der Mitarbeiter, die Sie dort mithören können, werden Ihnen verraten, ob hier Glückliche oder Geschundene sprechen.

Spion im Netz

Recherchieren Sie auf Homepages, wo Mitarbeiter ihre Arbeitgeber bewerten und entlarven können, so www.kununu.com. Ebenso lohnt es sich, in sozialen Netzwerken wie Xing nach einem Ex-Mitarbeiter der Firma zu suchen. Schreiben Sie ihm, dass Sie sich bei seiner Ex-Firma beworben haben und sich über ein kurzes Telefonat freuen würden. In diesem Gespräch können Sie zum Beispiel folgende Fragen stellen:

• Wie lange haben Sie in der Firma im Durchschnitt gearbeitet?
• Wie hoch würden Sie den Arbeitsdruck auf einer Skala von eins (für niedrig) bis zehn (für hoch) definieren?
• Gab es Burn-out-Fälle? Wie erklären Sie diese?
• Wird von Mitarbeitern erwartet, auch über den Feierabend hinaus noch erreichbar zu sein?
• Kann man in dieser Firma Karriere machen, wenn man sich an seine vertraglichen Arbeitszeiten hält?
• Würden Sie in der Firma noch einmal anfangen? Warum (nicht)?

All diese Puzzle-Steine, beginnend mit der Stellenausschreibung, werden sich zu einem Bild zusammenfügen. Vielleicht handelt es sich um eine Firma mit menschlicher Kultur. Vielleicht aber auch um eine Tretmühle. Dann wissen Sie, was zu tun ist!

Wie es kommt, dass wir eine Hamsterrad-Gesellschaft geworden sind, und warum es lohnt, sich zu entschleunigen, davon handelt das nächste Kapitel.

Ein Lob der Langsamkeit

Der Strom der Zeit plätschert nicht mehr, er gurgelt und zischt, er reißt Menschen wie Treibholz mit sich. Der Weg zur großen Freiheit ist ein Weg, der gegen diesen Strom führt, zur Langsamkeit und zum Innehalten.

Dass die Erschöpfung um sich greift, hat vor allem zwei Ursachen. Zum einen leben wir in einem Rhythmus, der nicht mehr bestimmt wird von Spannung und Entspannung, sondern von Spannung *und* Spannung. Dass dem Arbeitstag die erholsame Nacht folgte (in der vor Erfindung des künstlichen Lichts kaum gearbeitet werden konnte), dem arbeitsreichen Sommer der arbeitsarme Winter, der anstrengenden Ernte das ausgelassene Erntefest: Solche Bräuche hat der Strom der Zeit gnadenlos weggespült.

Wer eine Aufgabe bewältigt hat, vor dem türmt sich schon die nächste auf, noch höher. Er sehnt sich danach, einmal »abzuschalten«. Dieser Begriff stammt nicht zufällig aus der Maschinensprache. Doch Menschen verfügen über keine Aus-Knöpfe. Die Arbeit läuft immer weiter, im Kopf. Und ein Körper voller Stresshormone, der diese nicht abbaut, macht auch den Geist auf Dauer krank.

Der zweite Grund für die Erschöpfung: So mancher eifert Idealen nach, die seine eigenen gar nicht sind. Denn was wirklich zählt, hat mit den Einflüsterungen nichts zu tun: nichts mit einem Millionengehalt, denn ab 60 000 Euro im Jahr wächst das empfundene Glück eines Menschen nicht mehr[142]; nichts mit »Mein Haus, mein Auto, mein Boot«, denn die Ideale der Werbung zielen nicht auf die Herzen, nur auf die Geldbeutel; und erst recht nichts zu tun hat es mit der Leistung eines Menschen, denn die kostbarste Zeit eines Lebens ist keine Um-zu-Zeit, sondern eine Nicht-zu-Zeit, um diese Begriffe des Philosophen Martin Heidegger zu verwenden.[143]

Die Nicht-zu-Zeit: eine Zeit, die keinem Zweck dient. Eine Zeit, die nicht gegen Stundenlohn verkauft, nicht mit Aktivität gefüllt, nicht durch Nutzung zum Nutzungsgegenstand gemacht wird. Eine Zeit, in der uns dämmern könnte, dass nicht sie vergeht, sondern wir. Wer kennt sie noch, diese Zeit?

Nicht die sechs Tage gelten als heilig, an denen der Schöpfer schuf, sondern der eine Tag, an dem er ruhte. Wer seinen Wert nur aus der Arbeit bezieht, macht sich selbst zum Arbeitsesel. Bedeutend ist nicht der Esel – man kann ihn austauschen! –, sondern der von ihm gezogene Karren. Und geschätzt wird der Esel nicht seiner selbst, sondern nur seiner Arbeit wegen. Ein Lasttier hängt ab vom Wohlwollen seines Besitzers. Sobald es zusammenbricht, verliert es seinen Wert.

Der Soziologe Alain Ehrenberg analysiert in seinem Buch »Das erschöpfte Selbst«, warum immer mehr Menschen in den Abgrund von Burn-out und Depression blicken:[144] Der gesellschaftliche Druck treibt sie dorthin. Sie rennen, ohne zu ruhen. Sie schuften, ohne zu schlafen. Sie powern, ohne zu pausieren.

Und niemand weiß mehr genau, was zu tun ist, weil die Regeln abhandengekommen sind, die klaren Gebote und Verbote. Aber jeder weiß, dass mehr zu tun ist, als er bewältigen kann. Das Leben eines Menschen schnurrt zusammen auf seine Leistung. Jeder ist, was er leistet. Wer nichts mehr leistet, ist ein Nichts.

Die Arbeit, einst von Gott als Strafe verhängt, als Sanktion für Evas Apfelgriff, als Vertreibung aus dem Paradies, wird zu einem Ticket, das jeder lösen muss, der die Party der Gegenwart mitfeiern will. Der Preis für dieses Ticket ist hoch, und er wird nicht nur am Arbeitsplatz fällig.

Das Leben ist zu einem Leistungskurs geworden, zu einem Kampf gegen die eigene Trägheit, gegen Schwäche, gegen Müßiggang. Es geht nicht mehr darum, gut zu sein, sondern: besser! Es geht ums Posieren, um die Anerkennung von außen, die mit der inneren Anerkennung verwechselt wird.

Eltern kämpfen darum, ideale Eltern für ihre Kinder zu sein – bloß keine Fehler machen. Schüler kämpfen darum, ideale Schüler für ihre Lehrer zu sein – bloß keine Fehler machen! Wer joggt, läuft seiner Traumfigur entgegen, mindestens Marathondistanz. Wer baut, baut sein Traumhaus, mindestens so groß wie das des Nachbarn.

Gesichter werden von Schönheitschirurgen zerschnitten und neu geformt, Nasen verkleinert, Brüste vergrößert, nur weil Menschen ihr Leben als einen Laufsteg, einen einzigen (Schönheits-)Wettbewerb sehen. Nicht einmal der Sex darf einfach Sex sein, er gerät zum Leistungssport, zu einem Schaukampf, bei dem unklar ist, ob miteinander oder gegeneinander.

Wer in den Spiegel schaut, schaut mit den Augen der anderen: mit den Augen seines Chefs, seines Nachbarn, seines Lehrers. Die eigenen Augen zählen nicht mehr, die Maßstäbe kommen von außen. Die Ausbeutung der Menschen geschieht nicht mehr durch äußeren, sondern durch inneren Zwang. Der Mensch ist ein *animal laborans,* ein Arbeitstier: immer im Dienst einer Sache, nie im Dienst seiner selbst.

In seinem brillanten Essay »Müdigkeitsgesellschaft« beschreibt der in Berlin lehrende Philosoph Byung-Chul Han den infamen

Mechanismus, der die (Hamster-)Räder der modernen Arbeitswelt antreibt: »Der Wegfall der Herrschaftsinstanz führt nicht zur Freiheit. Er lässt vielmehr Freiheit und Zwang zusammenfallen. (…) Der Exzess der Arbeit und Leistung verschärft sich zu einer Selbstausbeutung. Diese ist effizienter als die Fremdausbeutung, denn sie geht mit dem Gefühl der Freiheit einher. Der Ausbeutende ist gleichzeitig der Ausgebeutete. Täter und Opfer sind nicht mehr zu unterscheiden.«[145]

Han weist darauf hin, dass Neues und Bedeutendes *nicht* beim schnellen Rennen entsteht, sondern beim Innehalten. Wer entspannt, wer schläft und träumt, dessen Gedanken können ausschweifen auf neue Wege. Wer dagegen mit Hochgeschwindigkeit durchs eigene Leben rast, voll konzentriert, voll ausgelastet, voll eingespannt, der ist so sehr damit beschäftigt, seinen Lebenswagen auf der Straße zu halten, dass er alle Abzweigungen übersieht. Und erst recht die schönen Anblicke am Wegesrand.

»Die Zeit vergeht nicht schneller als früher, aber wir laufen eiliger an ihr vorbei«, schrieb der englische Autor George Orwell. Wer mehr erreichen will, muss langsamer laufen.

Der Weg zur Erfüllung

Gerade Menschen, die mit Vollgas arbeiten, kriegen die Kurve zu einem neuen Arbeitgeber oder einer neuen Arbeitsform nur selten. Der Grund ist banal und doch einleuchtend: Vor lauter Arbeit fehlt ihnen die Zeit, sich ausdauernd um eine andere Tätigkeit zu kümmern. Die Kraft, die sie für ihre Veränderung bräuchten, nutzen sie (unbewusst) dazu, um den veränderungswürdigen Zustand zu erhalten.

Der tägliche Stress hält sie auf Kurs, bis die Erschöpfung sie ausbremst. Dann bleiben sie auf dem Standstreifen der Leistungsautobahn liegen. Nun hätten sie endlich Zeit, ihr Leben in die Hand zu nehmen. Doch jetzt fehlt ihnen die Kraft für die Veränderung!

Wir leben in der Zeit der Steigerungsform. Die Aktivität hat sich zur Hyperaktivität aufgeschwungen, der Star muss ein Superstar sein, von ganz Deutschland gesucht, der Mitarbeiter ein Spitzen-Mitarbeiter, der Verkäufer ein Top-Verkäufer. Das Hamsterrad dreht sich im Tempo einer schleudernden Waschmaschine, so schnell, dass die Bewegung unsichtbar wird. Nur das Schleudergefühl bleibt.

Früher schauten die Menschen, ohne zu gehen; das nannte sich Muße. Heute rennen sie, ohne zu schauen; das nennt sich Stress. Wasserfallartig stürzen die Sinneseindrücke und Informationen auf sie ein. Niemand kann das geistige Futter mehr verdauen. Die Beschaulichkeit kommt abhanden, eine Entwicklung, die der weitsichtige Philosoph Friedrich Nietzsche schon 1878 heraufdämmern sah:

»Aus Mangel an Ruhe läuft unsere Zivilisation in eine neue Barbarei aus. Zu keiner Zeit haben die Tätigen, das heißt die Ruhelosen, mehr gegolten. Es gehört deshalb zu den notwendigen Korrekturen, welche man am Charakter der Menschheit vornehmen muss, das beschauliche Element in großem Maße zu verstärken.«[146]

Wer den Weg zur großen, also zur inneren Freiheit einschlagen will, muss erst mal stehen bleiben, um auf sein Leben und tief in sein Herz zu schauen: Führt er sein Leben, wie er es führen will? Oder führt sein Leben ihn, nach äußeren Maßstäben?

Schon die Sprache ist verräterisch: »Ich muss das noch fertig bekommen!«, sagte die Kauffrau. »Ich muss diese Zusatzqualifikation erwerben«, sagt der Ingenieur. »Ich muss mich um die Kinder kümmern«, sagt die Mutter. »Ich muss jetzt eine Runde laufen«, sagt der Jogger.

Das Zeitalter der angeblichen Selbstbestimmung wird geprägt

vom Imperativ der Sklaverei: »Ich *muss!*« Was sich als Freiwilligkeit tarnt, als Engagement und Eifer, wird oft vom äußeren und inneren Zwang geleitet. Dabei hat schon Gotthold Ephraim Lessing in seinem »Nathan« geschrieben: »Kein Mensch muss müssen.«

Der Weg zur Freiheit führt über das sprachliche Gegenstück: »Ich will!«. Wer herausfindet, was er will, kann seinen eigenen Weg einschlagen. Er lernt, sich abzugrenzen gegen falsches Leben, gegen Überforderung und Manipulation.

Im Coaching frage ich gern: »Was erwartet Ihr Chef von Ihnen? Was die Firma? Was die Kollegen?« Auf jede dieser Fragen bekomme ich in Windeseile Antwort. Dann will ich wissen: »Und was wollen Sie selbst, wenn Sie diese ganzen Anforderungen von außen einmal abziehen?« Die Antwort ist häufig: tiefe Ratlosigkeit.

In den Menschen ist ein Vakuum entstanden, vom fortwährenden Leistungsdruck gepresst, ein Vakuum an Sinn, das sie verzweifelt mit Hyperaktivität füllen, sogar in ihrer Freizeit. Sie springen von Brücken, bestenfalls mit Bungee-Seil, zischen mit ihren Kajaks durch wilde Flüsse, brausen mit dem Wohnmobil in drei Wochen über Kontinente und treiben in der Firma die Projekte vor sich her wie der Tsunami die Welle.

Doch während sie meinen, auf dem Höhepunkt ihrer Aktivität zu sein, treiben sie passiv im gurgelnden Strom der Zeit. Während sie meinen, sich selbst zu verwirklichen, verwechseln sie nur den äußeren Anspruch mit ihrem inneren. Statt eigen-sinnig zu sein, tragen sie eine angenagelte Sinn-Prothese.

Der Weg zur großen Freiheit führt nach innen, und ein unbestechliches Instrument weist ihn: die Intuition. Sie ist wie die Warnlampe eines Autos, die anspringt, wenn das Öl ausgeht. Der Fahrer bekommt ein Signal, damit er nicht liegenbleibt. In solchen Fällen steuert man die Tankstelle an – und füllt Öl nach.

Aber was passiert, wenn die Warnlampe der Intuition aufleuchtet, weil jemand im Berufsleben kurz vorm Liegenbleiben ist? Die meisten Menschen bringen ihr Leben nicht zur Inspektion, füllen keine Ressourcen nach. Sie fahren einfach weiter. Bis zum seelischen Totalschaden. Es lohnt sich, besser auf die Intuition zu hören.

Sie meldet sich zuverlässig, wenn jemand gegen seine Bestimmung lebt, wenn er einem »Ich muss« folgt. Zum Beispiel beriet ich einen Informatiker, der mir erzählte, er komme morgens immer erst in letzter Sekunde zur Arbeit. Als Grund gab er an, er schlafe gerne lang. Doch auf Nachfrage räumte er ein, als Student nie Probleme mit dem Aufstehen gehabt zu haben. Und auch an den Wochenenden fiel es ihm leicht, für seine Hobbys aus dem Bett zu kommen.

Sein Arbeitstag war zum Zerbersten mit Arbeit gefüllt. Die Anrufe bei ihm waren Hilferufe der Computernutzer, seine Abteilung völlig unterbesetzt. Er musste als Feuerwehr ausrücken, um Probleme zu beheben, die mit den Computersystemen zusammenhingen. Aber diese Systeme zu verändern und zu erneuern, dazu fehlten ihm die Zeit und die Rückendeckung der Geschäftsleitung. So schuftete er bis in die späten Abendstunden, ohne die Probleme wirklich zu lösen. Für die Menschen hatte er keine Zeit. Nur für die Technik.

Ich stellte ihm folgende Aufgabe: »Mal angenommen, es gäbe eine Instanz in Ihnen, die Sie morgens im Bett festhält, nennen wir sie einmal ›Stimme der Intuition‹: Was flüstert Ihnen diese Stimme wohl, um Sie so lange wie möglich von Ihrem Arbeitsplatz fernzuhalten?«

Ich ging davon aus, er werde nun lange grübeln. Doch seine Antwort kam wie aus der Pistole geschossen: »Bleib zu Hause! Es lohnt sich nicht! Du hetzt, ohne anzukommen. Du flickst, ohne zu reparieren. Du machst dich unglücklich mit dieser Arbeit!«

Die Klarheit und Schnelligkeit, in der er diese Sätze formulierte, ließ keinen Zweifel: Diese Gedanken waren längst im Garten seiner Intuition gereift, er hatte sich nur nicht die Zeit genommen, sie zu ernten.

Es war das erste Mal, dass er auf seine Intuition hörte. In den nächsten Wochen dachte er über seine Erkenntnisse nach, und sechs Monate später wendete er sein Leben: Er kündigte und baute sich zusammen mit einem Kollegen ein Geschäft für Software-Schulung auf. Dabei sollten die Menschen im Mittelpunkt stehen und nicht die Technik.

Vor allem war es ihm wichtig, wieder mehr Zeit für sich und für seine Hobbys zu gewinnen. In seinem Selbst-Vertrag legte er fest, maximal drei Tage zu arbeiten. Sein Kollege vertrat dieselbe Philosophie. Einer arbeitete von Montag bis Mittwoch, der andere von Donnerstag bis Samstag. Das Modell funktionierte prächtig. Beide waren energiegeladen und strahlten gute Laune aus. Die Kunden rannten ihnen den Laden ein. Dieses Modell behielten sie sogar bei, als die Zahl der Kunden wuchs und sie Aufträge an externe Trainer vergaben.

Sie *mussten* sich nicht selbständig machen – sie *wollten* es. Sie *mussten* nicht miteinander als Partner arbeiten – sie *wollten* es. Sie *mussten* sich nicht auf drei Tage beschränken – sie *wollten* es. Sie führten ein Leben nach ihren Wünschen, nicht nach Vorgaben von außen. Und durch ihre Drei-Tage-Woche hatten sie sich bewusst für einen Rhythmus entschieden, der Spannung und Entspannung in ein gesundes Verhältnis setzte.

Die Warnlampe der Intuition: Wer sie ernst nimmt, kann herausfinden, welches die Krafträuber bei seiner Arbeit sind (meist: »Ich muss«) und aus welchen Quellen er Kraft bezieht (meist: »Ich will«). Horchen Sie in sich hinein, wie lebendig Sie bei Ihrer Arbeit sind (und davor und danach). Große Lebendigkeit spricht für große Erfüllung. Dagegen weisen Bedrückung, Ohnmacht und Gehetzt-Sein auf ein falsches (Arbeits-)Leben hin.

Wenn Sie auf Ihre Intuition hören, bekommen Sie die nötigen Anregungen, um sich ein passendes Arbeitsumfeld zu schaffen. Schlagen Sie Ihrem Chef vor, wie sich Ihr Arbeitsplatz umgestalten ließe, wie Sie mehr von dem tun könnten, was Ihnen Kraft schenkt, und weniger von dem, was Ihnen Kraft raubt.

Und wenn Ihre Firma nicht darauf eingeht? Dann müssen Sie wieder einmal Grenzen setzen! Dann sind Sie es sich selbst schuldig, einen neuen Arbeitgeber zu suchen, der ein Arbeitsleben im Einklang mit Ihren Werten erlaubt.

Oder Sie machen es wie der Informatiker und gründen Ihre eigene Firma! Aber denken Sie an den Selbst-Vertrag; Sie werden ihn brauchen, damit Sie sich selbst ein guter Chef sind und sich stets erinnern an die Warnung des französischen Moralisten Antoine de Rivarol: »Dieselben Gaben, die einen Mann befähigen, Millionen zu erwerben, hindern ihn, sie zu genießen.«

Alle Hamsterräder stehen still …

»Alle Räder stehen still, wenn dein starker Arm es will«: Dieses Motto der Arbeiterbewegung gilt erst recht für die Hamsterräder. Sie drehen sich nicht von allein, sie rotieren durch das Strampeln der Menschen, die einen hoffnungslosen Kampf führen gegen die Uhr und gegen die ständige Überlastung.

Und nicht nur das: Mitarbeiter kämpfen gegeneinander! Als Gladiatoren steigen sie in die Arbeitsarena. Jeder will den anderen ausstechen, will stärker sein, schneller sein, weiter (nach oben) kommen. Wenn der eigene Arbeitsplatz sicher ist, was kümmern einen dann die Schleudersitze in der Nachbarschaft?

Seit das Damoklesschwert der Massenentlassung über den Köpfen schwebt, seit der Arbeitskessel vor lauter Konkurrenzdruck pfeift, ist sich jeder selbst der Nächste. Die Solidarität endet mit dem eigenen Schreibtisch. Niemand beschwert sich über Zeitarbeit, solange er einen regulären Vertrag hat. Niemand protestiert gegen die Auslagerung von Arbeitsplätzen, solange sein eigener Job erhalten bleibt. Sogar vernichtenden Arbeitsdruck akzeptieren Arbeitnehmer, solange er nur andere zerbricht.

Ausgerechnet heute, da die Arbeitswelt vor Unsicherheit zittert, da der Zusammenhalt der Arbeitnehmer wichtiger wäre als je zuvor seit der Industrialisierung – ausgerechnet heute bröckeln den Gewerkschaften die Mitglieder weg. Ausgerechnet heute winken immer mehr Mitarbeiter ab, wenn ein Betriebsrat gegründet werden soll. Ausgerechnet heute geraten Demonstrationen der Arbeitnehmer immer öfter zu Demonstrationen der Lächerlichkeit, weil kaum jemand teilnimmt, weil die meisten lieber vorm Computer sitzen (womöglich, um Dienstmails zu beantworten), als auf die Straße zu gehen.

Es geht nicht darum, dass sich die Proletarier aller Länder vereinen sollen, nicht um Klassenkampf – es geht um eine kluge Interessenvertretung! Statt ihre Macht zu ballen, statt geschlossen aufzutreten, statt gemeinsam für bessere Arbeitsverhältnisse zu kämpfen, kommen die Mitarbeiter als Einzelkämpfer daher. Und der Kampf, den sie führen, gilt vor allem der eigenen Karriere, dem Gehalt, dem Aufstieg, den Privilegien – aber nicht den Bedingungen, unter denen sie arbeiten.

Manchmal habe ich das Gefühl, da kämpfen Menschen um bessere Schlittschuhe für die eigenen Füße, statt erst mal zu fragen: »Wie dick ist eigentlich das Eis, auf dem wir uns alle bewegen? Und was können wir tun, um es zu stärken?« Das Eis der modernen Arbeitswelt wird dünner, und immer mehr Menschen brechen weg: in Stresskrankheit, in Arbeitslosigkeit, in prekäre Arbeitsverhältnisse.

Die Firmen können sich die Hände reiben! Noch ist jeder, der unter der Arbeitslast wegbricht, selber schuld – denn seine Kollegen

tragen alles klaglos. Noch ist jeder, der Überstunden und Wochen-
endarbeit verweigert, ein Fahnenflüchtling – denn seine Kollegen
verrichten alles klaglos. Noch ist jeder, der seine Meinung sagt, ein
Quertreiber – denn seine Kollegen schweigen klaglos.

Die Firmen spielen Mitarbeiter gegeneinander aus! Jeder denkt,
er kämpfe für seine eigenen Interessen, doch in Wahrheit dient er
nur dem Profit der Firmen und trägt dazu bei, dass die Macht der
Arbeitnehmer gespalten wird.

Dabei könnten die Mitarbeiter viel tun, um Veränderungen anzu-
stoßen. Was geschieht, wenn die Hochqualifizierten nur noch bei
Firmen anheuern, denen die Gesundheit ihrer Mitarbeiter mehr bedeutet als der schnelle Profit? Was geschieht, wenn die Burn-out-Op-
fer nicht mehr auf dem leisen Weg in die Kliniken entsorgt werden,
sondern die ganze Abteilung aufsteht und andere Arbeitsbedingungen und mehr Personal fordert? Was passiert, wenn sich Stammmit-
arbeiter dafür einsetzen, dass ihre Kollegen von der Zeitarbeit ebenfalls feste Verträge bekommen?

Der Arbeiter der Industrialisierung war austauschbar. Wenn ein
starker Arm nicht mehr wollte, konnte er durch einen ebenso star-
ken Arm ersetzt werden – vor dem Fabriktor wartete Nachschub. Jeder, der Kraft hatte, war Arbeitskraft. Viel kostbarer für die Firmen
sind die Wissensarbeiter der Gegenwart, die Experten und Spezialisten. Ihre Köpfe sind das wahre Geschäftsvermögen. Wenn ein Unternehmen es nicht versteht, sie zu halten, ist es dem Untergang geweiht – erst recht in Zeiten geburtenschwacher Jahrgänge, in denen
wenig Qualifizierte nachrücken.

Arbeitnehmer sind heute nicht ohnmächtiger, sondern mächtiger
als je zuvor! Nur müssen sie diese Macht ballen und für ihre eigenen
Interessen nutzen. Wir brauchen Mitarbeiter, die zusammenhalten
und ihren Firmen deutlich machen: Arbeit muss ihre Grenzen haben, Arbeit darf nicht krank machen!

Wir brauchen Starke, die für Schwache aufstehen, Nichtbetroffene, die für Betroffene sprechen. Wir brauchen Junge, die dagegen protestieren, wenn Alte in den Vorruhestand abgeschoben werden. Wir brauchen Alte, die es nicht zulassen, dass Praktikanten und Azubis nicht ausgebildet, sondern ausgebeutet werden. Wir brauchen Fachkräfte, die dafür eintreten, dass die weniger Qualifizierten genug Raum für ihre Weiterbildung bekommen. Wir brauchen Männer, die dagegen vorgehen, wenn Frauen im Job benachteiligt werden, und umgekehrt.

Wir brauchen Zusammenhalt, auch durch Gewerkschaften und Betriebsräte. Wir brauchen ein Bewusstsein dafür, dass Arbeitnehmer ihre Rechte – etwa das Recht auf Feierabend, wenn sie zu Hause sind – nur dann behalten, wenn sie gemeinschaftlich dafür eintreten und sich lautstark gegen Überforderung wehren.

Wer seine Stimme für die Überforderten nicht erhebt, weil er die Überforderung noch aushält, wird niemanden finden, der nach seinem Zusammenbruch für ihn spricht. Aber wer sich stark für andere macht, solange er kann, wird von diesen gestärkt werden, sobald er nicht mehr kann.

Ich möchte Sie anregen, mit Ihren Kollegen zu sprechen, wie sich Ihre Firma vom Hamsterrad zum menschenfreundlichen Unternehmen entwickeln kann. Ich möchte Sie anregen, Betriebsräte zu gründen, wo es noch keine gibt (in jedem Betrieb ab fünf wahlberechtigten Mitarbeitern haben Sie ein Recht darauf!).

Machen Sie Vorschläge, entwickeln Sie Ideen! Rufen Sie Versammlungen ein, schreiben Sie Petitionen, protestieren Sie, demonstrieren Sie, suchen Sie das Gespräch mit gehobenen Vorgesetzten. Nur wenn Sie und Ihre Kollegen sagen, was anders laufen muss, kann die Überforderung ein Ende haben.

Einzelne Mitarbeiter sind für eine Firma verzichtbar. Doch die Belegschaft insgesamt macht die Firma aus; ohne sie gäbe es kein

Geschäft, keinen Gewinn, keine Unternehmen. Wenn Mitarbeiter es schaffen, mit einer Stimme zu sprechen, werden die Firmen auf diese Stimme hören, auch im eigenen Interesse. Motivation hängt davon ab, wie viel Respekt und Würde Mitarbeiter entgegengebracht bekommen.

Wunderbar bringt das Stephen R. Covey in seinem Klassiker »Die 7 Wege zur Effektivität« auf den Punkt:[147] »Man kann die Hand eines Menschen kaufen, aber nicht sein Herz. In seinem Herzen aber sitzen sein Enthusiasmus und seine Loyalität. Man kann seinen Rücken kaufen, aber nicht sein Gehirn. Dort sitzen seine Kreativität, sein Einfallsreichtum und seine geistige Beweglichkeit.«

Es gibt viele Wege, die Begeisterung und Kreativität der Mitarbeiter zu gewinnen. Und es gibt einen Weg, beides zu vernichten: zu hohen Arbeitsdruck. Sorgen Sie dafür, dass dieser Druck auf ein vernünftiges Maß reduziert wird. Damit tun Sie nicht nur sich einen Gefallen – sondern auch Ihrer Firma!

Sechs Richtige – was können Gesellschaft, Politik und Firmen tun?

Wenn die Überforderung kein individuelles Problem ist, dann muss die Lösung auch aus mehreren Richtungen kommen, nicht nur von den Mitarbeitern. Was können Gesellschaft, Politik und Firmen tun? Sechs Vorschläge zum Abschluss dieses Buches:

1. Kritische Gesellschaft: Boykott als Waffe

Noch ist Unmenschlichkeit ein Wettbewerbsvorteil. Die Börse belohnt Massenentlassungen durch Kurssprünge. Die Politik liest die Qualität der heimischen Wirtschaft am Bruttosozialprodukt ab.

Und der Endverbraucher kauft Billigprodukte, ohne nach den Arbeitsumständen zu fragen, die diesen Preis ermöglichen.

Die »unsichtbare Hand des Marktes«, die angeblich alles ordnet, jene Legende des nationalökonomischen Urvaters Adam Smith[148], wird immer brutaler: Sie ohrfeigt Mitarbeiter! Wir müssen diese Hand zügeln. Und wir können es. Eine Firma ohne Kunden ist nichts. Wir sind die Kunden! Eine Aktiengesellschaft ohne Aktionäre ist nichts. Wir sind die Aktionäre! Ein Unternehmen ohne gesellschaftliches Ansehen geht unter. Wir sind die Gesellschaft!

Wenn Millionen Menschen einen Konzern boykottieren, weil er seine Mitarbeiter ausbeutet, dann behandelt der Konzern seine Mitarbeiter sofort besser. Wenn Tausende von Aktionären ihre Anteile an einer Firma verkaufen, sobald sie Massenentlassungen für mehr Profit ankündigt, dann fallen die Entlassungen flach. Wenn Millionen von Wählern ihre Abgeordneten auffordern, für bessere Arbeitsbedingungen einzutreten, dann werden die Politiker sich erinnern, dass sie nicht Fankurve der Wirtschaft, sondern bezahlte Volksvertreter sind.

Als Gesellschaft müssen wir den Firmen zeigen, dass die Rendite kein Trumpf mehr ist, der alle Fragen nach Moral und Menschlichkeit aussticht. Firmen ohne Moral müssen zu Firmen ohne Kunden und ohne Mitarbeiter werden!

2. Leben im ersten Gang: Mach mal langsam!

Unsere Gesellschaft huldigt der Hochgeschwindigkeit. Den Abiturienten streichen wir ein Schuljahr, als bestünde Reife nur aus einem Abschlusszeugnis. Die Studenten scheuchen wir durch regulierte Studiengänge, als wäre Leben abseits der Hörsäle verschwendet. Und so mancher private Terminkalender gleicht einem Kanonenrohr, das uns von einer Verabredung zur nächsten schießt.

Ich wünsche mir eine Kultur der Langsamkeit. Wenn ich einen Freund per Mail um Rat bitte, erwarte ich keine Antwort nach zwei Minuten, sondern sehe es als Wertschätzung, wenn er sich ein paar Tage Zeit für seine Einschätzung nimmt. Mein höchstes Ziel ist es nicht, *schnell* zum Erfolg zu kommen, sondern allmählich zu mir selbst. Und mein ideales Tempo kann mir kein äußerer Takt, nur mein innerer Rhythmus vorgeben.

Aktionismus dürfen wir nicht länger mit Tatkraft verwechseln, denn Taten wollen reifen; Hetzerei nicht mit Zielstrebigkeit, denn Zielen braucht Zeit; und einen überfüllten Terminkalender nicht mit einem erfüllten Leben, denn Erfüllung setzt Gestaltungsraum voraus. Statt gegen »Zeitverschwendung« zu kämpfen, könnten wir uns fragen, ob unser eigentliches Problem nicht in dem Denken hinter dieser Formulierung besteht; denn Zeit ist eben *nicht* wie Geld: Keiner hat sie je gemehrt und keiner je verschwendet.

Unser Leben ist gefüllt mit Zeit, und unsere Zeit können wir füllen mit Leben. Wer hetzt, hat dadurch nicht mehr Zeit, schon gar nicht mehr Leben. Der wahre Reichtum einer Gesellschaft ist ein Reichtum an Zeit. Wer sich im Leben auch mal treiben lässt und nicht nur getrieben wird, ist entspannter, glücklicher, reicher.

Wir brauchen eine Kultur der Beschaulichkeit, auch in Ausbildung und Studium. Wir sollten uns wieder Zeit nehmen, jeder für sich und alle füreinander, statt sie uns nehmen zu lassen. Zeit ist ein Maßstab, der verrät, was uns wichtig ist. Wie ist Ihre Zeit verteilt? Welche Rolle spielen Ihre Herzensdinge, Ihre Freunde, Ihre Familie, Ihre Hobbys?

Wer sich Zeit für seine Freunde und seine Familie nimmt, weil sie ihm wichtig sind, hat Freunde und Familie. Wer sich Zeit für seine Hobbys nimmt, weil sie ihm wichtig sind, hat Hobbys. Aber wer Freunde, Familie und Hobbys vor allem als Ressource gegen den Burn-out pflegt, mit knapp bemessener Um-zu-Zeit, hat im Notfall weder Freunde, Familie noch Hobbys – sondern nur die Illusion davon.

Gerade die Nicht-zu-Zeit, die man seinen Herzensdingen widmet (und nicht nur in sie *investiert*), ist der beste Schutz gegen die seelische Erschöpfung. Wir brauchen nicht mehr genutzte, sondern mehr genossene Zeit; Jean-Jacques Rousseau schrieb: »Das Leben ist kurz, weniger wegen der kurzen Zeit, die es dauert, sondern weil uns von dieser kurzen Zeit fast keine bleibt, es zu genießen.«

3. Starke Politik: Emissionsgebühr gegen Ausbeuter-Firmen

Jede Aktiengesellschaft muss ihre Geschäftszahlen offenlegen. Der Gesetzgeber verlangt das. Ebenso transparent sollten die Arbeitsbedingungen sein. Es darf nicht länger als Geheimnis der Firmen gelten, wie menschlich oder unmenschlich sie ihre Mitarbeiter behandeln; das geht uns alle an!

Wir brauchen ein gesetzliches Recht darauf, von Unternehmen zu erfahren, unter welchen Umständen ihre Mitarbeiter arbeiten. Welche Löhne oder Hungerlöhne bekommen sie? Wie viele Leiharbeiter sind im Einsatz? Welcher Teil der Arbeit findet im Ausland statt? Wie werden ältere Mitarbeiter behandelt? Welchen Anteil nehmen die Frauen unter den Führenden ein? Wie entwickeln sich die Krankheitsquoten? Wie viele Überstunden leisten die Mitarbeiter? Wie viele Mobbing-Klagen gibt es? Welche Maßnahmen zum Arbeitsschutz werden ergriffen? Wie viel Geld wendet die Firma auf, um die Gesundheit von Mitarbeitern zu schützen?

Diese Fakten sollten von einer neutralen Stelle ausgewertet, öffentlich gemacht und zu einer Arbeitgeber-Note verdichtet werden. Unternehmen mit schlechten Noten, die Raubbau an ihren Mitarbeitern betreiben, sollten eine Emissionsgebühr bezahlen müssen – zugunsten jener Firmen, die ihre Mitarbeiter würdig behandeln; denn daraus soll ihnen kein materieller Wettbewerbsnachteil entstehen wie bislang, im Gegenteil.

Die Emissionsgebühr wäre ein Anreiz für die Firmen, von einer ausbeuterischen auf eine menschliche Firmenkultur umzuschwenken.

4. Seuchenwarnung: Ärzte schlagen Alarm

Warum ist jede Seuche in Deutschland bis ins Detail meldepflichtig, aber Stresskrankheiten sind es nicht? Ein Gesetz sollte Ärzte dazu anhalten, jeden Fall von Stresskrankheit (anonymisiert) zu melden, unter Angabe der auslösenden Firma. Diese Zahlen könnten einen wichtigen Überblick liefern, wohin die Arbeitsgesellschaft sich entwickelt und in welchen Firmen und Branchen die Menschen zu Deppen gemacht werden.

Zusätzlich brauchen wir unabhängige Kommissionen wie in Japan, die jeden verdächtigen Tod eines Arbeitnehmers erforschen: Welche Rolle spielt die Arbeit? Hat der Mitarbeiter sich zu Tode geschuftet (»Karoshi«)? Wie viele Überstunden, welche Arbeitsmengen hat er zuletzt bewältigt? Konnte er seine Pausen und seinen Urlaub nehmen? War sein Privatleben frei von der Arbeit? Und wie verantwortlich hat sein direkter Vorgesetzter gehandelt?

Auch verdächtige Selbstmorde, die bislang als »Privatsache« gelten, müssen offiziell erfasst und akribisch aufgeklärt werden: Hat der Suizid mit der Arbeit zu tun? Geht er zurück auf ein Mobbing, eine Überforderung oder einen durch die Arbeit verursachten Burnout? Wer trägt dafür die Verantwortung?

Wenn die Ergebnisse solcher Untersuchungen veröffentlicht, die Firmen diskreditiert und mit empfindlichen Geldstrafen belegt werden, schiebt das Veränderungen an. Keine Firma möchte öffentlich als Krankmacher oder Selbstmord-Beschleuniger gelten!

5. Führerschein für Führungskräfte

Wie menschlich oder unmenschlich, wie zweckmäßig oder zwanghaft es in einer Firma zugeht, hängt von den Führungskräften ab – ob die Beschäftigten mit ihnen arbeiten oder nur »unter ihnen«. Gute Führung setzt gute Ausbildung voraus. Doch die einzige Qualifikation, die ein Vorgesetzter in Deutschland braucht, ist seine Beförderung.

Das muss sich ändern! Wer ein Auto führen will, braucht eine fundierte Qualifikation in Theorie und Praxis. Wer Menschen führen will, erst recht! Es darf nicht sein, dass unqualifizierte Vorgesetzte die Gesundheit ihrer Mitarbeiter an die Wand fahren. Ich fordere einen Führerschein für Führungskräfte.

Führung ist eine Humanwissenschaft. Ein kompetenter Chef unterstützt Mitarbeiter dabei, ihre Möglichkeiten zu entfalten, ihre Ziele zu erreichen und ebenso, die Grenzen ihrer Kraft zu erkennen. Wir müssen eine Führungskultur entwickeln, die nicht manipuliert und ausquetscht, sondern das Fordern mit der Fürsorge verbindet.

Ein Vorgesetzter muss lernen, wie Stress bei Mitarbeitern entsteht und wie er ihn vermeidet, etwa durch sein gutes Vorbild, durch machbare Terminvorgaben und durch klare Regelungen, wann Mails abgerufen werden (am besten nur ein- oder zweimal am Tag), wann der Dienst endet und zu welchen Zeiten ein Mitarbeiter nicht erreichbar sein *darf*.

Er muss lernen, wie der menschliche Biorhythmus funktioniert, und dass Erholungsphasen die Voraussetzung sind für Höchstleistungen (weil der Akku dazu voll sein muss und sich nur durch Entspannung lädt) und für kreativ-ganzheitliches Denken (weil es dem Gehirn vor allem im entspannten Alphazustand gelingt).[149] Menschen sind keine Maschinen, die bei doppelter Arbeitszeit doppelte Leistung bringen. Überstunden beschwören Fehler herauf und mindern die Qualität der Arbeit. Wer nach acht Stunden geht, statt der Firma in der zehnten Stunde einen schweren Fehler einzubrocken, hat mehr geleistet!

Ein kompetenter Vorgesetzter muss wissen, welches die frühsten Symptome einer Überforderung sind – oft übermäßiger Einsatz! – und was in diesem Fall zu tun ist; ein Praktikum in einer Burn-out-Klinik sollte zur Führungskräfte-Ausbildung gehören. Chefs müssen lernen, die Arbeitskraft ihrer Mitarbeiter nicht nur zu nutzen oder gar auszunutzen, sondern sie zu erhalten und zu fördern.

Der Führerschein beinhaltet eine Kontrollinstanz: ein Flensburg für Führungskräfte, wo Vorgesetzte angezählt werden, die ihrer Verantwortung nicht gerecht werden, Burn-outs verursachen, Mobbings dulden und Menschen ruinieren.

Wer beim Führen über rote Ampeln fährt, muss seinen Führerschein verlieren – zum Schutz der Allgemeinheit!

6. Kopernikanische Wende: Ressource ist Rendite

Jede Maschine wird in Deutschland besser gepflegt als die Mitarbeiter. Die Firmen brauchen eine neue Abteilung: das Gesundheits-Management. Diese Einheit hätte das ganze Unternehmen im Blick, wäre Anlaufstelle für anonyme Beschwerden und könnte schnell erkennen, in welchen Abteilungen hoher Druck und inkompetente Chefs herrschen. Die richtige Stelle, um den Hebel anzusetzen, sind die Vorgesetzten. Sie müssen in emotionaler Intelligenz geschult werden, sich von Fach- zu Führungsexperten, von Rastlosen zu Ruhepolen entwickeln (darum der Führerschein für Führungskräfte).

Der Schnelligkeitswahn macht Mitarbeiter krank und Firmen arm: Verfehlte Termine beschwören Regressforderungen herauf. Schlampige Planung verursacht Produktionsausfälle. Und überstürzte Entscheidungen ziehen teure Stürze nach sich, so durch misslungene Produktentwicklungen oder gescheiterte Fusionen.

Wenn die Firmen ihr Tempo drosseln und ihre Arbeit an den Menschen ausrichten, statt umgekehrt, ist das keine Entscheidung gegen eine hohe Rendite, sondern dafür. Das effektivste Arbeitstempo ist eines, bei dem das Denken mitkommt. Die effektivste Arbeitsmenge ist eine, die Menschen wachsen lässt, statt sie in die Knie und eines Tages in den Burn-out zu zwingen. Und der effektivste Chef ist einer, dem ein Mitarbeiter *nicht* wegen seines Ranges folgt, sondern wegen seines Charakters und seiner Kompetenz. Aus gutem Grund sagte Plutarch: »Ein Fürst ist am glücklichsten, wenn er es dahin bringt, dass die Untertanen nicht ihn, sondern um ihn fürchten.«

Wer Mitarbeiter wie Deppen behandelt, riskiert, dass sie sich wie Deppen verhalten (und sei es aus Trotz!). Wer sie aber als fähige Köpfe anspricht, macht es wahrscheinlicher, dass sie sich zu fähigen Köpfen entwickeln. Mitarbeiter spüren und honorieren es, wenn sie mit Respekt behandelt werden. Solche Unternehmen sprechen sich als Geheimtipp unter Bewerbern herum. Hier bleibt der Fachkräftemangel ein Fremdwort, die Hochqualifizierten kommen von allein. Niemand muss sie anlocken. Niemand ihnen das Blaue vom Himmel versprechen. Und niemand in die Flöte des Rattenfängers blasen.

Service

Ihr gutes Arbeitsrecht –
die 20 wichtigsten Fragen

Kann Ihr Arbeitgeber Sie zwingen, pro Woche 50 Stunden zu arbeiten? Oder Ihren Jahresurlaub in Ein-Wochen-Portionen zu nehmen? Oder nach Feierabend Mails zu beantworten? Diese Tabelle geht die 20 wichtigsten juristischen Fragen durch, klärt Sie über Ihre Rechte auf und gibt Ihnen Tipps zur Umsetzung. Bitte beachten Sie, dass es Abweichungen gibt in Einzelfällen und für leitende Angestellte (sie fallen nicht unter das Arbeitszeitgesetz). Individuelle Fragen sollten Sie mit einem Fachanwalt klären.

Frage	Rechtliche Lage	Tipp
1. Wie lange muss ich pro Tag höchstens arbeiten?	Acht Stunden sind der Richtwert, zehn Stunden das Maximum. Pro Woche dürfen höchstens 48 Stunden anfallen, im Halbjahres-Schnitt maximal acht Stunden pro Tag.	Registrieren Sie Ihre Arbeitszeiten, und weisen Sie Ihren Chef schriftlich darauf hin, wenn der gesetzliche Rahmen gesprengt wird.
2. Kann die Firma Überstunden anordnen?	Nur im Notfall und wenn Sie sich darauf einstellen können. Ansonsten gilt Ihre vertragliche Arbeitszeit.	Lehnen Sie kurzfristige Überstunden ab, oder berechnen Sie der Firma alle Kosten, die Ihnen entstehen – zum Beispiel für verfallene Theaterkarten. Das diszipliniert.

Frage	Rechtliche Lage	Tipp
3. Muss ich unbezahlte Überstunden leisten?	Nein. Wenn Ihr Vertrag eine 38-Stunden-Woche vorsieht, sind Arbeitszeiten darüber hinaus zu vergüten oder auszugleichen.	Ziehen Sie den Freizeitausgleich der Vergütung vor. Das dient Ihrer Erholung und erhöht den Druck auf die Firma, neue Arbeitsplätze zu schaffen.
4. Wer dokumentiert meine Überstunden?	Dazu ist Ihr Arbeitgeber verpflichtet. Die Daten muss er zwei Jahre aufbewahren. Ebenso muss er kontrollieren, dass Sie Ihre Höchstarbeitszeit nicht überschreiten.	Führen Sie eigene Aufzeichnungen, um nicht auf die Lauterkeit der Firma angewiesen zu sein (siehe Seite 46). Im Zweifel sollten Sie Ihre Notizen vom Chef gegenzeichnen lassen!
5. Wenn ich sehr spät Feierabend mache – muss ich dann am nächsten Morgen wieder pünktlich bei der Arbeit sein?	Nein, Ihnen steht eine Ruhezeit von elf Stunden zu, zwischen Arbeitsende und -beginn. Wer um 23 Uhr Feierabend macht, darf erst um 10 Uhr wieder anfangen.	Kündigen Sie Ihrem Chef bei spätem Feierabend per Mail an, ab wann Sie am nächsten Tag wieder in der Firma sind – mit Hinweis auf Ihre Ruhezeit.

Frage	Rechtliche Lage	Tipp
6. *Habe ich ein Recht auf Pausen?*	Ja. Wer länger als sechs Stunden arbeitet, darf mindestens 30 Minuten Pause machen. Ab neun Stunden sind es 45 Minuten.	Zwingen Sie sich, diese Pausen zu nehmen, gerade bei hohem Arbeitsdruck. Verlassen Sie dazu die Firma, wenn möglich auch das Firmengelände.
7. *Kann die Firma mich zwingen, ohne Unterbrechung am Bildschirm zu arbeiten?*	Nein, Ihnen stehen Bildschirmpausen zu, die nicht von der Arbeitszeit abgezogen werden dürfen, etwa fünf bis zehn Minuten pro Stunde. Falls möglich, müssen Sie in dieser Zeit andere Arbeit erledigen.	Nutzen Sie moderne Medien, etwa Mail oder SMS, um sich regelmäßig an die Bildschirmpausen erinnern zu lassen. Und halten Sie diese Pausen ein. Ohne Ausnahme.
8. *Muss ich in meiner Freizeit dienstliche Mails abrufen oder per Handy erreichbar sein?*	Nein, die Freizeit dient Ihrer Erholung. Die Firma hat außerhalb Ihrer Arbeitszeit keinen Anspruch auf Ihre Arbeitskraft.	Bewachen Sie diese Grenze gut! Fangen Sie erst gar nicht mit Dienst in Ihrer Freizeit an, sonst wird Ihre Freizeit zum Dienst!

Frage	Rechtliche Lage	Tipp
9. Darf ich das Internet in der Firma privat nutzen?	Nein – es sei denn, Ihr Arbeitgeber hat es ausdrücklich genehmigt.	Verzichten Sie darauf, auch wenn Ihr Arbeitgeber es erlaubt. Alles Vertrauliche, was Sie (unfreiwillig) verraten, könnte gegen Sie verwendet werden.
10. Darf die Firma meinen Dienstcomputer ausspionieren, etwa durch tägliche Sicherungskopien?	Ja, die Firma darf solche Kopien machen. Ebenfalls darf sie Ihren kompletten Mailverkehr lesen, sofern nicht ausdrücklich private Nutzung genehmigt ist (dann nur dienstliche Mails).	Arbeiten Sie transparent, etwa indem Sie Ihren Chef bei wichtigen Projekten grundsätzlich auf den Verteiler nehmen – dann gibt es bei Ihnen nichts zu erschnüffeln.
11. Kann ich zu Sonntagsabeit verdonnert werden?	Nein. Es sei denn, Sonntagsarbeit ist vereinbart, zum Beispiel tariflich. Ausgenommen sind lebenswichtige Arbeiten (Arzt rettet Leben) oder unaufschiebbare (Pfarrer hält Sonntagsgottesdienst).	Lehnen Sie solche Einsätze immer ab, sonst dehnt sich Ihre Arbeitswoche auf sieben Tage aus. Allerdings spricht nichts gegen kalkulierbare Ausnahmen, zum Beispiel zwei oder drei Messeeinsätze im Jahr.

Frage	Rechtliche Lage	Tipp
12. Wie viel Urlaub steht mir pro Jahr zu?	Laut Bundesurlaubsgesetz mindestens 20 Tage (bei Fünf-Tage-Woche). Durch Arbeits- und Tarifverträge meist: 27 bis 30 Tage.	Verhandeln Sie Ihren Urlaub, ehe Sie einen Vertrag abschließen. 30 Tage sind in den meisten Branchen üblich.
13. Kann die Firma mich zwingen, meinen Urlaub in einzelnen Wochen oder Tagen abzustottern?	Nein, die Firmen müssen den Erholungsurlaub zusammenhängend gewähren, mindestens über zwei Wochen hinweg.	Streben Sie Drei-Wochen-Urlaube an – dann ist der Erholungswert am größten.
14. Kann der Chef mich aus dem Urlaub zurückbeordern?	Im Normalfall nicht. Sogar eine entsprechende Klausel im Arbeitsvertrag wurde durch das Bundesarbeitsgericht für unwirksam erklärt.[150]	Sorgen Sie dafür, dass Sie für Ihre Firma im Urlaub nicht erreichbar sind – dann kommt Ihr Chef erst gar nicht in Versuchung.
15. Was passiert, wenn ich meinen Urlaub am Jahresende noch nicht genommen habe?	Sie können den Urlaub nach Absprache in den ersten drei Monaten des folgenden Kalenderjahres nehmen. Danach verfällt er, sofern nichts anderes vereinbart ist.	Falls Ihre Firma den versäumten Urlaub nicht gewährt: Fordern Sie sie schriftlich dazu auf. Und vereinbaren Sie, dass Ihnen die überzähligen Tage nach Ende März erhalten bleiben.

Frage	Rechtliche Lage	Tipp
16. Bin ich zu Dienstreisen verpflichtet?	Ja, wenn Ihre Tätigkeit es erfordert, darf Ihr Arbeitgeber Sie im Rahmen seines Weisungsrechts auf Dienstreise schicken.	Falls Ihnen der Reisestress zu groß wird: Unterbreiten Sie Vorschläge, wie sich die Arbeit reisefrei organisieren ließe. Offensichtlich überflüssige Reisen müssen Sie nicht antreten.
17. Kann ich die Reisezeit bei einer Dienstreise als Arbeitszeit abrechnen?	Ja, falls Sie dabei Dienstliches erledigen müssen, zum Beispiel einen Termin vorbereiten. Oder falls Reisen nötig sind, um Ihre eigentliche Tätigkeit auszuüben, etwa als Vertreter.	Halten Sie vor der Reise zum Beispiel per Mail an Ihren Chef fest, was Sie während der Reise noch vorbereiten oder arbeiten werden.
18. Darf die Firma heimlich Kameras installieren, um Ihre Mitarbeiter zu überwachen?	Die verdeckte Überwachung ist nur bei Verdacht gestattet, etwa nach Unregelmäßigkeiten an einer Kasse. Die offene Kameraüberwachung ist aber auf dem gesetzlichen Vormarsch (siehe Seite 168).	Schalten Sie sofort den Betriebsrat oder die Gewerkschaft ein, falls Sie eine heimlich installierte Kamera entdecken. Schlechte Schlagzeilen sind die wirksamste Waffe gegen Schnüffelei – siehe Lidl.

Frage	Rechtliche Lage	Tipp
19. Haben die Kollegen und ich das Recht, einen Betriebsrat zu gründen?	Ja – falls Ihre Firma über fünf wahlberechtigte Mitarbeiter verfügt. Wahlberechtigt sind festangestellte Mitarbeiter von über 18 Jahren, nicht jedoch leitende Angestellte.	Nehmen Sie diese Chance in Anspruch! Ein Betriebsrat genießt das gesetzliche Recht zur Mitbestimmung und kann für alle Mitarbeiter sprechen. Dieses Wort hat mehr Gewicht als das Wort eines Einzelnen.
20. Was kann ein Betriebsrat tun?	Er wacht über Arbeitszeiten und Gesundheitsschutz, redet mit bei Einstellungen und Entlassungen und beeinflusst Regelungen zu Schichtarbeit, Rufbereitschaft, Urlaub, Arbeitsmodellen usw.	Ziehen Sie den Betriebsrat hinzu, wenn Sie sich überfordert, gemobbt oder vom Burn-out bedroht fühlen. Wahrscheinlich geht es anderen wie Ihnen! Der Betriebsrat kann sich einen Überblick verschaffen und Veränderungen im System anstoßen.

Weiterführende Literatur

Becker, Irene, *Everybody's Darling, Everybody's Depp.* Goldmann, 2009

Berckhan, Barbara, *Die etwas intelligentere Art, sich gegen dumme Sprüche zu wehren.* Heyne, 2001

Berger, Wolfgang, *Anleitung zur artgerechten Menschenhaltung im Unternehmen.* J. Kamphausen Verlag, 2012

Blüm, Norbert, *Ehrliche Arbeit.* Gütersloher Verlagshaus, 2011

Covey, Stephen R., *Die 7 Wege zur Effektivität.* Gabal, 2012

Csikszentmihalyi, Mihaly, *Lebe gut!.* Klett-Cotta, 2000

Eggler, Anitra, *E-Mail macht dumm, krank und arm.* Orell Füssli, 2012

Ehrenberg, Alain, *Das erschöpfte Selbst.* Suhrkamp, 2008

Frankl, Viktor E., *… trotzdem Ja zum Leben sagen.* Kösel, 2009

Grochowiak, Klaus; Haag, Susanne, *Die Arbeit mit Glaubenssätzen.* Schirner Verlag, 2004

Groth, Alexander, *Führungsstark in alle Richtungen.* Campus, 2010

Haben, Gabriele; Harms-Böttcher, Anette. *Das Hamsterrad.* Orlanda, 2001

Hamann, Andreas; Giese, Gudrun, *Schwarz-Buch Lidl.* verdi, 2004

Han, Byung-Chul, *Müdigkeitsgesellschaft.* Matthes & Seitz, 2010

Han, Byung-Chul, *Duft der Zeit.* transcript Verlag, 2013

Hohensee, Thomas, *Gelassenheit beginnt im Kopf.* MensSana, 2007

Hoover, John, *So arbeiten Sie mit schwierigen Typen,* Börsenbuchverlag, 2008

Jung, Mathias, *Mut zum Ich.* Emu, 2010

Karlbert, Anna-Maria, *Denunziert und abserviert.* Wagner Verlag, 2012

Kirschner, Josef, *Die Kunst, ein Egoist zu sein.* Nikol Verlag, 2012

Kleinschmidt, Carola; Unger, Hans-Peter, *Bevor der Job krank macht.* Kösel, 2006

Knaths, Marion, *Spiele mit Macht.* Piper, 2009

Kopp-Wichmann, Roland, *Ich kann auch anders.* Kreuz Verlag, 2010

Leffers, Jochen, *Kollegen sind die Pest.* Kiepenheuer & Witsch, 2013

Lelord, François; André, Christophe, *Der ganz normale Wahnsinn.* Aufbau-Verlag, 2012

Litzcke, Sven; Schuh, Horst; Pletke, Matthias, *Stress, Mobbing und Burn-out am Arbeitsplatz.* Springer, 2013

Meckel, Miriam, *Brief an mein Leben.* Rowohlt, 2011

Meckel, Miriam, *Das Glück der Unerreichbarkeit.* Goldmann, 2009

Nelting, Manfred, *Burn-out.* Mosaik, 2010

Nelting, Manfred, *Schutz vor Burn-out.* Mosaik, 2012

Radecki, Monika, *Nein sagen.* Haufe, 2007

Scheerer, Hermann, *Glückskinder.* Campus, 2011

Schirrmacher, Frank, *Payback.* Blessing, 2009

Schrenk, Jakob, *Die Kunst der Selbstausbeutung.* Dumont, 2007

Seligman, Martin E.P., *Der Glücks-Faktor.* Bastei Lübbe, 2008

Sher, Barbara, *Wishcraft.* Edition Schwarzer, 2006

Smith, Manuel, *Sag Nein ohne Skrupel.* mvg Verlag, 2012

Sprenger, Reinhard K., *Die Entscheidung liegt bei dir!.* Campus, 2010

Steiner, Verena, *Energiekompetenz.* Pendo, 2011

Straub, Andreas, *Aldi – einfach billig.* Rowohlt, 2012

Väth, Markus, *Feierabend hab ich, wenn ich tot bin.* Gabal, 2011

Virilio, Paul, *Rasender Stillstand.* Fischer, 2008

Wallraff, Günter, *Aus der schönen neuen Welt.* Kiepenheuer & Witsch, 2009

Wardetzki, Bärbel, *Kränkung am Arbeitsplatz.* dtv, 2012

Watzlawick, Paul, *Wie wirklich ist die Wirklichkeit?.* Piper, 2005

Wehrle, Martin, *Geheime Tricks für mehr Gehalt.* Econ, 2003

Wehrle, Martin, *Lexikon der Karriere-Irrtümer.* Ullstein, 2010

Wehrle, Martin, *Die 100 besten Coaching-Übungen.* managerSeminare, 2010

Wehrle, Martin, *Ich arbeite in einem Irrenhaus.* Econ, 2011

Wehrle, Martin, *Ich arbeite immer noch in einem Irrenhaus.* Econ, 2012

Weick, Günter; Schur, Wolfgang, *Wenn E-Mails nerven.* Eichborn, 2008

Werle, Klaus, *Die Perfektionierer.* Campus, 2010

Quellenverzeichnis

1. IWH, Wirtschaft im Wandel, Unbezahlte Überstunden in Deutschland, Jg. 18 (10), 2012
2. FAZ, 12.12.2012
3. berliner-zeitung.de, Stress im Job nimmt für viele zu, 29.01.2013
4. ebenda
5. focus.de, Immer mehr Arbeitnehmer haben psychische Probleme, 16.08.2012
6. Süddeutsche Zeitung, 13.02.2013
7. handelsblatt.de, Diese deutschen Firmen machen die größten Gewinne, 16.07.2012
8. s. focus.de, 16.08.2012
9. welt.de, Deutsche arbeiten so viel wie seit 20 Jahren nicht, 13.06.2012
10. focus.de, Permanente Erreichbarkeit: E-Mail, Anrufe, SMS – so weit darf Ihr Chef gehen, 20.12.2012
11. s. focus.de, 16.08.2012
12. Spiegel Online, Hochschulabsolventen: Jeder Dritte hat befristete Stelle, 24.01.2013, 15:46
13. handelsblatt.de, Deutschland behauptet sich auf dem Weltmarkt, 25.03.2012
14. Alle Namen sind zum Schutz der Betroffenen verändert, bis auf Fälle mit ausdrücklicher Quellenangabe.
15. Süddeutsche Zeitung, 2./3.3.2013
16. lobbycontrol.de, INSM und Marienhof – Eine kritische Bewertung, September 2005

17. ebenda
18. wdr.de, Helmut Kohl in Zitaten, 26.09.2012
19. Brand Eins, 02/06
20. ebenda
21. Spiegel Online, Bei hohem Gehalt sind Überstunden inklusive, 27.11.2011
22. manager magazin.de, Im Wachheitswahn, 06.07.2010
23. cio.de, Schlafen gilt als Karrierekiller, 28.07.2011
24. manager-magazin.de, Im Wachheitswahn, 06.07.2010
25. sueddeutsche.de, Schlaf, Manager, schlaf!, 17.05.2010
26. Steiner, Verena, *Energiekompetenz.* Pendo, 2011
27. ebenda
28. harvardbusinessmanager.de, Neues aus der Schlafforschung, 11.03.2009
29. taz.de, BBI verspätet, 08.05.2012
30. berliner-zeitung.de, BER – Verspätung auf ganzer Linie, 15.05.2012
31. ebenda
32. tagesspiegel.de, BER – Eröffnung womöglich erst 2014, 26.8.2012
33. Süddeutsche Zeitung, 08.01.2013
34. ndr.de, Die wichtigsten Etappen der Elbphilharmonie, 10.05.2013
35. stern.de, Berliner Hauptbahnhof: Einstürzende Neubauten, 19.01.2007
36. welt.de, Regen in Berlins Hauptbahnhof – Krähen sind schuld, 08.12.2011
37. ntv.de, , Siemens blamiert sich, 22.11.2012
38. Seiwert, Lothar, *Ausgetickt.* Ariston, 2011
39. welt.de, Wer selbstbestimmt lebt und arbeitet, bleibt gesund, 03.02.2012

40. King, Stephen, *Das Leben und das Schreiben*, Heyne, 2002

41. rp-online.de, Männer besser im Multitasking als Frauen, 25.10.2012

42. Der Spiegel, 14.04.2008

43. The Times, 22.04.2005

44. zeit.de, Der Fluch der Unterbrechung, 25.04.2008

45. zeit.de, Alles gleichzeitig funktioniert nicht, 20.9.2012

46. wirtschaftswoche.de, Multitasking mindert die Konzentrationsfähigkeit, 25.08.2009

47. s. zeit.de, 25.04.2008

48. Schirrmacher, Frank, *Payback*. Karl Blessing Verlag, 2009

49. ebenda

50. sueddeutsche.de, Schuften bis zum Tod, 17.05.2010

51. Spiegel Online, McDonald's-Mitarbeiterin schuftet sich zu Tode, 28.10.2009

52. Der Spiegel, 16/2012

53. Unger, Hans-Peter; Kleinschmidt, Carola, *Bevor der Job krank macht*. Kösel-Verlag, 2011

54. bundesregierung.de, Zahl der Arbeitsunfälle ist gesunken, 19.12.2012

55. fr-online.de, Brachialer Brötchengeber, 10.03.2009

56. zehn.de, Die 10 irrwitzigsten Kündigungsgründe, 26.01.2010

57. LAG Sachsen 2 Sa 34/99

58. Wallraff, Günter, *Aus der schönen neuen Welt*. Kiepenheuer & Witsch, 2009

59. Naujoks, Helmut, *Kündigung von ›Unkündbaren‹*. Management & Karriere, 2012

60. s. Wallcraft, 2009

61. zeit.de, Die Nase im Wind, den Kunden im Sinn«, 03.07.2009

62. Wehrle, Martin, *Ich arbeite immer noch in einem Irrenhaus*. Econ, 2012

63. Spiegel Online, »Ist der Unterkiefer weg, ersetzen wir ihn dir komplett«, 26.12.2009

64. welt.de, Wie peinliche Firmenlieder die Angestellten nerven, 13.09.2009

65. sueddeutsche.de, 75 Millionen Urlaubstage verschenkt, 11.05.2010

66. Meckel, Miriam, *Das Glück der Unerreichbarkeit.* Goldmann, 2009

67. netzeitung.de, Handys verführen Manager zur Lüge, 01.06.2007

68. Weick, Günter; Schur, Wolfgang, *Wenn E-Mails nerven.* Eichborn, 2008

69. Spiegel Online, Bürowahnsinn kostet Unternehmen Milliarden, 26.07.2007

70. bild.de, Immer mehr Firmen stoppen E-Mail-Wahnsinn, 27.11.2012

71. zeit.de, Googeln Sie Ihre Bewerber, 21.02.2010

72. sueddeutsche.de, Jeder zweite Personaler googelt Bewerber, 18.10.2011

73. faz.net, Bewerber googeln – oder lieber doch nicht?, 14.09.2008

74. s. zeit.de, 21.02.2010

75. wiwo.de, Diese Firmen haben Mitarbeiter ausspioniert, 13.09.2012

76. Nordkurier, 29.07.2011

77. stern.de, Wenn Konzerne schnüffeln, undatiert

78. ebenda

79. Esser, Christian; Randerath, Astrid. *Schwarzbuch Deutsche Bahn.* Bertelsmann, 2010

80. s. wiwo.de, 13.09.2012

81. www.detektei-hirsch-hamburg.de

82. sueddeutsche.de, Aldi torpedierte Betriebsratswahlen, 30.04.2012

83. Straub, Andreas, *Aldi – Einfach billig*. Rowohlt, 2012

84. Spiegel Online, »Das System lebt von Kontrolle und Angst«, 02.05.2012

85. focus.de, So darf Ihr Chef Sie ausspionieren, 30.04.2012

86. stern.de, Gerichtsurteile: Überwachung am Arbeitsplatz, 20.06.2005

87. LAG Hessen 2 Sa 879/01

88. s. Spiegel Online, 02.05.2012

89. stern.de, Systematische Bespitzelung im Handel, 15.04.2008

90. Süddeutsche Zeitung, 15.01.2013

91. Spiegel Online, Deutschland ist bei Lohn-Diskriminierung spitze, 05.03.2012

92. Knaths, Marion, *Spiel mit Macht*. Piper, 2009

93. Süddeutsche Zeitung, 25.03.2008

94. faz.net, 1.0 legt sich mit 0.1 ein dickes Ei ins Nest, 21.01.2013

95. Harris, Thomas A., *Ich bin o.k., Du bist o.k.*, Rowohl, 1975

96. Wehrle, Martin, *Geheime Tricks für mehr Gehalt*. Econ, 2003

97. Spiegel Online, Chefinnen verdienen 30 Prozent weniger, 04.10.2012

98. Spiegel Online, Mal wieder »zufällig« am Po berührt, 24.01.2013

99. Spiegel Online, Karrierekiller Kind, 01.07.2010

100. faz.net, Unterm Glasdach, 06.07.2011

101. LAG Berlin-Brandenburg 3 Sa 917/11

102. Spiegel Online, Novartis zahlt Ex-Mitarbeiterinnen knappe 153 Millionen Dollar, 15.07.2010

103. Spiegel Online, Sind Sie mutig! Wollen Sie für uns arbeiten?, 05.09.2012

104. marue23.tumblr.com, Ausbeutungsmaschine Journalismus

105. ihk-berlin.de, Durchschnittliche Ausbildungsvergütung – Stand 1/2013

106. dradio.de, Jeder vierte Azubi schmeißt hin, 28.01.2013

107. s. Straub, 2012

108. stern.de, Ausgenutzt statt ausgebildet?, 10.03.2007

109. dgb-jugend.de, Leitfaden für ein faires Praktikum

110. fairwork-ev.de, Berichte von Praktikanten

111. Spiegel Online, Alter ist auch bei Managern kein Entlassungs-grund, 23.04.2012

112. cio.de, Ältere bei Weiterbildung vernachlässigt, 14.01.2013

113. abendzeitung-muenchen.de, Wie ältere Mitarbeiter rausge-drängt werden, 29.11.2012

114. ebenda

115. ftd.de, Erfolgsfaktor: Wenn Junge und Ältere zusammen ar-beiten, 02.09.2009

116. BAG 8 AZR 429/11

117. Süddeutsche Zeitung, 31.01.2013

118. berliner-zeitung.de, Prominente mit Burn-out-Erfahrung, Fo-tostrecke

119. s. berliner-zeitung.de, 29.01.2013

120. Journal of Social Issues. Jg. 30, Nr. 1, 1974

121. Dilger, Andreas u. a., *Kursbuch Geschichte.* Cornelsen, 2002

122. bpb.de, Daten und Fakten: Arbeitslosigkeit, 01.06.2010

123. ebenda

124. Erhard, Ludwig, *Wohlstand für alle.* Anaconda, 2009

125. s. bpb.de, 01.06.2010

126. ebenda

127. Der Spiegel, 39/1990

128. stern.de, Kapitalismus brutal, 19.02.2005

129. Cherniss, Cary, *Professional burnout in human service organi-zations.* Praeger, 1980

130. Wehrle, Martin, *Ich arbeite immer noch in einem Irrenhaus.* Econ, *2012*

131. Ytterdal, Trond, *Routine health check-ups of long-term unemployed in Norway,* 1999

132. Layard, Richard, *Die glückliche Gesellschaft,* Campus, 2005

133. Sprenger, Reinhard K., *Mythos Motivation.* Campus, 2010

134. Wehrle, Martin, *Die 100 besten Coaching-Übungen.* manager-Seminare, 2010

135. Hofmann, Eberhardt, *Weniger Stress erleben.* Luchterhand, 2001

136. Watzlawick, Paul, *Wie wirklich ist die Wirklichkeit?* Piper, 1995

137. Hohensee, Thomas, *Gelassenheit beginnt im Kopf.* MensSana, 2007

138. Fisher, Roger; Ury, William; Patton, Bruce. *Das Harvard-Konzept.* Campus, 2000

139. Smith, Manuel, *Sag Nein ohne Skrupel.* mvg Verlag, 2012

140. ebenda

141. Blinker, 2/2013

142. zeit.de, 60.000 Euro reichen für ein schönes Leben, 07.09.2010

143. Heidegger, Martin, *Sein und Zeit.* Niemeyer, 2006

144. Ehrenberg, Alain, *Das erschöpfte Selbst.* Suhrkamp, 2008

145. Han, Byung-Chul, *Müdigkeitsgesellschaft.* Matthes & Seitz, 2010

146. Nietzsche, Friedrich, *Menschliches, Allzumenschliches.* Anaconda, 2006

147. Covey, Stephen R., *Die 7 Wege zur Effektivität.* Gabal, 2012

148. Smith, Adam, *Der Wohlstand der Nationen.* dtv, 1999

149. s. Steiner, 2011

150. BAG 9 AZR 404/99, BAG 9 AZR 405/99

Traumberuf Karrierecoach:
So starten Sie durch

Die erste Ausbildung in Deutschland.
8 Module von uns – 1.000 Chancen für Sie.

PERSPEKTIVE:

»Die Nachfrage nach professionellen Karriereberatern nimmt stetig zu«, schreibt das »Manager Magazin«. Bauen Sie sich ein lukratives Geschäft auf.

TRAINER:

Martin Wehrle, Autor von »Die 100 besten Coaching-Übungen« (managerSeminar, 2012).
»Sein Erfahrungsreservoir ist eine Fundgrube ...« (FAZ)

IHRE FÜNF AUSBILDUNGS-VORTEILE:

1. Große Praxisnähe: Wir organisieren Ihnen reale Klienten.
2. Alle Business-Top-Themen: Bewerbung, Gehalt, Konflikt usw.
3. Persönliche Betreuung: maximal zehn Teilnehmer.
4. Fernstudien-Elemente: zahlreiche Übungen für zu Hause.
5. Buchung ohne Risiko – erstes Wochenende auf Probe möglich.

Wir wollen Sie nicht nur zufriedenstellen, sondern begeistern. Testen Sie uns! Und lesen Sie, was Ex-Teilnehmer über die Ausbildung sagen:

www.karriereberater-akademie.de (mit Gratis-Newsletter)

Ebenso können Sie Martin Wehrle als Redner und Podiumsteilnehmer buchen: www.gehaltscoach.de

Karriereberater-Akademie
21279 Appel bei Hamburg

Register

Unsere Leseempfehlung

Mehr als zwei Drittel aller Deutschen sind unzufrieden mit ihrem Einkommen. Bei einer Gehaltsverhandlung treten sie ihrem Chef oft unsicher und nervös gegenüber. Martin Wehrle, selbst Chef und erfahrener Gehaltscoach, weiß: Es ist gar nicht so schwer, eine Gehaltserhöhung durchzusetzen – solange man selbstbewusst auftritt und das Gespräch gründlich vorbereitet. In neun unterhaltsamen Kapiteln führt er Schritt für Schritt zur erhofften Lohnerhöhung. Mit diesen Tricks kann jeder Chef überzeugt werden!